中等职业教育国家规划教材
全国中等职业教育教材审定委员会审定
全国建设行业中等职业教育推荐教材

市政工程定额与预算

（市政工程施工专业）

主　　编　王　骏
责任主审　刘伟庆
审　　稿　赵乐宁

中国建筑工业出版社

图书在版编目(CIP)数据

市政工程定额与预算/王骏主编. —北京：中国建筑工业出版社，2002
中等职业教育国家规划教材. 市政工程施工专业
ISBN 978-7-112-05294-3

Ⅰ. 市… Ⅱ. 王… Ⅲ. ①市政工程—建筑预算定额—专业学校—教材②市政工程—建筑概算定额—专业学校—教材③市政工程—招标—专业学校—教材④市政工程—投标—专业学校—教材 Ⅳ. TU99

中国版本图书馆 CIP 数据核字（2002）第065266号

本书从三个方面分别介绍了市政工程定额、市政工程预算、工程项目招投标等方面的基本概念、基本原理和基本知识。特别是在定额与预算的讲述中，对最新的量价分离2000版市政工程预算定额进行介绍，从而在实行量价分离的基础上编制工程预算。书中重点围绕市政工程施工图预算的编制程序、编制方法进行讲解，并附有适量的计算和编制实例。

书中也介绍了工程预决算管理、施工索赔等方面的有关知识。

本书可作为中等职业学校学生学习“市政工程定额与预算”的专业教材，也可供从事市政工程预算员岗位培训的教材或作为参考书籍。

带“ * ”号的章节为选学内容。

中等职业教育国家规划教材
全国中等职业教育教材审定委员会审定
全国建设行业中等职业教育推荐教材
市政工程定额与预算
（市政工程施工专业）
主　编　王　骏
责任主审　刘伟庆
审　稿　赵乐宁
*
中国建筑工业出版社出版、发行（北京西郊百万庄）
各地新华书店、建筑书店经销
北京京华铭诚工贸有限公司印刷
*
开本：787×1092毫米　1/16　印张：12¼　插页：2　字数：295千字
2003年5月第一版　2018年4月第十次印刷
定价：18.00元
ISBN 978-7-112-05294-3
（17212）

中等职业教育国家规划教材出版说明

为了贯彻《中共中央国务院关于深化教育改革全面推进素质教育的决定》精神，落实《面向21世纪教育振兴行动计划》中提出的职业教育课程改革和教材建设规划，根据教育部关于《中等职业教育国家规划教材申报、立项及管理意见》（教职成［2001］1号）的精神，我们组织力量对实现中等职业教育培养目标和保证基本教学规格起保障作用的德育课程、文化基础课程、专业技术基础课程和80个重点建设专业主干课程的教材进行了规划和编写，从2001年秋季开学起，国家规划教材将陆续提供给各类中等职业学校选用。

国家规划教材是根据教育部最新颁布的德育课程、文化基础课程、专业技术基础课程和80个重点建设专业主干课程的教学大纲（课程教学基本要求）编写，并经全国中等职业教育教材审定委员会审定。新教材全面贯彻素质教育思想，从社会发展对高素质劳动者和中初级专门人才需要的实际出发，注重对学生的创新精神和实践能力的培养。新教材在理论体系、组织结构和阐述方法等方面均作了一些新的尝试。新教材实行一纲多本，努力为教材选用提供比较和选择，满足不同学制、不同专业和不同办学条件的教学需要。

希望各地、各部门积极推广和选用国家规划教材，并在使用过程中，注意总结经验，及时提出修改意见和建议，使之不断完善和提高。

教育部职业教育与成人教育司

2002年10月

前 言

本书按照中等职业学校《市政工程定额与预算教学大纲》编写，全书以工程预算造价的编制和确定为主线，采用量价分离的定额体系原则，补充了运用电脑及相应预算软件编制单位工程施工图预算的内容，并有预算编制实例以利于教学和阅读。

本书共分10章，其中：第1章、第5章、第4章的第4节及第6章的第5节由上海市城市建设工程学校王伟英编写；第2章、第3章由石家庄城乡建设学校高殿宏编写；第4章第1节至第3节、第6章第1节至第4节及第6节由上海市城市建设工程学校王骏编写；第7章、第10章由广州市政建设学校李伟昆编写；第8章、第9章由石家庄城乡建设学校侯国华编写。

全书由上海市城市建设工程学校王骏主编，辽宁省城市建设学校陈晓军主审。

在本书的编写过程中得到上海城建学校吴爱凤、陈明老师的大力支持，在此一并表示感谢。

限于作者的水平和经验，书中存在不足之处，敬请读者提出宝贵意见。

编 者

2002年2月于上海

目　录

第1章　概　论

第1节　市政工程概述

1.1.1　市政工程的内容

本书所称的市政工程包括城市给水、排水、道路、桥涵、隧道、燃气、供热、防洪等工程，这些工程由城市政府组织有关部门经营管理，通常称为市政公用设施，简称市政工程。

1.1.2　市政工程的作用

1. 城市建设中的给水、排水、道路、桥涵、隧道、燃气、供热、防洪等市政工程是城市的重要基础设施，是城市必不可少的物质技术基础，是城市经济发展和实行对外开放的基本条件。西方发达国家的工业，都是伴随着市政、交通、能源等基础设施发展起来的，许多发展中国家的工业化，都是以大力发展基础设施为前提的。建设现代化的城市必须有相适应的基础设施，使之与生产和发展各项建设事业相适应，以创造良好的投资环境和生活环境，提高城市经济效益和社会效益。

2. 不同性质的城市，由于经济、社会结构和发展方向不同，对城市基础设施在数量上和质量上的要求就会有所不同。一定量的城市人口，或者一定量的城市用地和建筑面积，或者一定量的生产能力和服务设施，需要与其相应的一定量的城市基础设施相配套。例如，大城市尤其是特大城市，产业人口稠密，市区面积庞大，因此用水量的大增势必导致引水和供水距离的延长；交往出行距离长，输出入和过境物资多，也将导致道路宽度和道路网密度的大幅度增加。因城市客流量的剧增及地面交通饱和，往往不得不建设地铁等快速轨道交通。中小城市，人口与市区面积有限，生产与服务设施规模不大，供水一般能就近就地解决，交往出行的距离不会太长，流动人口和过境物资不会太多，环境维护与治理也比较简便。因此，供水、排水、道路网等设施投资就比较省。不同发展水平的城市，对基础设施的需求也是有所不同的，城市经济发达，意味着生产技术水平与专业化协作程度高，城市的吸引力和辐射作用大，就要求城市拥有相应不断完善的基础设施，这必然对城市的供水、排水、燃气、集中供热、道路等基础设施提出了更高的要求。相反，城市经济不发达，说明生产力水平与专业化协作程度不高，城市的建设、发展及其作用自然受到制约，城市基础设施同样也只能停留在较低水平上。

3. 城市的供水、排水、燃气、供热、道路、防洪等，同时具备直接为生产和生活服务的职能。如城市供水设施既向企业提供生产用水，又向居民提供生活用水；城市排水设施既排放、处理工业污水，又排放、处理生活污水；城市道路桥梁既通行生产用车，又通行生活用车；城市防洪设施既保障生产安全，又保障人民生活安全。

4. 各项市政工程与城市其他建筑工程相比，具有投资大，工期要求紧的特点，特别是水源、气源、桥梁、隧道、防洪工程建设，少则几千万元，多则上亿元，而且工程大部分是地下工程和基础工程，需要提前安排。在施工顺序上需要先行一步，所以有其建设的先行性和前瞻性。同时，城市的生产和人口一般都是同步增长的，而大部分基础设施项目如供水、排水、燃气等都具有一定的规模效应，它们不能因需求的少量增加而随之做相应的扩大，而只能按一定等级阶段性发展；还有相当一部分基础设施如道路、桥梁和各种管线，建成后如需拓宽和增容，工程难度大，拆迁费用昂贵，而且还影响其他设施的正常运转。所以，这些基础设施不仅要在时序上超前，而且在设计容量上要留有充分的余地，只有这样才能保证它与城市其他建设同步形成和协调发展。

1.1.3 市政工程产品及其生产特点

1. 空间上的固定性及生产的流动性

在一般的工业部门中，生产者和生产设备是固定不动的，而产品在生产线上流动。与此相反，市政工程产品，不论其规模大小，它的基础都是与大地相连的，它的建设地点和设计方案确定后，它的位置便也固定下来了，从而也使得其生产表现出流动性的特点。在生产中，施工人员、机械、设备、材料等围绕着产品进行流动。当产品完工后，施工单位就将产品在原地移交给使用单位。

2. 产品的多样性及生产的单件性

在一般的工业部门中，有成千上万的产品是按照同一种设计图纸、同一种工艺方法、同一种生产过程进行加工制作的，基本上没有很大的变化。而市政工程产品则与此相反，它是根据产品的各自功能和建设单位的要求，在特定条件下单独设计的，因而每项工程都有不同的规模、结构、造型和装饰，需要选用不同的材料和设备，即使同一类工程，由于地形、地质、水文、气候等自然条件以及交通、材料等社会条件的不同，在建造时，往往也需要对设计图纸及施工方法、施工组织等作适当的修改和调整。

3. 体积庞大，生产周期长，占用流动资金大

在一般的工业产品中，机械工业产品可算是庞然大物了，但与市政产品相比，则是“小巫见大巫”。由于市政产品体积庞大，所消耗的材料数量也十分惊人。大量的建筑材料，势必要占用大量的流动资金，从而使得资金的回收期很长。另外，体积庞大也使得产品的生产周期很长，短则一二年，长则五年、十年，甚至几十年。

4. 受自然条件影响大

由于市政工程大都在露天作业，因此受自然条件变化的影响非常大，特别是冬季和雨季施工，应另外采取相应的防冻保暖措施或调整施工方案、避开雨天施工等方法。

第2节 基本建设

1.2.1 基本建设概念

基本建设是国民经济的重要组成部分，是国民经济发展的物质基础。

基本建设主要是指固定资产的再生产，包括新建、扩建、改建形式的扩大再生产，也包括一部分报废重建项目的简单再生产。

1. 新建项目

指从无到有，“平地起家”新开始建设的项目。有的单位如原有基础薄弱，经过再建的项目，其新增加的固定资产价值超过该企业、事业单位原有全部固定资产（原值）三倍以上的，也算新建项目。

2. 扩建项目

指现有企业为扩大原有产品生产能力或效益，为增加新的品种生产能力而增建的主要生产车间或工程项目，增建业务用房等。

3. 改建项目

指现有单位为提高综合能力对原有厂房、设备、工艺流程进行技术改造或固定资产更新的项目。有的为了提高综合生产能力，增建一些附属或辅助车间和非生产性工程，也属于改建项目。其主体是简单再生产，同时带有部分扩大再生产的因素。

4. 恢复项目

指原有固定资产因自然灾害、战争和人为灾害等原因已全部或部分报废，又投资重新建设的项目。这类项目，不论是按原有规模恢复建设，还是在恢复中同时进行扩建的，都算恢复项目。但是，尚未建成投产或交付使用的项目，在遭灾受损后，仍继续按原设计重建的，则原建设性质不变；如按新设计重建的，则根据新建设内容确定其建设性质。

5. 迁建项目

指现有单位由改变生产布局或环境保护和安全生产以及其他特殊需要，搬迁到另外地方进行建设的项目。移地建设，不论建设规模大小，都属于迁建项目。

新建、扩建项目属于外延上的扩大再生产，改建项目属于内涵上的扩大再生产。

1.2.2 基本建设的内容

基本建设的内容按构成可分为：

1. 建筑工程

包括各种建筑物、构筑物、管道敷设及农田水利等工程的修建，如市政建设中道路、桥梁、给水、排水等工程，以及为施工而进行的建筑场地平整、清理和绿化等工程。

2. 安装工程

包括生产、动力、起重、运输、医疗、实验等设备的装配、安装工程与设备相连的装设工程，如市政工程中污水泵站安装泵机，隧道工程安装通风机等，以及有关绝缘、油漆、测试和试车等工作。

3. 设备、工具、器具的购置

包括生产应配备的各种设备、工具、器具、生产家具及实验仪器等的购置。

4. 勘察设计与地质勘探等工作

5. 其他基本建设工作

包括上述以外的各种基本建设工作，如土地征购、青苗赔偿、迁坟移户、干部及生产人员培训、科学研究以及生产及办公用具购置等。

1.2.3 基本建设工程项目划分

基本建设工程一般可划分为建设项目、单项工程、单位工程三级。单位工程由若干个分部工程组成，分部工程又由若干个分项工程所组成。

1. 建设项目

一个具体的基本建设工程，通常就是一个建设项目。一般是指在一个场地或几个场地上，按照一个设计意图，在一个总体设计或初步设计范围内，由一个或几个单项工程所组成，进行施工的总和，在经济上实行统一核算，行政上实行统一管理的建设单位。如建设一个工厂、一座学校以及内环线工程就是一个建设项目。

为了更好地贯彻执行大中小型企业同时并举的方针，加强基本建设项目的分级管理，正确反映建设项目的规模，国家计委等部委联合发文做出了有关规定。如钢铁工业总投资在5000万元以上属大型建设项目，2000～5000万元为中型建设项目，2000万元以下为小型建设项目。机械工业总投资在2000万元以上为大型建设项目，800～2000万元为中型建设项目，800万元以下为小型建设项目。

2. 单项工程

单项工程是指在一个建设项目中，具有独立的设计文件，竣工后可以独立发挥生产能力或效益的工程。它是建设项目的组成部分。如学校的教学楼、图书馆、食堂等就是一个单项工程。

3. 单位工程

单位工程竣工后一般不能独立发挥生产能力或效益，但具有独立的设计文件，可以独立组织施工的工程。它是单项工程的组成部分。如一段道路工程、一段下水道工程等都称为是一个单位工程。单位工程一般是进行工程成本核算的对象。在预算结算制中，单位工程产品价格是由编制单位工程施工图预算这一特殊方式来确定的。

4. 分部工程

分部工程是单位工程的组成部分。根据结构部位不同可将一个单位工程分解为若干个分部工程。如可将一段道路工程分解为路基工程、路面工程、附属工程等若干个分部工程。

5. 分项工程

分项工程是分部工程的组成部分。按照不同的截面形式、不同的材料、不同的施工方法，可将一个分部工程分解为若干个分项工程。如机械挖土方、砾石砂垫层、水泥混凝土面层等。分项工程是计算人工、材料、机械等消耗的最基本的计算要素。

1.2.4 基本建设程序的概念

基本建设程序是建设项目从设想到建成投入生产或使用全过程中，各项工作必须遵循的先后次序的法则。基本建设对于发展国民经济，对于满足人民群众日益增长的物质文化生活需要，都有十分重要的作用。基本建设不仅是国家的经济活动，而且是每个参与基本建设的单位的经济活动，这些活动，必须按照一定的顺序依次进行，避免打乱仗，这就涉及建设程序的问题。

一个建设项目从决定投资兴建到建成后投产和使用，形成新的固定资产，要经过许多阶段和环节，它是在建设领域内的活动所形成的客观规律的反映，基本建设工作涉及面广，内外协作配合的环节多，必须有计划、有步骤、有秩序地按基建程序办事，正确地按基建程序办事，才能达到预期的效果，迅速形成预计的生产能力或使用效益。

1.2.5 基本建设程序的内容

1. 项目建议书阶段

(1) 项目建议书的基本概念

项目建议书是投资决策前对拟建项目的初步设想，是建设项目程序中最初阶段的工作。

(2) 项目建议书的基本作用

项目建议书的主要作用是为了推荐一个拟建项目所作的初步说明。基本作用是：

1) 决策的依据及向银行申请贷款的依据；

2）编制初步设计的依据；

3）洽谈合同的依据；

4）采用新技术、新设备的依据。

(3) 项目建议书的基本内容

1）建设项目提出的必要性和依据；

2）产品方案、拟建规模和建设地点的初步设想；

3）资源情况、建设条件、协作关系的初步分析；

4）投资估算和资金筹措设想；

5）经济效益和社会效益的初步估计。

建设单位按要求编制完项目建议书后，应送上级有关主管部门审批。

2．可行性研究阶段

(1) 可行性研究的概念

可行性研究就是运用多种研究成果对建设项目作投资决策前的技术经济论证。其目的就是要从多方面论证这个建设项目在技术上是否先进，功能上是否可靠，经济上是否合理，财务上是否盈亏。通过多方案比较，推荐最佳方案，为审批提供依据，从而减少项目决策的盲目性，使建设项目的确定具有切实的科学性。

(2) 可行性研究的内容

1）项目提出的背景和依据；

2）建设规模、产品方案、市场预测和确定的依据；

3）技术工艺、主要设备、建设标准；

4）资源、原材料、燃料、运输等协作配合条件；

5）建设地点、厂区布置方案、占地面积；

6）项目设计方案，协作配套工程，环保、防震要求；

7）劳动定员和人员培训；

8）建设工期和实施进度；

9）投资估算和资金筹措方式；

10）经济效益和社会效益的估计。

(3) 可行性研究报告的审批

根据有关规定，可行性研究报告的审批权限为：属中央投资项目由国家计委审批；总投资在2亿元以上项目由国家计委审批后报国务院；其他项目由地方计委审批。

可行性研究报告经过批准才算立项，是确定建设项目，编制设计文件的依据。

3．设计工作阶段

设计是对拟建工程的实施在技术上和经济上所进行的全面而详尽的安排，是项目实施的具体化。

建设单位持批准的设计任务书和规划部门核发的“建筑设计通知单”，即可进行招标或委托取得设计证书的设计单位进行设计。

一般项目设计，分初步设计和施工图设计两个阶段。对于技术复杂并且缺乏经验的项目，按初步设计、技术设计和施工图设计三个阶段进行。

(1) 初步设计

初步设计由文字说明、图纸和总概算书组成，是对已批准的设计任务书中的内容进行概括的计算。具体包括：总体规划，工艺流程，主要建筑设施，占地面积，主要设备材料清单，主要技术经济指标，总概算书，建设工期等。初步设计可作为土地征用、控制基本建设投资、主要设备订货、施工图设计或技术设计、编制施工组织总设计和工程概算等的依据，但不作为施工的依据。初步设计和总概算按其规模大小和规定的审批程序，经有关部门批准后，方可进行施工图设计或技术设计。如总概算超过可行性研究报告总投资的10%以上，应说明原因并报可行性研究报告的原审批单位同意。

(2) 技术设计

技术设计是三阶段设计的中间阶段，它的主要任务是在初步设计的基础上，进一步确定建筑、结构、设备等的技术问题。建筑设计的图纸要标明与结构、水、电、气等有关的详细尺寸。结构设计应作建筑物的结构布置方案图，并附初步的计算说明。水、电、气等说明应提供相应的设备图纸及说明书。此阶段宜编制修正概算。

(3) 施工图设计

施工图设计包括：建筑、结构、水、电、暖、卫、气、工业管道等全部施工图纸，工程说明书，结构计算书和施工图预算等。

4. 建设准备阶段

当初步设计和总概算批准后，建设单位即可安排开工准备工作，此阶段的工作不计算建设工期，统计上单独反映。

(1) 开工准备工作

1) 征地、拆迁和场地平整；

2) 完成施工用水、电、路等工程；

3) 组织设备、材料订货；

4) 准备必要的施工图纸，至少可供开工后3个月的施工；

5) 组织施工招标，择优选定承包商。

(2) 报批开工报告

准备完毕具备开工条件后，建设单位要将新开工工程文件上报国家计委统一审核后编制年度大中型和限额以上建设项目开工计划报国务院批准。

地方和部门不得自行审批大中型和限额以上建设项目开工计划。

年度大中型和限额以上新开工项目经国务院批准，由国家计委下达项目计划。

5. 建设施工阶段

该阶段是项目决策的实施、建成投产发挥投资效益的关键环节。

建设单位与中标企业签订施工合同后，施工企业应当根据施工现场的实际情况，抓紧修改投标时编制的施工组织设计中不适当的地方，进场做好准备工作，尽早开工(开工日期以第一根桩或破土开槽之时起算)。施工中严格按设计进行，按规范操作管理。建设单位应按合同条款，积极为顺利开展施工提供必要的条件，协调各种关系及时组织对隐蔽工程的验收，严把质量关。

6. 生产准备阶段

建设项目竣工之前，在全面施工的同时，建设单位要做投产前的各项生产准备工作，以保证及时投产，尽快产生效益。其主要内容有：

(1) 招收和培训人员；

(2) 生产组织准备；

(3) 生产技术准备；

(4) 生产物资准备。

因此，搞好生产准备工作是使投资尽早得到回报的重要一环。

7. 竣工验收交付使用阶段

竣工验收是工程建设过程的最后一环，是全面考核项目建设成果、检验设计和工程质量的重要步骤，也是项目从建设转入生产或使用的标志。

竣工验收之前，要先由建设单位组织设计、施工单位进行初验，然后向主管部门提出竣工验收报告。内容包括：竣工决算和工程竣工图，隐蔽工程验收记录，工程定位测量记录，建筑物、构筑物各种试验记录，设计变更资料，质量事故处理报告等技术资料，并做好财务管理工作。

第3节 本课程任务、要求与学习方法

1.3.1 本课程任务

1. 通过学习本课程，要求学生了解基本建设的概念和程序；理解市政工程定额与预算的基本概念和基本程序，能正确运用现行市政工程预算定额及有关文件编制单位工程预(决)算，并能进行简单的经济分析，建立经济观念。

2. 要求学生理解工程项目招标投标的基本概念和基本过程；了解施工索赔的有关概念和知识，使学生能在预(决)算的基础上进一步提高，以增强适应工作实践的能力，为以后继续学习打下基础。

1.3.2 本课程要求

工程预算作为一门学科，是随着社会生产力的发展，随着建筑科学技术的发展及建筑规模的逐渐扩大，在生产实践中产生并发展起来的，它属于基本建设经济学范畴，以工程制图、建筑材料、工程施工等学科为基础，是市政企业经营管理的基础。

因此，要学好本课程，首先要求学生具有以下专业知识和能力：

1. 具有工程识图的基本知识；

2. 了解施工程序和一般的施工方法、工程质量验收标准和安全技术知识；

3. 了解常用的建筑材料、制品、构配件及机械设备的品种、规格、性能和用途；

4. 熟悉定额的组成、工程量计算规则及取费标准；

5. 有一定的电子计算机应用基础知识，能用计算机来编制施工图预算；

6. 及时获得最新的价格信息。

1.3.3 本课程学习方法

1. 要了解本教材的体系构成和大致划分

本教材内容从体系上可划分为两大部分：即市政工程定额与预算和工程项目招投标与施工索赔，从学习的内容上又可分为：

(1) 理论基础知识、基本概念、基本要求等——应知；

(2) 市政工程施工图预(决)算的编制等——应会。

2. 学生在学习的初期主要是对基本概念的学习，在学习中可能会出现来不及吸收等现象，这除了需要教师反复讲解之外，更需要学生通过多看书、多思考、多做练习及多做课程设计来进一步消化。值得一提的是，在学习过程中，一方面，学生在学习时应以手算为主，因为只有通过自己亲手练习，才能发现问题并及时解决问题，打下扎实的基础；另一方面，在手算的基础上，还应适当练习运用电脑及相应市政预算软件来编制预算，以适合实际需要。

3. 在学习中不仅要重视理论，更应该注重实践，从市政工程识图入手，突破预算项目的列项、套用定额和工程量计算等难点，要针对不同类型的市政工程，将其分解开来逐项、逐步练习，由浅入深，融会贯通。

4. 在学习中首先要紧紧抓住定额与预算这两个相辅相成的环节，在学习定额时，虽然各地区、各地方的定额形式和内容会有所不同，但其原理和使用方法均大同小异，所以在学习本书中所讲的定额时，在掌握其原理和使用方法后，还应结合本地区定额在教师指导下多加练习以便学以致用；在学习预算时要突出动手能力，不论是手算还是运用电脑计算均要掌握。其次要懂得如何将定额与预算内容与工程项目招投标等内容结合起来，特别要了解施工图预算、招标标底与投标报价等的联系与区别。

第2章 定额概述

第1节 定额的基本概念

2.1.1 定额的产生与形成

1. 定额的意义

定额,"定"就是规定,"额"就是数额,定额就是规定在产品生产中人力、物力或资金消耗的标准额度。它反映一定社会生产力条件下的产品生产和消费之间的数量关系。定额属于消费性质。

工程建设定额是指在正常的工程建设施工条件下,为完成一定计量单位的合格产品(工程)所必须消耗的人工、材料、机械的数量标准。它反映的是完成建筑工程施工中的某一分项工程单位产品与各种生产消费之间特定的数量关系。

市政工程定额,是基本建设工程定额的一种。

例如,某定额规定浇筑 $10m^3$ 带形混凝土基础,需用 $10.15m^3$ 强度等级为 C20 混凝土,400L 混凝土搅拌机 0.39 台班,人工工日 9.56 个。在这里,产品(带形混凝土基础)和材料(混凝土)、机械(400L 混凝土搅拌机)及人工之间的关系是客观的,是特定的。定额中关于生产 $10m^3$ 混凝土带形基础,消耗混凝土 $10.15m^3$,消耗 400L 混凝土搅拌机 0.39 台班,消耗人工 9.56 个工日等的规定,则是一种数量关系的规定。在这个特定的关系中,带形混凝土基础和 C20 混凝土、400L 混凝土搅拌机以及人工都是不能代替的。

2. 定额的产生与形成

生产和消费之间的数量关系,客观地存在于社会生产的各个发展阶段上。人们对它的认识是随着生产力的发展,随着现代经济管理的发展而产生并不断加深的。

在小商品生产的情况下,由于生产规模狭小,产品比较单纯,要认识和预计生产中人力、物力的消耗量,是比较简单的,往往凭头脑中积累的生产经验就可以了。到了现代资本主义社会化大生产出现以后,共同劳动的规模日益扩大,劳动分工和协作越来越细,越来越复杂。研究生产消费,对生产消费进行科学管理也就愈加复杂和重要。研究生产消费成为社会化大生产的客观要求。

在资本主义社会,生产的目的是为了攫取最大限度的利润。资本家为了赚取更多的利润,加强在竞争中的地位,就要千方百计降低单位产品的活劳动和物化劳动的消耗,以便使自己企业生产的产品所需劳动消耗低于社会价值。要达到这个目的,就要加强对企业生产消费的管理和研究,这样定额作为管理科学的一门重要学科也就应运而生了。

19 世纪末,资本主义工业发展速度很快,但是各个企业仍然采用传统的管理方法,劳动生产率很低,许多工厂的生产能力得不到充分发挥,在这种情况下,美国工程师泰罗(1856~1915)开始了企业管理的研究。

为了提高工人的劳动效率，泰罗把对工作时间的研究放在重要的地位，他把工作时间分为若干组成部分，利用秒表测定每一操作过程的时间消耗，制定出工时定额作为衡量工人工作效率的尺度。它还对工人的操作方法进行研究，对人在劳动中的动作逐一分析其合理性，消除那些多余的无效动作，制定出能节约工作时间的标准操作方法。它还注意研究了生产工具和设备对工时消耗的影响。从而把制定工时定额建立在合理操作的基础之上。

建立工时定额，实行标准的操作方法，采用有差别的计件工资，这就是泰罗制的主要内容。泰罗制的推行在提高劳动效率方面取得了显著成果，也给资本主义企业管理带来了根本性的变革和深远影响。

继泰罗制之后，资本主义企业管理又有了许多新的发展，对于定额的制定也有很多新的研究和发展。20世纪40年代到60年代出现的资本主义管理科学，实际是泰罗制的继续和发展。一方面，管理科学从操作方法、作业水平的研究向科学组织的研究上扩展；另一方面，它利用了现代自然科学的新成果——运筹学、电子计算机等科学技术手段进行科学管理。70年代出现行为科学和系统管理理论，从社会学、心理学的角度研究管理，强调重视社会环境，人的相互关系对提高工效的影响。把管理科学和行为科学结合起来，从事物整体出发，通过对企业中的人、物和环境等要素进行系统全面的分析研究，以实现管理的最优化。

定额虽然是管理科学发展初期的产物，但它在企业管理中一直占有重要地位。因为定额提供的基本管理数据，始终是实现科学管理的必备条件，即使是数学方法和电子计算机普遍应用于企业管理的情况下，也不能降低它的作用。

综上所述，管理科学的创立从定额开始，管理科学的发展和定额也是不能须臾离开的。定额是企业管理科学化的产物，也是科学管理的基础。定额是管理科学中的一门学科。

2.1.2 定额的特点

定额的特点是由定额的性质决定的，工程建设定额具有科学性、系统性、统一性、法令性和稳定性等特点。

1. 科学性特点

工程建设定额科学性的特点表现为：基本建设定额是在认真研究客观规律的基础上，通过长期观察、测定、总结生产实践及广泛搜集资料，通过对工时分析、动作研究、现场布置、工具设备改革，生产技术与组织的合理配合等各方面进行科学的综合研究后制定的。即用科学的态度制定定额，尊重客观实际，避免主观臆断，力求定额水平合理；用科学的方法制定定额，在制定定额的技术方法上，利用现代科学管理的成就，形成系统的、完整的、严密的、在实践中行之有效的科学方法。

2. 系统性特点

工程建设定额是由多种定额结合而成的有机整体。它的结构复杂，具有鲜明的层次联系和明确的目标，又是相对独立的系统。

各类工程的建设都有严格的项目划分，如建设项目、单项工程、单位工程、分部工程、分项工程；在计划和实施工程中有严密的逻辑阶段，如规划、可行性研究、设计、施工、试运转、竣工交付使用以及投入使用后维修等，形成工程建设定额的多种类，多层次，并具有系统性。

3. 统一性特点

工程建设定额的统一性是由国家对经济发展的宏观调控职能决定的。为了使国民经济按照预定的目标发展，就要借助某些标准、定额、参数等，对工程建设进行规划、组织、调节、控制。这些标准、定额、参数必须在一定范围内用一种统一的尺度,才能实现上述职能,才能利用它对项目的拟定、设计方案、投标报价、成本控制等进行评选和评价。

工程建设定额的统一性按照其影响和执行范围来看,有全国统一定额、部门统一定额和地区统一定额等;按照定额的制定、颁布和贯彻使用来看,有统一的程序、统一的原则、统一的方法和统一的要求。

4. 稳定性特点

工程建设定额中的任何一种定额都是一定时期技术发展和管理水平的反映,因而在一段时期内都表现出稳定的状态。根据管理权限等具体情况的不同,定额稳定的时间有长有短。保持定额的稳定性是维护定额的权威性所必需的,又是有效贯彻定额所必需的。

工程建设定额的稳定性是相对的。任何一种工程定额,都只能是反映了一定时期的生产力水平,当技术进步了,生产力向前发展了,定额就会与已发展了的生产力不相适应。因此,在适当的时期进行定额修编就是必然的了。

5. 法令性特点

定额经授权单位批准颁发后,就具有法令性,只要是属于规定的范围之内,任何单位都必须严格遵守,认真执行。任何单位或个人都应当遵守定额管理权限的规定,不得任意改变定额的结构形式和内容,不得任意降低或变相降低定额的水平,如需要进行调整、修改和补充,必须经授权部门批准。定额管理部门和企业管理部门应对企业和基层单位进行必要的监督。随着我国社会主义市场经济不断推进,定额已由过去的法令性特点正逐步转变到指导性特点的过程中。

2.1.3 定额在现代化管理中的作用

1. 定额是编制计划的基础

为了组织和管理基本建设工程各项工作,必须编制各种计划,计划的编制是依据各种定额和指标来计算人力、物力、财力等需要量。因此,定额是编制各种计划的基础。

2. 定额是确定工程造价的依据

基本建设投资和市政建筑工程造价是根据设计规定的工程规模、工程数量及相应需要的劳动力、材料、机械设备消耗量及其必须消耗的资金确定的。其中劳动力、材料、机械设备的消耗量是根据定额计算出来的。因此,定额是确定基本建设投资和市政建筑工程造价的依据。

3. 定额是比较设计方案经济合理性的尺度

同一建设项目或工程项目的投资和造价的大小反映了各种不同设计方案的技术经济水平,因此,定额又是比较和评价设计方案经济合理性的尺度。

4. 定额是合理化组织和加强施工管理的工具

市政建筑安装施工企业要计算、平衡资源需要量,组织材料供应,组织劳动力、签发施工任务单、限额领料单,考核工料消耗和劳动生产率,进行按劳分配、计算工人报酬,进行“两算”对比和经济核算等,都要用定额作为消耗的数量标准,来衡量企业的经营成果。因此,从组织施工和管理生产的角度来讲,定额是市政施工企业组织和加强施工管理的工具。

5. 定额是总结先进生产方法的手段

定额是在先进合理的条件下,通过对生产施工过程的观察、分析、综合制定的。它可以严格地反映出生产技术和劳动组织的先进合理程度。因此,我们可以定额标定方法为手段,对同一产品在同一操作条件下的不同生产方法进行观察、分析和总结，从而得到一套比较完整的、优良的生产方法，作为生产施工中推广的范例，使劳动生产率获得普遍的提高。

第2节　工程建设定额的分类和体系结构

2.2.1　工程建设定额的分类

定额种类繁多，为了对基本建设工程定额有一个全面的概念性的了解，可以按照以下不同的原则和方法进行分类。

1. 按生产因素分类

按照定额所反映的生产因素消耗内容不同，工程建设定额可分为以下三种：

(1) 劳动消耗定额

简称劳动定额。它是指在合理的劳动组织及正常的施工条件下，完成单位合格产品（工程实体）规定劳动消耗的数量标准或在一定的劳动消耗中所产生的合格产品的数量。

劳动定额按其表现形式不同，可分为时间定额和产量定额两种。

(2) 材料消耗定额

是指在节约和合理使用材料的条件下，生产单位合格产品所必须消耗的一定品种规格的主要材料、辅助材料和其他材料的数量标准。

材料是基本建设工程中所使用的原材料、成品、半成品、构配件、燃料以及水、电、动力资源等的总称。

材料作为劳动对象是构成工程的实体物资，需要量很大，种类繁多、规格繁杂，所以材料消耗多少，消耗是否合理，不仅关系到资源的有效利用，而且对建设项目的投资、建筑产品的成本控制都起着决定性影响。

(3) 机械台班消耗定额

简称机械定额。它是指在正常的施工条件下及合理的劳动组织与合理使用机械的条件下，完成单位合格产品所规定的施工机械消耗的数量标准。

机械消耗定额可分为时间定额和产量定额两种。主要表现形式是时间定额。

2. 按编制程序和用途分类

(1) 施工定额

是施工企业组织生产和加强管理，在企业内部直接用于建筑安装工程施工管理的一种定额。属于企业生产定额的性质。

施工定额由劳动定额、材料消耗定额和机械台班消耗定额三个相对独立的部分组成。

施工定额既考虑到预算定额的分部方法和内容，又考虑到劳动定额的分工种做法。定额人工部分要比劳动定额粗，步距大些，工作内容有适当的综合扩大。施工定额要比预算定额细，要考虑到劳动组合等。

施工定额是施工企业进行科学管理的基础。主要用于施工企业内部经济核算，编制施工预算，编制施工作业计划，施工组织设计和确定人工、材料及机械需要量计划，施工队向班组签发施工任务单和限额领料单，计算劳动报酬和奖励的依据，是编制预算定额，确定人工、材料、机械消耗数量标准的基础依据。

(2) 预算定额

是指在正常合理的施工条件下,规定完成一定计量单位的分项工程或结构构件所必需的人工(工日)、材料、机械(台班)以及货币形式表现的消耗数量标准。它是在编制施工图预算时,计算工程造价和计算单位工程中劳动力、材料、机械台班需要量使用的一种定额。预算定额属于计价性定额。

预算定额是基本建设管理工作中的一项重要的技术经济法规。它规定了市政工程施工生产的社会必要劳动量,即确定了市政建筑安装工程(产品)计划价格。因此,它是确定工程造价的主要依据,是计算标底和确定报价的主要依据。

(3) 概算定额

它是在相应预算定额的基础上,以分部工程为主,综合、扩大、合并与其相关部分,使其达到项目少,内容全,简化计算,准确适用的目的。是设计单位编制初步设计或扩大初步设计概算时,计算和确定拟建项目概算造价,计算劳动力(工日)、材料、机械(台班)需要量所使用的定额。

(4) 概算指标

它是在相应概算定额的基础上,对市政建筑安装单位工程进行综合、扩大而成的一种规定完成一定计量单位的建筑物或构筑物所需要的劳动力(工日)、主要材料消耗量和相应费用的指标。它主要是在项目建议书和可行性研究报告编制阶段用以投资估算所使用的定额。计量单位,例如:$1m^2$,$100m^2$,$1m^3$,$1000m^3$,幢(建筑物),座(构筑物),套(系统),1km等。

概算指标编制内容,各项指标的取定以及形式等,国家无统一规定,由各部门结合本行业工程建设的特点和需要自行制定。

(5) 间接费用定额

是施工企业为组织和管理施工生产所需的各项经营管理费用的标准。它是工程造价的重要组成部分,由地方主管部门按照工程性质,分别规定不同的取费率和计算基数进行计算。由于它不是构成工程实体所需的费用,是施工中必须发生而又不便于具体计算的费用,只能以费率的形式间接地摊入单位工程造价内,所以对这一费用标准,称为间接费定额。

(6) 工期定额

它是为各类工程规定的施工期限的定额天数。包括建设工期定额和施工工期定额两个层次。

建设工期是指建设项目中构成固定资产的单项工程、单位工程从正式开工之日起到全部建成投产或交付使用之日止。所经历的时间,一般以月数或天数表示。

建设工期是考核建设项目经济效益和社会效益的重要指标。建设项目缩短工期,提前投产或交付使用,不仅能节约投资,也能更快地发挥设计效益,创造出更多的物质和精神财富。工期对于施工企业来说,是履行承包合同、安排施工计划、降低成本、提高经营效益等必须考虑的指标。

建设工期同工程造价、工程质量一起被视为建设项目管理的三大目标。

3. 按制定单位和执行范围分类

(1) 全国统一定额

它是由国家建设行政主管部门组织制定,综合全国基本建设的生产技术和施工组织的一般情况编制,并在全国范围内执行的定额。例如全国建筑安装工程统一劳动定额,全国市政工程统一劳动定额等。

(2) 部门统一定额

指由中央各部(委)根据本部门专业性质不同的特点,参照全国统一定额的编制水平,编制的适用于本部门工程技术特点以及施工生产和管理水平的一种定额。如交通部的“公路工程预算定额”,化工部的“工业建筑防腐工程预算定额”等。部门定额的特点是专业性强,仅适用于本部门及其他部门相同专业性质的工程建设项目。

(3) 地区统一定额

由于我国地域辽阔,各地气候条件、经济技术、物质资源和交通运输条件等方面的差异,构成对全国统一定额项目、内容和水平不能完全适应本地区经济技术特点的要求。为此,由各省、自治区、直辖市建设行政主管部门结合本地区经济发展水平和特点,在全国统一定额水平的基础上对定额项目做出适当调整补充而成的一种定额。地区定额仅限于在本地区范围内所有的工程建设项目使用,但不适用于专业性特强的建设项目。

(4) 企业定额

是指由建筑安装施工企业结合自身具体情况,参照国家、部门或地区统一定额的技术水平自行编制,企业内部自己使用的一种定额。

4. 按专业分类

(1) 建筑工程定额及其配套的费用定额。

适用于一般工业与民用建筑的新建、扩建工程,接层工程及单独承包装饰装修工程。不适用于修缮及临时性工程。

(2) 安装工程定额及其配套的费用定额。

适用于工业与民用新建、扩建的安装工程。范围包括:机械设备安装、电气设备安装、工艺管道、给排水、采暖、煤气、通风空调、自动化控制装置及仪表、工艺金属结构、炉窑砌筑、热力设备安装、化学工业设备安装、非标设备制作工程以及上述工程的刷油、绝热、防腐蚀工程。

(3) 市政工程定额及其配套的费用定额。

适用于新建、扩建和大修市政工程及住宅区、厂区内道路、排水管道工程。主要专业包括:道路、桥涵、隧道、排水、防洪堤、给水、燃气、集中供热、路灯等工程。

(4) 仿古园林工程定额及其配套费用定额

主要使用于新建、扩建的仿古建筑及园林绿化工程,也适用于小区的绿化和小品设施。

(5) 市政养护维修定额及其配套费用定额

主要适用于城市、城镇的道路、排水、桥涵、路灯等市政设施中、小养护维修工程。

(6) 房屋修缮、抗震加固定额及其配套的费用定额

适用于房屋的整体拆除、局部拆除、局部翻修、零星维修以及随同房屋维修施工的零星工程;房屋抗震加固工程及增加阳台工程;房屋修缮工程中的水、暖、电、通风和煤气工程的拆除、修理和更换,以及旧建筑物新装水、暖、电、通风和民用煤气工程。

(7) 由国务院有关部门编制的专门定额。

其专业性很强。如核岛建筑工程预算定额,煤炭井巷工程预算定额,煤炭露天剥离工程预算定额及配套费用定额等。

2.2.2 工程建设定额的体系结构

工程建设定额是由多种定额结合而成的有机整体。它的结构复杂,具有鲜明的层次联

系和明确的目标,又是相对独立的系统。

从总体上工程建设定额的体系可以以图 2.1 表示

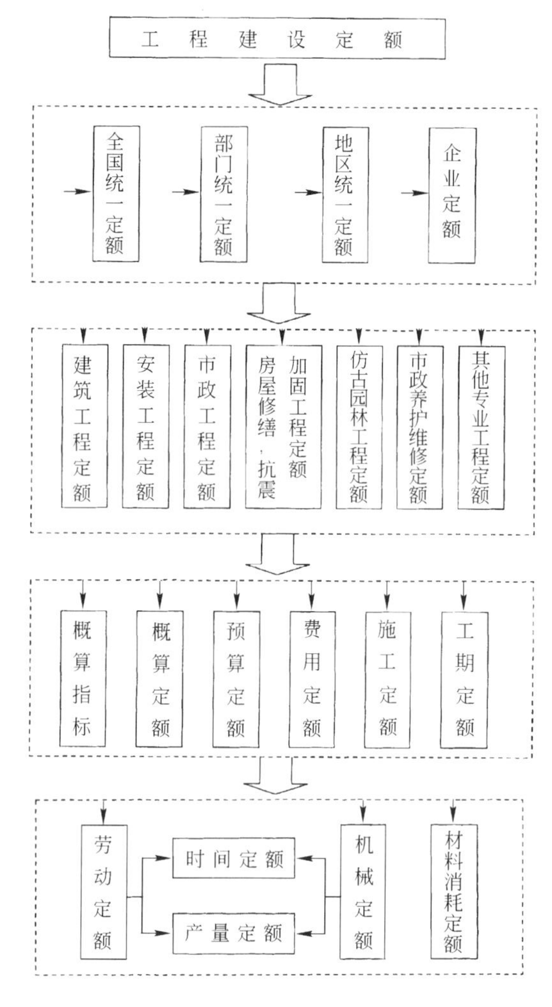

图 2.1 工程建设定额的体系

第 3 节 定额的编制与管理

2.3.1 定额编制的原则

为了保证定额的质量,编制定额须遵循以下原则:

1. 确定定额水平要贯彻先进合理原则

定额水平,是指规定消耗在单位产品上劳动力、机械和材料数量的多少,水平高低。劳动生产率高,单位产品上劳动力、机械和材料消耗少,定额水平就高,反之定额水平就低。所以,一定历史条件下的定额水平,是社会生产力水平的反映,同时又推动社会生产力的发展。

定额的水平既不能以先进企业的水平为依据,更不能以落后企业的水平为依据,而只能采用平均先进水平。

所谓平均先进水平是指它低于先进企业、先进个人的水平，略高于平均水平，多数企业经过努力可以达到或超过，少数工人可以接近的水平。

确定这一水平，要全面研究、比较、测算，反复平衡，既要反映已成熟并得到推广的先进技术和经验，同时又要从实际出发做到合理可行。

2. 定额的内容和形式要贯彻简明适用的原则

定额的内容和形式要具有多方面的适应性，能满足不同用途的需要，又要简单明了，易于掌握。项目要齐全，便于使用。项目划分合理，粗细恰当，步距适当。定额项目划分粗些比较简明，但精确度较低；划分细些精确度较高，但又较复杂。定额步距是指同类物质的一组定额在合并时保留的间距。步距大，定额项目就会减少，精确度就会降低。步距小，定额项目则会增加，精确度也会提高。所以确定步距时，对于主要工种、主要项目、常用项目，定额步距要小一些，对于次要工种、次要项目、工程量不大和不常用项目，步距可以适当大些。另外，文字要通俗易懂，计算方法要简单易行。

3. 编制定额要贯彻以专业人员为主，专群结合的原则

定额编制是一项专业性、政策性很强的技术经济工作，编制工作量大，工作周期长。因此，编制定额必须有专门的组织机构和专职技术人员负责，掌握方针政策，做经常性的定额资料积累工作，技术测定工作，整理和分析资料工作，拟定定额方案工作，广泛的市场调查和征求群众意见的工作，以及组织出版发行工作。

广大职工是定额的执行者，对定额执行情况和问题也最为了解。所以编制定额时必须广泛征求职工群众的意见。

贯彻以专为主，专群结合的原则，是定额质量的组织与技术保证，是落实执行定额具有群众基础的保证。

2.3.2 定额的管理

1. 定额的管理采用统一领导、分级管理模式

由国家主管部门对各类消耗标准、规范、规程等做出统一规定或颁布全国通用的定额及其管理办法。中央各部委及各省、自治区、直辖市建设工程主管部门根据国家定额管理办法的规定，制定本部门、本地区的定额及其管理实施细则。允许编制地区或企业内部的补充定额，须报主管部门审批后执行。

定额的管理，可以分为定额主管部门的管理和施工企业内部的定额管理两个方面。

定额主管部门的管理，主要是定额的测定、编制、试点，定额解释，批准后的贯彻、执行、补充与修订，信息反馈等方面的管理。

施工企业内部的定额管理是企业诸多管理中的基础性管理，主要内容为：组织与检查定额的贯彻落实与执行情况，分析定额完成情况和存在的问题。

主管部门的定额管理是施工企业内部贯彻和执行定额及其定额管理的前提，施工企业内部的定额日常管理及其信息反馈又是定额主管部门编制、补充与修订定额和定额管理的继续。

国家定额管理中心，在国家计划、经济委员会的直接领导下，负责对国民经济各部门的技术定额、专业定额的研究和管理；颁布国家有关定额政策、法令、规章制度；定额的审批、实施和仲裁等职能。

建设部是主管全国工程建设的部门。在国务院领导下归口管理我国工程建设、城市建

设、村镇建设、建筑业和房地产开发经营建设工作。对全国建设工作实行以宏观调控为主和微观指导为辅的管理职能。其中标准定额司主要负责统筹规划，组织制定和颁发有关全国性的工程建设标准、技术经济定额、制度和法规；对全国各专业部门和各省、市及地区主管工程建设的定额管理机构，定额标准，勘察设计，建筑施工等进行综合管理和业务指导、监督。同时对施工企业内部的基础管理即定额的技术测定、定额标准化、信息沟通等负有调控、指导和监督的职能。

中央各专业部属定额管理站、处，负责本专业部定额的编制、修订和技术测定工作及定额政策、法令和规章制度的制定、监督、实施、批准和仲裁。

各省、市（包括地区、专区）定额站，在省、市建委（建设局）直接领导下，负责在省、市范围内的定额的编制、修订工作，贯彻执行国家及业务主管部门颁发的与定额有关的法令、政策和规章制度，参加全国定额的编制、修订工作，负责本省、市补充定额的制定，定额问题的解释、仲裁；定期召开定额会议，交流总结经验，指导下级定额人员工作。

2. 定额的修订

新编定额执行一段时间之后，随着施工技术和劳动生产率的提高，随着施工中新结构、新材料、新的施工工艺的采用，随着人工工日、原材料、机械台班市场价格的变化等，原定额手册中的某些项目，将不能适应现有生产力水平，定额项目缺少反映新结构、新材料、新工艺的定额项目需要补充，被淘汰的施工方法需要删除，原定额的单价不再适应市场价格的变化等。诸如这些因素的变化，客观上要求对定额进行重新修订。

定额不宜频繁修订或重编，如果修订的间隔期过短，将使定额失去稳定性，定额总是处在变动之中，会挫伤定额执行者的积极性，不利于生产和劳动生产率的提高，定额的科学性、法令性等特点就无法体现。同时定额修订工作浩繁，技术经济性很强，特别是全面修订或重编，工作周期较长，需要有足够的技术力量和充分的组织准备。

定额修订的前提是由于生产力水平和劳动生产率的提高，以及施工条件的变化，市场价格的变化等。如果长期沿用原定额，就难以发挥定额应有的作用，失去定额的平均先进性，因此，定额应该在保持相对稳定性的前提下，适时地根据实际变化的情况，对定额做出必要的修订。

定额的修订一般可分为定期性全面修订，不定期性局部修订，一次性临时修订。

第3章　施工定额

第1节　施工定额概述

3.1.1　施工定额的组成

施工定额是直接用于建筑施工管理中的一种定额。它以“施工技术验收规范”及“安全操作规程”为依据,在一定的施工技术和施工组织的条件下,规定建筑安装工人或班组消耗在单位合格建筑安装产品(包括预制件及假定产品)上的人工、材料和机械台班数量标准。

施工定额是建筑安装企业的生产定额,施工定额由劳动定额,材料消耗定额和机械台班使用定额三部分组成。

1. 劳动定额

劳动定额,又称人工定额。

劳动定额按其表现形式不同,可分为时间定额和产量定额两种:

1) 时间定额

是指某工种的某一等级工人班组或个人,在合理的劳动组织与合理使用材料的条件下,完成单位合格产品所必须的工作时间。包括准备与结束时间,基本工作时间,辅助工作时间,不可避免的中断时间及工人必需的休息时间。

时间定额以工日为单位,每一工日按八小时计算。其计算式如下:

$$\text{单位产品人工时间定额(工日)} = \frac{1}{\text{每工产量}} \tag{3.1}$$

$$\text{或单位产品人工时间定额(工日)} = \frac{\text{小组成员工日数总和}}{\text{每班产量}} \tag{3.2}$$

2) 产量定额

是指在合理的劳动组织与合理使用材料的条件下,某工种某一等级的工人班组或个人在单位工作日中所应完成的合格产品数量。其计算式如下:

$$\text{每工产量} = \frac{1}{\text{单位产品时间定额(工日)}} \tag{3.3}$$

$$\text{或每班产量} = \frac{\text{小组成员工日数总和}}{\text{单位产品时间定额(工日)}} \tag{3.4}$$

时间定额与产量定额互为倒数关系。即:

$$\text{时间定额} \times \text{产量定额} = 1$$

$$\text{时间定额} = \frac{1}{\text{产量定额}}$$

$$\text{产量定额} = \frac{1}{\text{时间定额}} \tag{3.5}$$

例如：砌筑每 $1m^3$ 一砖厚内墙，需要 0.961 工日（时间定额），求其每工产量是多少。

则：根据产量定额 = 1 ÷ 时间定额

$$每工产量 = 1 \div 0.961 = 1.04m^3/工日$$

2. 材料消耗定额

材料作为劳动对象是构成工程的实体物资，需要量很大，种类繁多、规格繁杂，所以材料消耗多少，消耗是否合理，不仅关系到资源的有效利用，而且对建设项目的投资、建筑产品的成本控制都起着决定性影响。

定额中的材料，按其构成工程实体所发挥的作用以及用量的大小不同，可以划分为以下四类：

1) 主要材料——指直接构成工程实体的材料。

2) 辅助材料——指直接构成工程实体，但用量较小的材料。

3) 周转材料——指多次使用，但不构成工程实体的材料，故又称为工具性材料。如脚手架杆、模板等。

4) 其他材料——指用量小、价值不大、难以计量的零星材料。

3. 机械台班消耗定额

机械台班消耗定额可分为时间定额和产量定额两种。

机械时间定额，就是生产质量合格的单位产品所必需消耗的机械工作时间。机械消耗的时间定额以某台机械一个工作班（八小时）为一个台班进行计量。其计算式如下：

$$单位产品机械时间定额(台班) = \frac{1}{台班产量} \tag{3.6}$$

$$或单位产品机械时间定额(台班) = \frac{小组成员台班数总和}{台班产量} \tag{3.7}$$

机械产量定额，就是在一个单位机械台班工作日，完成合格产品的数量。其计算式如下：

$$台班产量 = \frac{1}{单位产品机械时间定额(台班)} \tag{3.8}$$

$$或台班产量 = \frac{小组成员台班数总和}{单位产品机械时间定额(台班)} \tag{3.9}$$

机械时间定额与机械产量定额互为倒数：

$$机械时间定额 \times 机械产量定额 = 1 \tag{3.10}$$

3.1.2 施工定额的作用

施工定额是施工企业管理的基础。充分发挥施工定额的作用，对于促进施工企业内部施工组织管理水平的提高，加强经济核算，提高劳动生产率，降低工程成本，提高经济效益，都具有十分重要的意义。

1. 施工定额是编制施工组织设计和施工作业计划的依据

施工组织设计是全面安排和指导施工的技术经济文件。施工单位编制的施工组织设计包括施工组织总设计，单位工程施工组织设计，必要时还要编制年度施工组织设计，分部工程施工组织设计及冬、雨季施工组织设计等。各类施工组织设计都需包括的基本内容有：拟定所建工程的资源需要量，拟定使用这些资源的最佳时间安排，做好平面规划，以达到在施工现场科学地组织人力和物力。

施工作业计划是施工单位计划管理的中心环节。分为月作业计划和旬作业计划。编制施工作业计划,需要计算计划完成的实物工程量,建筑安装工作量,材料、预制品加工、构件等的需要量,劳动力需要量,施工机械的需要量等。

确定所建工程的各项资源需要量,精确地计算人工、机械和材料、构件等的数量,都需要根据现行的施工定额计算确定。

2. 是签发施工任务单和限额领料单的依据

施工任务单是把施工作业计划落实到班组的任务执行文件,也是记录班组完成任务情况和结算班组工人工资的凭证。施工任务单的内容可以分为两部分;一部分是下达给班组的工程任务,包括工程名称,工作内容,计算单位,任务工程量,定额指标,计算单价,质量与安全要求,开工和竣工日期,平均技术等级。第二部分是实际完成任务情况的记载和工资结算。任务单上的工程量计算单位,产量及时间定额,计划用工数等都需按施工定额中的劳动定额计算。

限额领料单是施工队随任务单同时签发的领取材料的凭证,这一凭证是根据施工任务和施工的材料消耗定额计算填写的。

3. 是贯彻经济责任制,实行按劳分配的依据

经济责任制是实行按劳分配的有力保证。按劳分配,就是按劳动数量和质量进行分配。劳动量凝结在劳动者所创造的产品中,劳动产品不仅体现了劳动强度的大小,还体现出劳动产品质量的高低。劳动者个人为了维持再生产能力,须从社会总产品中做出各项必要的社会扣除以后,按个人提供给社会的劳动量,来取得个人消费品。经济责任制是以劳动者对国家、企业承担经济责任为前提,超额有奖,完不成定额受罚,使劳动者的个人利益和生产成果紧密挂起钩来,能够更准确地体现多劳多得,少劳少得的社会主义分配原则。劳动者劳动成果的好坏,其客观标准是以施工定额为尺度。因此,施工定额是贯彻经济责任制,实行按劳分配的依据。

4. 是编制施工预算,加强企业成本管理的基础

施工预算是施工单位用以拟定单位工程中人工、机械、材料和资金需要量的计划文件。在施工预算中既反映了设计图纸的要求,也考虑了在现有条件下可能采取的节约人工、材料和降低成本的各项具体措施,以施工定额为基础编制施工预算,严格执行施工定额,能够更好地为施工生产服务,有效地控制施工中人力,物力消耗,节约成本开支。

5. 是编制预算定额和单位估价表的依据

预算定额以施工定额为基础,主要是就定额的水平而言。以施工定额水平为预算定额水平的基础,不仅可以免除测定定额水平的大量繁杂的工作,而且使预算定额符合现实的施工生产和经济管理水平,并保证施工中的人力和物力消耗得到足够的补偿。

施工定额作为补充单位估价表的基础,是指由于采用新结构、新材料、新工艺而引起预算定额缺项时,编制补充预算定额和补充单位估价表必须以施工定额为基础。

综上所述,施工定额对于加强施工企业的计划管理,促进劳动生产率的提高和材料等物资的节约,对于企业贯彻按劳分配原则和实行经济核算,都具有重要意义。施工定额是企业管理的基础,没有这个基础,实现企业现代化科学管理是不可能的。

第2节　施工定额的主要内容与应用

3.2.1　市政工程劳动定额册的结构与主要内容

1. 市政工程劳动定额册的结构

市政工程全国统一劳动定额册的结构有以下三个主要部分：

(1) 文字说明部分

分为总说明，分册说明和分节说明三种。

1) 总说明主要内容有：

编制依据与制定单位；定额名称代号，发布与实施日期；批准与发布单位等。

2) 分册说明主要内容有：

编制依据；编制单位，定额适用范围，工作内容，劳动消耗量单位和时间定额构成，工程量计算规则；劳动组织；施工方法等。

3) 分节说明主要内容有：

工作内容，小组成员，质量要求，施工方法等。

(2) 分节定额部分

包括定额表的文字说明，定额表和附注。文字说明部分上面已作介绍。

定额表是分节定额中的核心部分，也是定额手册中的核心部分。它包括工程项目名称，定额编号，定额单位和劳动定额消耗指标。

分节定额的内容及其形式如下例3-1所示：(摘自97全国统一市政工程劳动定额)

附注列于定额表的下面，主要是根据施工条件变化的情况，规定时间定额的增减变化。所以，附注往往是对定额表的补充。另外附注也限制定额的使用范围。

【例3.1】

4.2.6　混凝土枕基

工作内容：包括挖坑做土模，过磅，级配，搅拌，灌筑及捣固，盖草苫，养生，运输等操作过程。

质量要求：配合比准确，搅拌均匀，规格符合设计要求。

表3.1　工日/10个

项　目		管　径 (mm以内)				序　号
		300	400	500	600	
预制枕基安装		0.402	0.509	0.693	0.832	一
浇捣枕基圆心角(度)	90	0.447	0.565	0.770	0.924	二
	135	0.615	0.839	1.144	1.432	三
	180	0.826	1.053	1.449	1.871	四
编　号		53	54	55	56	

注：预制枕基安装以圆心角90°管座混凝土为准，如为135°，其时间定额乘以1.11；如为180°时，其时间定额乘以1.25。

(3) 附录部分

附录一般列于分册的最后，其主要内容有：施工方法；施工材料；质量要求；安全要求；有关规定说明；有关名词解释等。

以上三部分内容，组成劳动定额手册。定额表部分是定额手册的核心，在使用时应先了解定额文字说明及附录两部分内容，以便正确使用定额表。

2．市政工程劳动定额册的主要内容

（1）拆除与临时工程分册

主要内容有花草、树木拆除；道路拆除；管道拆除；构筑物拆除；搭、拆临时工棚、围墙；安、拆搅拌站台机；安、拆临时风、水管路，架设拆除临时电力线路；安、拆变压器、配电器；安、拆水泵、锅炉；围堰及筑岛填心；搭拆便桥、钢桥；安、拆工程索道；安、拆扒杆等。

（2）材料运输与加工分册

主要有人力运输；双轮车、杠杆车、水罐车运输；机动翻斗车运输；汽车运输；水上运输；材料加工（筛料，清洗砂石，破碎石子，消解石灰等）。

（3）土石方工程分册

主要有平整场地，人工挖土方；机械挖土方，运土方，回填土方，碾压土方；人工挖石方，打眼爆破；出碴等。

（4）桩基础工程分册

主要有打桩辅助工程；打拔工具桩；打工程桩，混凝土灌注桩等。

（5）道路工程分册

主要有路基开挖，路基铺筑；路面面层，模板，钢筋；面层养护，路面切灌缝，侧缘石安装；雨水井及连接管；人行步道；砌树池；路肩，边沟；砌挡土墙，踏步等。

（6）桥梁工程分册

主要有桥梁钢筋；桥梁模板；桥梁支架，脚手架；桥梁混凝土；张拉；构件安装；砌筑、装饰；地道桥（涵）；人行过街地下通道等。

（7）堤防工程分册

主要内容有钢筋工程；模板工程；防水墙；止水带；堤岸护坡；沉笼，排水，抛石；辅助工程等。

（8）给水排水工程分册

主要内容有挡土板支撑；管道基础；给水管道工程；排水管道工程；砌筑工程；模板工程；钢筋工程；现场预制混凝土盖；盖板安装等工程。

（9）厂站工程分册

主要内容有架子工程；模板工程；钢筋工程；取水工程；构筑物工程；工艺管道安装；设备及仪表安装工程；附属工程等。

（10）供热管网安装工程分册

主要内容有：人工排运钢管；下钢管；地面架管；管道安装；管件制作安装；管道支架制作安装；阀门，仪表安装；盲板，法兰盘安装；水箱，集水器，快速加热器等设备安装；管道试水压，支架与钢结构刷油；管道保温等工程。

（11）燃气管网安装工程分册

主要内容有：铸铁管安装；压兰接口；强度、严密性实验；管道吹风；调压器，过滤器，凝水器安装；阀门，法兰盘，堵板安装；仪表安装；管道除锈，防腐，绝缘等工程。

(12) 隧道工程分册

主要内容有:竖井,风亭;隧道土方;隧道排水;拱架制作安装;隧道防水;隧道土壤加固;盾构掘进;沉井;导墙等工程。

(13) 维修养护工程分册

主要内容包括:道路维修工程;排水维修工程;桥涵维修工程;河渠维修工程;排水泵站维修等工程。

3. 市政工程劳动定额的应用

市政工程劳动定额的作用如前所述,在工程中的具体应用以下例说明。

【例 3.2】

某城市修筑一段道路,经过按施工图计算,开挖路基土方的工程量为 $3000m^3$,按照该工程施工组织设计,挖土方的宽度为 11m,深度为 45cm,土壤为二类土。

问:1) 若采用人工开挖,需要多少工日? 安排 20 名工人进行此项工作,工期需多长时间。

2) 若采用一台功率为 60kW 的推土机开挖(推距 10m),工期需多长时间。

【解】

1) 查市政工程劳动定额道路工程分册 4.1.1,定额编号 9,人工挖路基土方的时间定额为 0.229 工日/m^3。

则人工开挖需工日 = $3000m^3 \times 0.229$ 工日/m^3 = 687 工日

20 名工人挖土方工期 = 687 工日 ÷ 20 工日/天 = 34.35 天

2) 查市政工程劳动定额道路工程分册 4.1.1,定额编号 11,机械挖路基土方的时间定额为 0.169 台班/$100m^3$。

则机械开挖需台班 = $3000m^3 \times 0.169$ 台班/$100m^3$ = 5.07 台班

答:1) 该项工程人工开挖需要 687 工日,20 名工人开挖工期为 34.35 天。

2) 一台功率为 75kW 的推土机开挖 5.07 天就可以完成任务。

3.2.2 建筑安装工程施工定额简介

1. 建筑安装工程施工定额体系结构

建筑安装工程施工定额手册由以下三个主要部分组成:

(1) 文字说明部分

分为总说明,分册说明和分节说明三种。

1) 定额总说明

定额总说明的基本内容包括:定额的适用范围;定额的主要内容;定额的编制依据;定额的主要工作内容;有关规定和计算方法;定额项目外生产用工的内容。

2) 分册说明

分册说明的基本内容包括:定额适用范围; 工作内容;质量要求;工程量计算规则;有关规定;小组成员和技术等级。

3) 分节说明

指分节定额的表头文字说明。其主要内容为:工作内容;质量安全要求;有关规定;小组成员;平均等级。

(2) 分节定额部分

由定额表,定额表文字说明(上面已作介绍)和附注组成。

定额表是分节定额的核心部分。主要内容包括:工程项目名称;定额编号;定额单位;人工、材料、机械台班定额消耗指标;定额表中同时以产量定额和时间定额表示。主要采用:单式——分两栏表示时间定额与每工产量。复式——其分子表示时间定额,分母表示每工产量(台班产量)。

附注一般列在定额表的下面,主要是根据施工内容及条件的变动,规定人工、材料、机械台班用量的变化,它是对定额表的补充。

(3) 附录部分

附录一般列于分册最后,作为使用和换算定额的依据。其主要内容有:有关的名词解释,各种参数、系数、配合比,施工示意图和专业用语等内容。

以上三部分内容,组成建筑安装施工定额手册。

2. 建筑安装工程施工定额主要内容

包括材料运输及材料加工;人力土方;机械土方;架子;砖石;抹灰;手工木作;机械木作;模板;钢筋;混凝土及钢筋混凝土;防水;油漆;玻璃;金属制品制作及安装;构件运输及吊装;能源消耗;暂设工程;管道安装;电气安装等分部工程。

第3节　施工定额的编制*

3.3.1　施工定额编制的依据

编制施工定额的主要依据,按性质可分为:

1. 方针、政策和劳动制度

施工定额既是技术定额,又具有很强的法令性。编制施工定额必须以党和国家的有关方针、政策和劳动制度为依据。这方面的主要依据有:建筑安装工人技术等级标准,工资标准,工资奖励制度,用工制度,企业法,利税制度,8小时工作日制度,劳动保护制度等。

2. 技术依据

技术依据主要是指各类技术规范、规程、标准和技术测定数据、统计资料等。

各类规范包括:施工及验收规范,建筑安装工程安全操作规程,标准或典型设计及有关实验数据,施工机械设备说明书,机械性能等资料。

技术测定及统计资料:主要是指现场技术观测经过调整后的标准数据和日常有关工时消耗单项统计和实物量统计资料、数据。在收集和选用技术资料为编制依据时,必须采用实事求是的科学态度,力求最大限度地减少误差,保持数据、资料的完整性和准确性。

3. 经济依据

主要是指各类定额,特别是现行的施工定额,劳动定额,预算定额及各省、市、自治区乃至企业的有关现行和历史的定额资料、数据。日常积累的有关材料、机械台班、能源消耗等资料、数据。

编制施工定额要以上述依据为基础,并且需要相互配合,不可顾此失彼,这样才能使定额水平保持平均先进性质。

对于已经停止使用的规范、规程、标准、制度和政策性规定,不能再作为编制定额的依据。对施工定额中规定的产品(工程)质量要求,必须以完全符合国家发布的《施工及验收规范》中规定的允许偏差为准。

3.3.2 施工过程与工作时间

1. 施工过程

一般来说就是在建筑工地范围内所进行的生产过程。其最终目的：是要建造、恢复、改建、移动或拆除工业、民用建筑物的全部或一部分。所以，施工过程也就是基本建设中建筑安装工程的生产过程。

施工过程是由不同工种，不同技术等级的建筑安装工人完成的，并且必须有一定的劳动对象——建筑材料、半成品、配件、预制品等和一定的劳动工具——手动工具、小型机具和机械等。

每个施工过程的结果，都获得一定的产品。该产品可能是改变了劳动对象的外观形状、内部结构或性质（由于制作加工的结果），也可能是改变了劳动对象的空间位置（由于运输和安装的结果）。

参与施工过程的工人，劳动对象，劳动工具及其产品等所在的活动的空间，称为施工过程的工作地点。每一施工过程都有其自己的工作地点。

2. 施工过程分类

对施工过程分类的目的，是通过对施工过程组成部分进行分解，并按其不同的劳动分工，不同的工艺特点，不同的复杂程度，来区别和认识施工过程的性质和内容，以便在技术上采用不同的现场观察方法，研究工时和材料消耗的特点，从而取得编制定额所必需的精确资料，进一步研究节省工时的方法。

施工过程可以分为：建筑过程——指工业、民用建筑物的新建、恢复、改建、移动或拆除的施工过程；安装过程——指安装工业企业工艺和科学实验设备及民用建筑物设备的施工过程；建筑安装过程——由于现代建筑技术的发展，各种工厂预制的装配式结构在建筑施工中比例越来越大，建筑、安装工程往往交错进行，难以区别，这种情况下进行的施工过程称为建筑安装过程。

施工过程还可以分为：手工操作过程，机械化操作过程；个人完成过程，小组完成过程和工作队完成的过程。

按施工过程组织上的复杂程度还可以分为：工序、工作过程和综合工作过程。

工序是组织上分不开和技术上相同的施工过程。工序的主要特征是：工人编制，工作地点，施工工具和材料均不发生变化。如果其中有一个条件发生变化，就意味着从一个工序转入另一个工序。从施工的技术操作和组织的观点看，工序是工艺方面最简单的施工过程。从劳动过程的观点看，工序又可以分解为操作和动作。

施工操作是一个施工动作接一个施工动作的综合。施工动作是施工工序中最小的可以测算的部分。每一个施工动作和操作都是完成施工工序的一部分。

在编制施工定额时，工序是主要的研究对象。工序可以由一个人来完成，也可以由小组或施工队的几名工人来协同完成，也可以由机械完成。

3. 工作时间

工作时间，是指工作班延续时间（不包括午休）。工作班延续时间为八小时。完成任何施工过程，都必然消耗一定的工作时间。工作时间消耗，分为工人工作时间的消耗和工人所使用机器工作时间的消耗。完成任何施工过程，都必然消耗一定的工作时间。

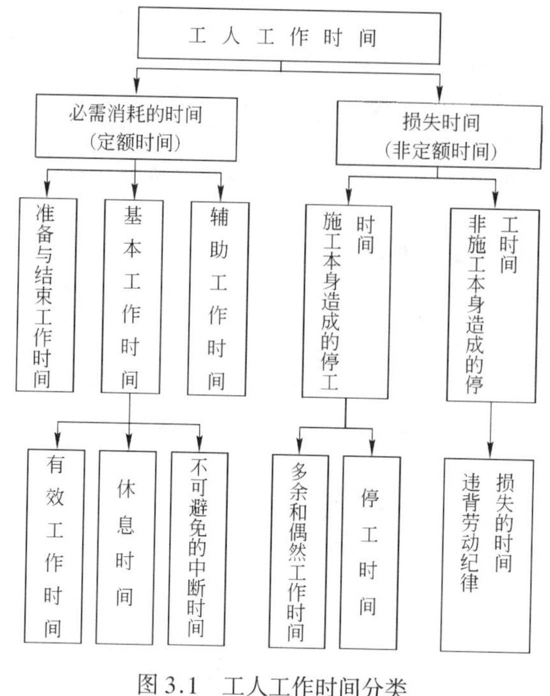

图 3.1　工人工作时间分类

工人工作时间按其消费的性质，可以分为两大类：必需消耗的时间（定额时间）和损失时间（非定额时间）。

必需消耗的时间，是工人在正常施工条件下，为完成一定产品（工作任务）所消耗的时间。它是制定定额的主要根据，包括有效工作时间、休息时间和不可避免中断时间的消耗。

损失时间，是和产品生产无关，而和施工组织和技术上的缺点有关，与工人在施工过程中的个人过失或某些因素有关的时间消耗。包括多余和偶然工作、停工和违背劳动纪律所造成的工时损失。

工人工作时间分类如图 3.1 所示：

有效工作时间是从生产效果来看与产品生产直接有关的时间消耗。包括基本工作时间、辅助工作时间、准备与结束工作时间。

基本工作时间是工人完成基本工作所消耗的时间，即完成一定产品的施工过程所消耗的时间。

辅助工作时间，是为保证基本工作能顺利完成所做的辅助性工作所消耗的时间。

准备与结束工作时间，是执行任务前的准备工作或任务完成后的整理工作所消耗的工作时间。

不可避免的中断所消耗的时间，是由于施工工艺特点引起的工作中断所必需的时间。包括由于施工工艺特点引起的工作中断和与工艺特点无关的工作中断时间，前者应包括在定额时间内，后者不应计入定额时间。

休息时间，是工人在工作过程中为恢复体力所必需的短暂休息和生理需要的时间消耗。休息时间的长短与劳动条件和劳动强度有关。

多余和偶然工作的时间损失。多余工作，指工人进行了任务以外的工作而又不能增加产品数量的工作。一般为由于工程技术人员和工人的差错而引起的修整废品和多余加工造成的，此项时间损失不应计入定额时间。偶然工作也是工人在任务外进行的工作，但能够获得一定的产品，如抹灰工修补偶然遗留的墙洞等。定额中不应计算它所占的时间，但因为能获得一定的产品，在拟定定额时应适当考虑其影响。

停工时间是工作班内停止工作造成的工时损失。施工本身造成的停工时间，是由于施工组织不善，材料供应不及时，工作面准备工作不好，工作地点组织不良等情况引起的停工时间。非施工本身造成的停工时间，是由于气候条件以及水源、电源中断引起的停工时间。前者在定额中不应计算，后者在定额中应合理考虑。

违背劳动纪律造成的工作时间损失，是指在工作班内迟到、早退、擅自离开工作岗位，工作时间内聊天,办私事造成的工时损失以及因个别工人违背劳动纪律而影响其他工人工作的时间损失。此项工时损失,定额中不应考虑。

施工过程的研究,属于工作方法的研究。工作时间的研究,属于对工作时间消耗的定量分析研究。施工过程和工作时间研究可统称为工作研究(工时学)。

施工过程研究,是对确定研究的施工过程从施工方法的角度进行有系统的分析、记录和考察,以便改进落后、薄弱的环节,采用更加有效、更简便的工作方法。

工作时间的研究,是根据已选择的施工方法和施工条件,由技术等级相符,体力中等的工人,按照规定的作业程序,测定完成该项工作所需的工作时间,以作为确定定额的依据,或者用来研究先进工作法。

3.3.3 施工定额编制的方法

1. 编制前的准备工作

由于施工定额的技术性、经济性和政策性都很强,编制工作量大。编制施工定额之前必须做好充分准备和全面规划。

准备工作主要有以下几个方面:

(1) 明确指导思想和编制任务。编制施工定额的指导思想是保证国家有关的经济政策和技术政策能在施工定额中得到贯彻。总结先进的施工方法,降低工程成本,提高劳动生产率。要明确是重新编制定额还是局部修订定额,是编制全国统一定额,还是编制部门、地区定额,以及时间要求等,这与编制工作量大小,收集资料范围,编制工作的组织和安排有着密切关系。

(2) 落实组织机构和技术人员。由于编制施工定额工作十分重要,工作量又大,所以编制工作开始之前,就要落实和健全定额编制组织机构和人员,调集和培训编制人员,统一领导,明确各个小组分工和每个工作人员的工作任务范围。

(3) 系统整理和分析研究日常积累的定额基础资料。这些资料主要有:现行定额执行情况和存在问题的资料;企业和现场补充定额的资料;已采用新结构、新材料、新机械和新的操作方法的资料等。通过整理和分析研究,为拟定定额编制方案提供依据。

(4) 拟定定额的编制方案。编制方案的内容包括:拟定定额水平;根据施工作业连续性和专业分工的特点,拟定定额分章、分节、分项的目录;根据便于组织施工,便于准确计算工程量,便于统计和核算的要求,选择产品和工、料、机械的计量单位;拟定定额表格的形式和内容,包括工作内容说明,施工人员编制,产品类型以及人工、材料、机械的消耗量指标及其表现形式等。

(5) 确定技术测定工作计划,组织技术测定。采用技术测定法取得编制施工定额的基本数据,是编制的定额具有科学性的保证。要根据现有的技术力量,定额编制的时间和质量要求,编出计划采用技术测定法的定额项目一览表,并按照计划规定,组织技术测定,取得编制施工定额的计算数据。

2. 劳动定额的编制方法。

编制劳动定额,包括拟定施工的正常条件和拟定时间(产量)定额两部分工作。

(1) 拟定施工的正常条件(定额具备的条件)包括:拟定工作组织地点,拟定施工过程,拟定施工人员编制。拟定工作组织地点:工作地点应保持清洁和秩序井然,组织科学,工人操作时不受妨碍,所使用的工具和材料按使用顺序放置,便于取用等;拟定施工过程:将工作过程按照劳动分工的可能划分为若干工序，达到合理使用技术工人；拟订施工人员编制：确定小组人数，技术工人的配备，劳动的分工和协作。

(2) 劳动定额的拟定

手动工作过程时间定额，是在拟定基本工作时间定额，不可避免中断时间定额，准备与结束工作的时间定额，以及休息时间定额的基础上编制的。

1) 基本工作时间的确定。

基本工作时间在必需消耗的工作时间中占的比重最大。一般应根据计时观测资料来确定。首先确定工作过程每一组成部分的工时消耗，然后再相加，综合出工作过程的工时消耗。组成部分的产品计量单位和工作过程的产品计量单位如不符，要换算为工作过程的产品计量单位。

2) 辅助工作和准备与结束工作时间的确定。

确定方法同上。如果这两项工作时间在整个工作班时间消耗中所占比重不大，为了简便可归纳为一项，以工作过程的计量单位表示。也可将上述两项工时消耗加在一起，计算出它们占工作班延续时间的百分数，然后列入工作过程时间定额。

3) 不可避免工作时间的确定

要注意区别两种不相同的工作中断情况。一种是由于小组施工人员所担负的任务不均衡引起的，这种工作中断应通过改善小组人员编制，合理进行劳动分工来克服，此项不应该列入工作过程的时间定额。另一种情况是由于工艺特点所引起的不可避免中断，此项工时消耗应列入工作过程的时间定额，根据现场观测资料来确定。

4) 休息时间的确定。

休息时间是工人恢复体力所必需的时间，应列入工作过程时间定额。休息时间根据工作班休息制度，经验资料，计时观测资料以及对工作的疲劳程度作全面分析来确定。同时应考虑尽可能利用不可避免中断时间作为休息时间。

上述各项时间定额之和，即工作过程的时间定额。

【例 3.3】

根据现场观测资料，人工挖一立方米二类土壤，用小车推土，各项必须消耗的时间定额如下：

基本工作时间：60min。

辅助工作时间：占全部工作时间的 2.5%

准备与结束工作时间：占全部工作时间的 1.5%

不可避免中断时间：占全部工作时间的 1%

休息时间：占全部工作时间的 20%

那么，各项时间定额之和应为：

$$\frac{60\times100}{100-(2.5+1.5+1+20)}=\frac{6000}{75}=80\text{ 分钟}$$

$$80\div60=1.33(\text{工时})$$

即：挖一立方米二类土壤的时间定额为 1.33 工时。

每工产量定额可根据时间定额计算：

$$1\div1.33\times8(\text{工作班延续时间})=6\text{m}^3$$

3. 机械定额的编制方法:

编制施工机械定额,主要包括以下内容:

(1) 拟定机械工作的正常作业条件。主要是拟定工作地点的合理组织和拟定合理的工人编制。

工作地点的合理组织,就是对施工地点机械和材料的放置位置,工人从事操作的场所,做出科学合理的平面安置和空间安排,最大限度发挥机械的效能,减少工人的手工操作。

拟定合理的工人编制,就是根据施工机械的性能和设计能力,工人的专业分工和劳动工效,合理确定操作机械的工人和直接参加机械化施工过程工人的编制人数。工人的编制往往要通过计时观测,理论计算和经验资料来合理确定。

(2) 机械台班定额时间构成。为了便于编制机械台班定额,在机械工作时间消耗分类的基础上,可将机械施工过程的定额时间归纳为纯工作时间和其他工作时间两类。

纯工作时间,它是指人—机用于完成基本操作所消耗的时间;主要包括:机械消耗的有效工作时间;不可避免的无负荷运转时间;与操作有关的不可避免的中断时间。

其他工作时间,指除了机械纯工作时间以外的定额时间。主要包括操纵机械及配合机械施工的工人所做的准备与结束工作,引起机械的不可避免的中断时间;机械保养,工人需休息等所造成的机械不可避免的中断时间。

纯工作时间和其他工作时间数据的确定,应根据现场技术测定,结合各类施工机械的种类和机械性能说明书等资料,经过资料分析、整理和工时评定、研究之后取定。应尽可能提高机械的纯工作时间,减少其他工作时间。

(3) 台班产量定额与时间定额计算

工人操纵一台施工机械工作一个工作班,称为一个台班。它包括操纵和配合该机械的工人工作量。编制时通常以确定和计算台班产量定额为准。表现形式也以产量定额为主,实际应用可以依据倒数关系换算为时间定额。

1) 施工机械正常利用系数的计算

机械的正常利用系数,是指机械的纯工作时间与工作班延续时间的比值。

其计算公式为:

$$K_A = \frac{t}{T} \qquad (3.11)$$

式中 K_A——机械正常利用系数;

t——工作班内机械的纯工作时间;

T——工作班延续时间。

2) 施工机械纯工作 1 小时正常生产率的计算。

施工机械有循环机械和非循环(即连续动作)机械之分。应根据实际情况分别计算。对于循环动作机械纯工作一小时正常生产率 N_h,取决于该机械纯工作一小时的正常循环次数 n 和每一次循环所产生的产品数量 M。

即:

$$N_h = N \times M \qquad (3.12)$$

3) 机械台班产量定额的计算

在取得机械正常利用系数和纯工作一小时的正常生产率计算数据之后,可通过下式计算台班产量定额。

$$N = N_h \times T \times K_A \tag{3.13}$$

式中　N——施工机械台班产量定额；

N_h——机械纯工作一小时正常生产率；

T——工作班（台班）延续时间；

K_A——工作班正常利用系数。

根据施工机械台班产量定额，可以计算出施工机械时间定额

$$\text{施工机械时间定额} = \frac{1}{N} \tag{3.14}$$

4．材料消耗定额的编制方法。

建筑材料在施工中用量很大，合理的编制施工材料定额，可以促使企业降低材料消耗，降低施工成本。

施工中消耗的材料可以分为必须的材料消耗和不可避免的损失材料消耗两类。所以，材料消耗定额由材料消耗净用量和材料损耗量两部分构成。

1）材料消耗净用量，是指在合理使用材料的前提下，为生产单位合格产品所必需的材料。

2）材料损耗量，是指在合理使用材料的前提下，为生产单位合格产品产生的不可避免的材料损耗量。包括材料的合理损耗及不可避免的施工废料。材料损耗率，指材料损耗量与材料消耗量之比。计算公式为：

$$H_L = \frac{B_S}{(G + B_S)} \times 100\% \tag{3.15}$$

式中　H_L——材料定额损耗率；

B_S——材料合理损耗量；

G——材料净耗量。

3）材料定额消耗量

$$H = G + B_S \tag{3.16}$$

式中　H——材料消耗定额；

G——材料消耗净用量；

B_S——材料合理损耗量。

若在材料定额损耗率确定的情况下，也可通过下式计算材料消耗定额。

$$H = G \times (1 + H_L) \tag{3.17}$$

4）施工周转材料

在编制材料消耗定额时，某些定额项目涉及到周转材料的确定和计算。如架子工程、模板工程等。

施工中使用的周转材料，是指在施工中工程上多次周转使用的材料，亦称工具型材料。如钢、木脚手架，模板，挡土板，支撑，活动支架等材料。

在编制材料消耗定额时，应按多次使用，分次摊销的办法确定。为了更合理地确定周转材料的周转次数，应根据工程类型和使用条件，采用各种测定手段进行实地观察，结合有关

的原始记录、经验数据加以综合取定。

影响周转次数的主要因素有：材质及功能对周转次数的影响；施工速度快慢的影响；周转材料保管、保养和维修的影响等。

材料消耗量中应计算材料摊销量。

第 4 章　预(概)算定额

第 1 节　预算定额概述

4.1.1　预算定额的概念

预算定额,是规定消耗在合格质量的单位工程基本构造要素的人工、材料和机械台班的数量标准。

所谓工程基本构造要素,即通常所说的分项工程和结构构件。预算定额按工程基本构造要素规定人工、材料和机械台班的消耗数量,以满足编制施工图预算、确定和控制工程造价的要求。

预算定额的各项指标,反映了在完成规定计量单位符合设计标准和施工及验收规范要求的分项工程消耗的活化劳动和物化劳动的数量限度。这种限度最终决定着单项工程和单位工程的成本和造价。

在我国,现行的工程建设概、预算制度,规定了通过编制概算和预算确定造价,概算定额、预算定额等为计算人工、材料、机械(台班)的消耗量提供统一的、可靠的参数。同时,现行制度还赋予概、预算定额相应的权威性,这些定额和指标成为建设单位和施工企业间建立经济关系的重要基础。

现行市政工程的预算定额,由于编制与使用范围不同,有全国统一使用的预算定额,如:建设部编制的《全国统一市政工程预算定额》;也有各省、市编制的地区的预算定额,如:《上海市市政工程预算定额》;对同样一种市政工程预算定额,由于编制的时间不同,也可分为不同时期所使用的预算定额,如:《上海市市政工程预算定额》,在"文革"以后,先后使用的有1981 年版预算定额、1987 年版预算定额、1993 年版预算定额、直至现在使用的 2000 年版预算定额。

4.1.2　预算定额的作用

1. 预算定额是编制施工图预算、确定和控制建筑安装工程造价的基础

施工图预算是施工图设计文件之一,是控制和确定建筑安装工程造价的必要手段。编制施工图预算,除设计文件决定的建设工程功能、规模、尺寸和文字说明是计算分部分项工程量和结构构件数量的依据外,预算定额是确定一定计量单位分项工程人工、材料、机械消耗量的依据;也是计算分项工程单价的基础。所以,预算定额对建筑安装工程直接费影响很大。依据预算定额编制施工图预算,对确定建筑安装工程费用会起到很好的作用。

2. 预算定额是对设计方案进行技术经济比较、技术经济分析的依据

设计方案在设计工作中居于中心地位。设计方案的选择要满足功能、符合设计规范既技术先进又要经济合理。根据预算定额对方案进行技术经济分析和比较,是选择经济合理设计方案的重要方法。对设计方案进行比较,主要是通过定额对不同方案所需人工、材料和

机械台班消耗量等进行比较。这种比较可以判明不同方案对工程造价的影响。

对于新结构、新材料的应用和推广，也需要借助于预算定额进行技术经济分析和比较，从技术与经济的结合上考虑普遍采用的可能性和效益。

3．预算定额是施工企业进行经济活动分析的依据

实行经济核算的根本目的，是用经济的方法促使企业在保证质量和工期的条件下，用较少的劳动消耗取得较大的经济效果。在目前预算定额仍决定着企业的收入，企业必须以预算定额作为评价企业工作的重要标准。企业可根据预算定额，对施工中的劳动、材料、机械的消耗情况进行具体的分析，以便找出低工效、高消耗的薄弱环节及其原因，为实现经济效益的增长由粗放型向集约型转变，提供对比数据，促进企业提高在市场上竞争的能力。

4．预算定额是编制施工组织设计的依据

施工组织设计的重要任务之一是确定施工中所需人力、物力的供求量并做出最佳安排。施工单位在缺乏本企业的施工定额的情况下，根据预算定额，亦能够比较精确地计算出施工中各项资源的需要量，为有计划地组织材料采购和预制件加工、劳动力和施工机械的调配，提供了可靠的计算依据。

5．预算定额是工程结算的依据

工程结算是建设单位和施工单位按照工程进度对已完成的分部分项工程实现货币支付的行为。按进度支付工程款，需要根据预算定额将已完成分项工程的造价算出。单位工程竣工验收后，再按竣工工程量、预算定额和施工合同规定进行结算，以保证建设单位建设资金的合理使用和施工单位的经济收入。

6．预算定额是编制招标标底、投标报价的基础

在深化改革中，在市场经济体制下预算定额作为编制标底的依据和施工企业报价的基础性的作用仍将存在，这是由于它本身的科学性和权威性决定的。

7．预算定额是编制综合预算定额、概算定额和概算指标的基础

综合预算定额、概算定额和概算指标是在预算定额基础上经综合扩大编制的，也需要利用预算定额作为编制依据，这样做不但可以节省编制工作中大量的人力、物力和时间，收到事半功倍的效果，还可以使综合预算定额、概算定额和概算指标在水平上与预算定额相配套，以避免造成执行中的不一致。

4.1.3 预算定额的种类

1．按专业性质分，预算定额有建筑工程预算定额和安装工程预算定额两大类。

建筑工程预算定额按专业对象又分建筑工程预算定额、市政工程预算定额、铁路工程预算定额、公路工程预算定额、房屋修缮工程预算定额、矿山井巷预算定额等。

安装工程预算定额按专业对象又分为电气安装工程预算定额、机械设备安装工程预算定额、通信设备安装工程预算定额、化学工业设备安装工程预算定额、工业管道安装工程预算定额、工艺金属结构安装工程预算定额、热力设备安装工程预算定额等。

2．从管理权限和执行范围分，预算定额可分为全国统一定额、行业统一定额和地区统一定额等。

全国统一定额由国务院建设行政主管部门组织制定发布，行业统一定额由国务院行业管理部门制定发布，地区统一定额由省、自治区、直辖市建设行政主管部门制定发布。

3. 预算定额按物资要素区分为劳动定额、机械台班使用定额和材料消耗定额，但它们相互依存形成一个整体，作为编制预算定额依据，各自不具有独立性。

4.1.4 预算定额的编制原则

为保证预算定额的质量，充分发挥预算定额的作用，使之在实际使用中简便、合理、有效，在编制工作中应遵循以下原则：

1. 按社会平均水平确定预算定额的原则

预算定额是确定和控制建筑安装工程造价的主要依据。因此它必须遵照价值规律的客观要求，即按生产过程中所消耗的社会必要劳动时间确定定额水平。即按照"在现有的社会正常的生产条件下，在社会平均的劳动熟练程度和劳动强度下制造某种使用价值所需要的劳动时间"来确定定额水平。所以预算定额的平均水平，是在正常的施工条件，合理的施工组织和工艺条件、平均劳动熟练程度和劳动强度下，完成单位分项工程基本构造要素所需的劳动时间。

预算定额的水平以施工定额水平为基础。二者有着密切的联系。但是，预算定额绝不是简单地套用施工定额的水平。首先，这里要考虑预算定额中包含了更多的可变因素，需要保留合理的幅度差。如人工幅度差、机械幅度差、材料的超运距、辅助用工及材料堆放、运输、操作损耗和由细到粗综合后的量差等。其次，预算定额是社会平均水平，施工定额是平均先进水平。所以两者相比预算定额水平要相对低一些。

2. 简明适用原则

编制预算定额贯彻简明适用原则是对执行定额的可操作性便于掌握而言的。为此，编制预算定额时，对于那些主要的、常用的、价值量大的项目，分项工程划分宜细。次要的不常用的、价值量相对较小的项目则可以放粗一些。

要注意补充那些因采用新技术、新结构、新材料和先进经验而出现的新的定额项目。项目不全，缺漏项多，就使建筑安装工程价格缺少充足的、可靠的依据，即使使用补充的定额，一般因受资料所限，且费时费力，可靠性较差，也容易引起争执。同时要注意合理确定预算定额的计量单位，简化工程量的计算，尽可能避免同一种材料用不同的计量单位，以及尽量少留活口减少换算工作量。

3. 坚持统一性和差别性相结合原则

所谓统一性，就是从培育全国统一市场规范计价行为出发，计价定额的制定规划和组织实施由国务院建设行政主管部门归口，并负责全国统一定额制定或修订，颁发有关工程造价管理的规章办法等。这样就有利于通过定额和工程造价的管理实现建筑安装工程价格的宏观调控。通过编制全国统一定额，使建筑安装工程具有一个统一的计价依据，也使考核设计和施工的经济效果具有一个统一的尺度。

所谓差别性，就是在统一性基础上，各部门和省、自治区、直辖市主管部门可以在自己的管辖范围内，根据本部门和地区的具体情况，制定部门和地区性定额、补充性制度和管理办法，以适应我国幅员辽阔，地区间、部门间发展不平衡和差异大的实际情况。

第2节　预算定额的编制

4.2.1　预算定额编制的依据

1. 现行的施工定额。预算定额是在现行施工定额的基础上编制的。预算定额中劳动力、材料、机械台班消耗水平，需要根据劳动定额或施工定额取定；预算定额的计量单位的选择，也要以施工定额为参考，从而保证两者的协调性和可比性，减轻预算定额的编制工作量，缩短编制时间。

2. 现行设计规范、施工及验收规范、质量评定标准和安全操作规程。预算定额在确定劳动力、材料和机械台班消耗数量时，必须考虑上述各项法规的要求和影响。

3. 具有代表性的典型工程施工图及有关标准图。对这些图纸进行仔细分析研究，并计算出工程数量，作为编制定额时选择施工方法、确定定额含量的依据。

4. 新技术、新结构、新材料和先进的施工方法等。这类资料是调整定额水平和增加新的定额项目所必需的依据。

5. 有关科学试验、技术测定和统计、经验资料。这类资料是确定定额水平的重要依据。

6. 现行的有关文件规定等。包括过去定额编制过程中积累的基础资料，也是编制预算定额的参考依据。

4.2.2　预算定额的编制步骤

预算定额的编制，大致分为准备工作、收集资料、编制定额、报批和修改定稿整理资料五个阶段。各阶段工作互有交叉，有些工作还有多次反复。

1. 准备工作阶段

(1) 拟定编制方案。

(2) 抽调人员根据专业需要划分编制小组和综合组。

2. 收集资料阶段

(1) 普遍收集资料。在已确定的编制范围内，采用表格化收集定额编制基础资料，以统计资料为主，注明所需要的资料、填表要求和时间范围，便于资料整理，并具有广泛性。

(2) 专题座谈。邀请建设单位、设计单位、施工单位及其他有关单位有经验的专业人员开座谈会，就以往定额存在的问题提出意见和建议，以便在编制新定额时改进。

(3) 收集现行规定、规范和政策法规资料。

(4) 收集定额管理部门积累的资料。主要包括：日常定额解释资料；补充定额资料；新结构、新工艺、新材料、新机械、新技术用于工程实践的资料。

(5) 专项配合比及试验。主要指混凝土配合比和砌筑砂浆试验资料。除收集实验试验资料外，还应收集一定数量的现场实际配合比资料。

3. 定额编制阶段

(1) 确定编制细则。主要包括：统一编制表格及编制方法；统一计算口径、计量单位和小数点位数的要求；有关统一性规定，如：名称统一、用字统一、专业用语统一、符号代码统一，文字要简练明确。

(2) 确定定额的项目划分和工程量计算规则。

(3) 定额人工、材料、机械台班耗用量的计算、复核和测算。

4. 定额报批阶段

(1) 审核定稿。

(2) 预算定额水平测算。新定额编制成稿,必须与原定额进行对比测算,分析水平升降原因。一般新编定额的水平应该不低于历史上已经达到过的水平,并略有提高。在定额水平测算前,必须编出同一人工工资、材料价格、机械台班费的新旧两套定额的工程单价。定额水平的测算方法一般有以下两种:

1) 按工程类别比重测算。在定额执行范围内,选择有代表性的各类工程,分别以新旧定额对比测算并按测算的年限,以工程所占比例加权以考察宏观影响。

2) 单项工程比较测算法。以典型工程分别用新旧定额对比测算,以考察定额水平升降及其原因。

5. 修改定稿、整理资料阶段

(1) 印发征求意见。定额初稿编制完成以后,需要征求各有关方面意见和组织讨论反馈意见。在统一意见的基础上整理分类,制定修改方案。

(2) 修改整理报批。按修改方案的决定,将初稿按照定额的顺序进行修改,并经审核无误形成报批搞,经批准后交付印刷。

(3) 撰写编制说明。为顺利地贯彻执行定额,需要撰写新定额编制说明。其内容包括:项目、子目数量;人工、材料、机械的内容范围;资料的依据和综合取定情况;定额中允许换算和不允许换算规定的计算资料;人工、材料、机械单位的计算和资料;施工方法、工艺的选择及材料运距的考虑;各种材料损耗率的取定资料;调整系数的使用;其他应说明的事项与计算数据、资料。

(4) 立档、成卷。定额编制资料是贯彻执行定额中需查对资料的唯一依据,也为修编定额提供历史资料数据,应作为技术档案永久保存。

4.2.3 预算定额的编制方法

在定额基础资料完备可靠的条件下,编制人员应反复阅读和熟悉并掌握各项资料,在此基础上计算各个分部分项工程的人工、机械和材料的消耗量。包括以下几部分工作:

1. 确定预算定额的计量单位。预算定额和施工定额计量单位往往不同。施工定额的计量单位一般按工序或工作过程;而预算定额的计量单位,主要是根据分部分项工程的形体和结构构件特征及其变化确定。预算定额的计量单位具有综合的性质,所选择的计量单位要根据预算定额的计量单位按公制或自然计量单位确定。一般说来,结构的三个度量都经常发生变化时,选用立方米作为计量单位,如砖石工程和混凝土工程;如果结构的三个度量中有两个度量经常发生变化,选用平方米为计量单位,如地面等;当物体截面形状基本固定或无规律性变化,采用延长米、千米作为计量单位,如管道、线路安装工程等;如果工程量主要取决于设备或材料的重量时,还可以按吨、千克作为计量单位。

预算定额中各项人工、机械和材料的计量单位选择,相对比较固定。人工和机械按"工日"、"台班"计量(国外多按"工时"、"台时"计量);各种材料的计量单位应与产品计量单位一致。

预算定额中的小数位数的取定,主要决定于定额的计算单位和精确度的要求。

2. 按典型设计图纸和资料计算工程数量。计算工程量的目的,是为了通过分别计算典型设计图纸所包括的施工过程的工程量,以便在编制预算定额时,有可能利用施工定额或劳动定额的人工、材料和机械台班消耗指标确定预算定额所含的消耗量。

3. 人工工日消耗量的计算方法。人工的工日数的计算有两种方法可供选择。一种是以施工定额的劳动定额为基础确定;一种是采用计时观察法测定。

(1) 以劳动定额为基础计算人工工日数的方法。

基本工。指完成单位合格产品所必须消耗的技术工种用工。按技术工种相应劳动定额工时定额计算,以不同工种列出定额工日。

其他工。指技术工种劳动定额内不包括而在预算定额内又必须考虑的工时。如机械土方工程的配合用工,包括辅助用工、超运距用工和人工幅度差。

其中:超运距用工:指预算定额的平均水平运距超过劳动定额规定水平运距部分。

$$超运距 = 预算定额取定运距 - 劳动定额已包括的运距 \tag{4.1}$$

人工幅度差:指在劳动定额作业时间之外而预算定额应考虑的在正常施工条件下所发生的各种工时损失。内容如下:

1) 各工种间的工序搭接及交叉作业互相配合所发生的停歇用工;

2) 施工机械在单位工程之间转移及临时水电线路移动所造成的停工;

3) 质量检查和隐蔽工程验收工作的影响;

4) 班组操作地点转移用工;

5) 工序交接时对前一工序不可避免的修整用工;

6) 施工中不可避免的其他零星用工。

人工幅度差计算公式如下:

$$人工幅度差 = (基本用工 + 辅助用工 + 超运距用工) \times 人工幅度差系数 \tag{4.2}$$

人工消耗量计算公式如下:

$$人工消耗量 = (基本用工 + 辅助用工 + 超运距用工) \times (1 + 人工幅度差系数) \tag{4.3}$$

(2) 以现场测定资料为基础计算人工工日数的方法。遇劳动定额缺项的需要进行测定项目,可采用现场工作日写实等测时方法来计算定额的人工耗用量。

4. 材料消耗指标的计算方法。完成单位合格产品所必须消耗的材料数量。

(1) 按用途划分为以下 4 种:

1) 主要材料。指直接构成工程实体的材料,其中包括成品、半成品等。

2) 辅助材料。也是构成工程实体除主要材料外的其他材料。如垫木、钉子、铅丝等。

3) 周转性材料。指脚手架、模板等多次周转使用的不构成工程实体的摊销性材料。

4) 其他材料。指用量较少,难以计量的零星用料。如:棉纱、编号用的油漆等。

(2) 材料消耗量计算方法主要有:

1) 凡有标准规格的材料,按规范要求计算定额计量单位耗用量,如砖、块料面层等。

2) 凡设计图纸标注尺寸及有下料要求的,按设计图纸尺寸计算材料净用量,如板料等。

3) 换算法。各种胶粘剂、涂料等材料的配合比用料,可以根据要求条件换算,得出材料用量。

4) 测定法。包括试验室试验法和现场观察法。指各种强度等级的混凝土及砌筑砂浆配合比的计算,须按规范要求试配经过试压合格以后并经必要的调整后得出的水泥、砂子、石子、水的用量。对新材料、新结构又不能用其他方法计算定额耗用量时,须用现场测定来确定,根据不同条件可以采用写实记录法和观察法,得出定额的消耗量。

材料损耗量，指在正常施工条件下不可避免的材料损耗，如在现场材料运输损耗及施工操作过程的损耗等。其关系式如下：

$$材料损耗率=\frac{损耗量}{净用量}\times 100\% \tag{4.4}$$

$$材料损耗量=材料净用量\times 损耗率 \tag{4.5}$$

$$材料消耗量=材料净用量+损耗量$$

$$或材料消耗量=材料净用量\times(1+损耗率) \tag{4.6}$$

其他材料的确定，一般按工艺测算并在定额项目材料计算表内列出名称、数量，并依编制期价格以占主要材料的比率计算，列在定额材料栏之下，定额内可不列材料名称及消耗量。

5. 机械台班消耗指标的确定方法。

(1) 根据施工定额确定机械台班消耗量的计算。这种方法是指施工定额中机械台班量加机械幅度差计算预算定额的机械台班消耗量。其计算式为：

$$\begin{matrix}预算定额\\机械耗用台班\end{matrix}=\begin{matrix}施工定额\\机械耗用台班\end{matrix}\times\left[1+\begin{matrix}机械幅\\度差率\end{matrix}\right] \tag{4.7}$$

(2) 以现场测定资料为基础确定机械台班消耗量。如遇施工定额缺项时，则需依单位时间完成的产量测定。

【例 4.1】 已知：砌筑 $1\frac{1}{2}$ 砖墙的技术测定资料如下：

(1) 完成 $1m^3$ 砖体需基本工作时间为 15.5h，辅助工作时间占工作班延续时间的 3%，准备与结束工作时间占 3%，不可避免中断时间占 2%，休息时间占 16%，人工幅度差系数为 10%，超距离运砖每千砖需耗时 2.5h。

(2) 砖墙采用 M5 水泥砂浆，实体积与虚体积之间的折算系数为 1.07，砖和砂的损耗率均为 1%，完成 $1m^3$ 砌体需耗水 $0.8m^3$。

(3) 砂浆采用 400L 搅拌机现场搅拌，运料需 200s，装料 50s，搅拌 80s，卸料 30s，不可避免中断 10s，机械利用系数 0.8，幅度差系数为 15%。

问题：

(1) 确定砌筑 $1m^3$ 砖墙的施工定额。

(2) 确定 $10m^3$ 砖墙的预算定额。

【解】 (1) $1m^3$ 砖墙的施工定额确定如下：

1) 劳动定额如下：

$$工作班延续时间=基本工作时间+辅助工作时间+准备与结束时间+不可避免中断时间+休息时间$$

设：工作班延续时间为 X

$$X=15.5+3\%X+3\%X+2\%X+16\%X$$

则：$$时间定额=\frac{15.5}{(1-3\%-3\%-2\%-16\%)\times 8}\approx 2.55(工日/m^3)$$

$$产量定额\approx 0.392(m^3/工日)$$

2) 材料消耗定额如下：

每立方米 $1\frac{1}{2}$ 砖

$$墙砖的净用量=\left[\frac{1}{(砖长+灰缝)(砖厚+灰缝)}+\frac{1}{(砖宽+灰缝)(砖厚+灰缝)}\right]\times\frac{1}{砖长+砖宽+灰缝}$$

$$=\left[\frac{1}{(0.24+0.01)(0.053+0.01)}+\frac{1}{(0.115+0.01)(0.053+0.01)}\right]\times\frac{1}{0.24+0.115+0.01}$$

$$\approx 522(块)$$

$$砖的消耗量=522\times(1+1\%)\approx 527(块)$$

$$每立方米\ 1\frac{1}{2}砖墙砂浆净用量=(1-522\times0.24\times0.115\times0.053)\times1.07$$

$$=0.253(m^3)$$

$$砂浆消耗量=0.253\times(1+1\%)=0.256(m^3)$$

水用量为 $0.8m^3$

3）机械产量定额如下：

因运料时间大于装料、搅拌、出料和不可避免中断时间之和，故机械循环一次所需时间为200s。

$$机械产量定额=8\times60\times60\div200\times0.4\times0.8=46.08(m^3/台班)$$

$$每立方米\ 1\frac{1}{2}砖墙机械台班消耗量=0.256/46.08=0.0056(台班)$$

（2）每 $10m^3$ 砖墙的预算定额为：

1）预算人工工日消耗量 $=(2.55+0.527\times2.5\div8)\times(1+10\%)\times10$

$\approx 29.86(工日/10m^3)$

2）预算材料消耗量：砖5.27千块；砂浆 $2.56m^3$；水 $8m^3$。

3）预算机械台班消耗量 $=0.0056\times(1+15\%)\times10=0.0644(台班/10m^3)$

第3节　市政工程预算定额的组成内容及应用示例

4.3.1　市政工程预算定额的组成内容

1. 组成内容

不同时期、不同专业和不同地区的预算定额，在内容上虽不完全相同，但其组成和基本内容变化不大，主要包括：目录、总说明、分部（章）说明（或分册、章说明）、分项工程表头说明、定额项目表、定额附录或附件组成。

有些定额为方便使用，将工程量计算规则编入定额，作为确定预算工程量的依据，与预算定额配套应用。

其中：

（1）目录：主要便于查找，把总说明、各类工程的分部分项定额的顺序列出并注明页数。

（2）总说明：是综合说明定额的编制原则、指导思想、编制依据、适用范围以及定额的作用，定额中人工、材料、机械台班耗用量的编制方法，定额采用的材料规格指标与允许换算的原则，使用定额时必须遵守的规则，定额中说明在编制时已经考虑和没有考虑的因素和有关规定、使用方法。因此，在使用定额时应当先了解并熟悉这部分内容。

（3）分部（章）说明（或分册、章说明）：是预算定额的重要内容，是对各分部工程的重点说明，包括定额中允许换算的界限和增减系数的规定等。

（4）定额项目表及分项工程表头说明：分项工程表头说明列于定额项目表的上方，说明该分项工程所包含的主要工序和工作内容；定额项目表是预算定额最重要部分，包括分项工程名称、类别、规格、定额的计量单位以及人工、材料、机械台班的消耗量指标，供编制预算时使用。

有些定额项目表下面还有附注，说明设计与定额不符时如何调整，以及其他有关事项的说明。

（5）定额附录及附件：包括各种砂浆、各种标号混凝土配合比表，人工、各种材料、机械台班的单价计算方法、工程施工费用计算规则等。

另外，在量价分离的定额中，还包括相应的人工、各种材料、各类机械台班的市场价信息以供参考。

2.《上海市市政工程预算定额》(2000 版)简介

为了更详尽了解市政工程预算定额的组成内容，特对《上海市市政工程预算定额》(2000 版)(以下简称 2000 市政定额或本定额)作一简介，使学生尽快了解预算定额。

2000 市政定额包括两部分。第一部分为工程量计算规则，第二部分为预算定额，其中预算定额共分为七册，其定额总目录为：

上海市市政工程预算定额工程量计算规则

总说明

第一册　通用项目

第二册　道路工程

第三册　道路交通管理设施工程

第四册　桥涵及护岸工程

第五册　排水管道工程

第六册　排水构筑物及机械设备安装工程

第七册　隧道工程

该定额的最大特点，就是实现量价分离后的一种新的计价模式，即定额的消耗量和工程量计算规则相对固定(工程量的计算规则是市政建设市场参与各方必须遵守的规则)，并与市场的动态价格信息及相应费率相配套，运用计算机及市政预算软件进行计算，从而编制市政工程造价。

下面对有关内容分别进行说明介绍：

（1）市政定额总说明介绍

2000 市政定额中的总说明是对各分册定额中带有共性问题的规定说明，对于正确应用定额具有重要作用，要想熟练而准确地运用定额，必须透彻地理解这些说明。

定额总说明是涉及定额使用方面的全面性的规定和解释，共有 22 条，其大致内容如下：

第一条　定额为量价分离的预算定额

定额的表现形式是量价分离，本定额是市政工程预算定额。本定额是在九三市政定额以及全国统一市政工程预算定额的基础上，结合这些年以来，四新技术广泛应用于市政工程，按量价分离表现形式，只编制工料机消耗量，定额消耗量相对固定，而价格参照市场价格，使定额能真正适应市场经济的需要。

第二条　定额适用范围

本定额是上海市市政工程(不包括公路工程)专业统一定额，适用于新建、扩建、改建及大修工程，不适用于中小修及养护工程。

工厂、居住小区、开发区范围内的道路、桥梁、排水管道，采用市政工程设计、标准、施工验收规范及质量评定标准时，也可套用本定额。

在城市建成区道路上，如需掘路铺设雨污水管道及其他公用管线时，道路开挖执行本定额，而道路掘路修复应套用《上海市城市道路掘路修复工程结算标准》(1998)，按此结算标准所列出同路面结构的平方米综合单价计算。此结算标准只适用掘路修复工程，而不适用于大型市政综合工程(即新建、改建、扩建及大修工程)。

第三条　定额作用

本定额是完成规定计量单位分项工程所需的人工、材料、施工机械台班消耗量标准。是统一本市市政工程预结算工程量计算规则、项目划分、计量单位的依据，定额中的工程量计算规则是建设市场参与各方必须遵守的规则。本定额是编制施工图预算、办理竣工结算的基础，是编制招标标底及投标报价的基础，也是编制市政概算定额、估算指标的基础。

第四条　定额包括内容

本定额包括预算定额和工程量计算规则二部分，预算定额分七册，第一册“通用项目”、第二册“道路工程”、第三册“道路交通管理设施工程”、第四册“桥涵及护岸工程”、第五册“排水管道工程”、第六册“排水构筑物及设备安装工程”、第七册“隧道工程”。工程量计算规则是确定预算工程量的依据，与预算定额配套执行。

第五条　定额反映市政工程社会平均消耗水平

本定额是按正常施工条件，合理的施工工期、施工工艺和劳动组织，目前大多数施工企业施工机械装备程度进行编制的，所以定额反映的是本市市政工程的社会平均消耗水平。

第六条　定额编制依据

本定额是在九三市政定额、全国统一市政定额基础上，依据国家及本市强制性标准、推荐性标准、设计规范、施工验收规范、质量评定标准、安全操作规程编制的，并参考有代表性施工实测资料及其他资料编制的。

第七条　定额人工

本定额人工不分工种、技术等级，均以综合工日表示。定额中人工包括基本用工、辅助用工、超运距用工及人工幅度差。基本用工就是根据施工工序套用劳动定额计算的工日数(包括 50m 的材料场内运输)。超运距用工就是材料场内超过 100 m 所增加的工日数。所以定额中人工已包括基本用工、辅助用工、材料 150m 的场内运输和人工幅度差。

第八条　定额计算的工作时间

定额中人工都是按每工日 8 小时工作制计算，但隧道掘进及垂直顶升按每工日 6 小时工作制。

第九条　定额中材料及损耗计算

本定额中的材料分为主要材料、辅助材料、周转性材料、其他材料。定额中的材料、成品、半成品均按品种、规格逐一列出用量，并已包括相应的损耗，因此不得再增加损耗。损耗的内容和范围包括：从工地仓库、现场集中堆放地点或现场加工至操作或安装地点的现场运输损耗、施工操作损耗、施工现场堆放损耗。至于材料场外运输损耗已包括在材料价格之中，因此不得单独计算场外运输损耗。

第十条　周转性材料

周转性材料（钢模板、钢管支撑、木模板、脚手架等）已按规定的周转次数所计算的推销量计入定额中，并包括周转性材料回库维修。

第十一条　定额材料场内运输

隧道盾构掘进定额中已包括管片的场内运输，排水管道铺设定额中已包括成品管的场内运输，桥涵及护岸工程预制构件的场内运输按该册"预制构件场内运输"定额子目计算，但小型预制构件要超出 150m 才能计算场内运输。其他材料、成品、半成品定额中均已包括 150m 场内运输。

第十二条　定额中的机械消耗量

本定额中机械类型、规格是在正常施工条件下，按常用机械类型确定的。机械台班消耗量中已包括机械幅度差。

第十三条　其他材料费及其他机械费

对难以计量的零星材料综合为其他材料费，对小型施工机械综合为其他机械费，分别以该项目材料费之和、机械费之和的百分率计算。

第十四条　定额包括的工作内容

定额子目中的工作内容，不可能列出所有的工序，只是扼要说明主要工序，但已包括该子目的全部施工过程。

第十五条　定额中混凝土及砂浆强度等级换算

定额中的混凝土及砂浆均采用强度等级计算，混凝土采用"C"表示，砂浆用"M"表示，如定额中强度等级与设计强度等级不同时，可按设计强度等级进行换算。但实际施工配合比的材料用量与定额配合比用量不同时，不得换算。当设计图纸要求采用抗渗混凝土（P6 及以上者），可按原混凝土强度等级增加 C5 计算，抗渗混凝土即原防水混凝土，抗渗等级 P6 即原标准 S6。

例如：现浇混凝土柱式墩台身（S4—6—23）子目现浇混凝土为（5～40mm）C20，表示混凝土强度等级为 C20，碎石粒径为 5～40mm，若设计图纸为 C25，碎石粒径为 5～20mm 时，可按（5～20mm）C25 换算。又如：某泵站沉井井壁混凝土为（5～40mm）C25（抗渗等级为 P8），则可按（5～40mm）C30 计算。但定额中混凝土的消耗量 $1.015m^3/m^3$ 不允许调整。

定额中混凝土的养护，除另有说明外，均按自然养护考虑。

第十六条　关于定额中的钢筋混凝土工程

定额中钢筋混凝土工程，按照混凝土、模板、钢筋分列子目，如现浇混凝土柱式墩台身，定额列有混凝土、商品混凝土、模板和钢筋四个子目。这是 2000 市政定额的较大变化。2000 定额混凝土分为现浇、预制混凝土、商品混凝土。根据实际浇灌混凝土时采用的是现场拌制还是商品混凝土分别套用子目。定额中列出混凝土消耗量，但未列出级配材料的用量，级配材料用量可根据定额配合比计算。

钢筋定额中已计入损耗。钢筋按设计图纸数量(不再加损耗)直接套用相应定额计算。施工用钢筋经建设单位认可后增列计算。预埋铁件按设计数量(不再加损耗)套用第一册“通用项目”预埋铁件定额。注意的是施工用“铁件”已包含在定额之中，不能再计算。

模板工程量除另有规定者外，均按混凝土与模板的接触面积以平方米计算。

第十七条　挖土土壤类别

按开挖的难易程度将挖土土壤类别划分为四类，即Ⅰ、Ⅱ、Ⅲ、Ⅳ类土。定额中人工挖土分为Ⅰ、Ⅱ类土、Ⅲ类土、Ⅳ类土。而机械挖土方则综合了土壤类别。

第十八条　土方体积计算

① 挖土方按天然密实体积(即自然方)计算。

② 填土方按压实后的体积计算。

③ 关于填土土方体积变化。

当填土有密实度要求时，土方挖、填平衡及缺土时外来土方，均应按填土土方体积变化系数(详见表4.1)来计算回填土方数量。道路工程定额车行道填土方有密实度90%、93%、95%、98%四种，道路填土应按不同密实度要求依据表4.1填土土方体积变化系数计算土方数量，其他各册填土方定额中虽未列出密实度要求，当填土密实度要求≥90%时，也应按表4.1计算土方数量。

填土土方的体积变化系数表　　表4.1

土方密实度＼土类	填方	天然密实方	松方
90%	1	1.135	1.498
93%	1	1.165	1.538
95%	1	1.185	1.564
98%	1	1.220	1.610

单位工程中应考虑土方挖、填平衡。当挖方可以利用时，应作平衡处理。当挖土不能作为可利用土及土方平衡后发生余土时，可以作为外运处理。挖填平衡后，仍缺土时则需要计算外来土方数量。

挖土现场运输定额及填土现场运输定额中均已考虑土方体积变化。

【例4.2】 某段道路车行道土路基工程：挖土1300m^3(天然密实)，挖土可利用方量为800 m^3；设计图纸路基填土数量为2000 m^3(密实度为98%)；采用机械填筑，挖、填土采用现场平衡，其余采用外来土方。

要求计算土方平衡、外运土方、缺土外来土方的数量。

【解】 ① 填土数量为2000 m^3(密实度为98%)，查表4.1，密实度98%填方与天然密实方的填土土方体积变化系数为1.22，路基工程填土所需天然密实体积为2000×1.22=2440 m^3，而可利用方为800 m^3，则缺土外来土方数量=2440－800=1640 m^3(天然密实方)。

② 外运土方数量=(1300－800)×1.8=900t

③ 套用道路定额时，机械挖土 1300 m^3，车行道填土方（密实度为 98%）2000 m^3，土方外运 500 m^3。另按实计算 1640m^3 外来土方的费用。

第十九条　土方场外运输

土方场外运输按吨计算，外运土方的堆积密度（容重）按天然密实方（即自然方）为 1.8t /m^3 计算。

第二十条　泥浆外运工程量计算

① 钻孔灌注桩按成孔实土体积计算

② 水力机械顶管、水力出土盾构掘进按掘进实土体积计算。

③ 水力出土沉井下沉按沉井下沉挖土数量的实土体积计算。

④ 树根桩按成孔实土体积计算。

⑤ 地下连续墙按成槽土方量的实土体积计算。地下连续墙废浆外运按挖土成槽定额中护壁泥浆数量折算成实土体积计算。

第二十一条　关于大型机械安拆、场外运输

本定额中未包括大型机械安拆、场外运输、路基及轨道铺拆等。可参照工程造价管理机构发布的有关市场价格信息，在合同中约定。

第二十二条　本定额中，凡注明"××以内"或"××以下"者均包括××数本身，注明"××以外"或"××以上"者均不包括××数本身。

(2) 册、章说明

2000 市政定额册、章说明对于正确运用定额也具有重要作用，由于册、章说明内容繁多，无法全部介绍，现摘录道路工程这一册中的有关册、章说明。

道路工程册说明

① 本册定额由路基、基层、面层、附属设施共四章组成。

② 本册定额中挖土、运土按天然密实方体积，填方按压实后的体积计算。

③ 基层及面层铺筑厚度为压实厚度。

④ 机械挖土不分土壤类别已综合考虑。

道路工程第一章路基工程说明

① 碎石盲沟的规定

A：横向盲沟规格选用如下（见表 4.2）：

表 4.2

路幅宽度	$B\leqslant10.5$	$10.5<B\leqslant21.0$	$B>21.0$
断面尺寸（宽度×深度）	30×40	40×40	40×60

单位：cm

B：横向盲沟长度按实计算，二条盲沟的中间距离为 15m。

C：纵向盲沟按批准的施工组织设计计算，断面尺寸同横向盲沟。

② 道碴间隔填土和粉煤灰间隔填土的设计比例与定额不同时，其材料可以换算。

③ 袋装砂井的设计直径与定额不同时，其材料可以换算。

④ 铺设排水板定额中未包括排水板桩尖，可按实计算。

⑤ 二灰填筑的设计比例与定额不同时，其材料可以换算。

道路工程第二章道路基层说明

本章定额厂拌石灰土中石灰含量为10%；厂拌二灰中石灰：粉煤灰为20:80；厂拌二灰土中石灰：粉煤灰：土为1:2:2。如设计配合比与定额标明配合比不同时，材料可以调整换算。

道路工程第三章道路面层说明

① 混凝土路面定额中已综合了人工抽条压缝与机械切缝、草袋养生与塑料薄膜养生、平整与企口缝。

② 混凝土路面的传力杆、边缘(角隅)加固筋、纵向拉杆等钢筋套用构造筋定额。

③ 混凝土路面纵缝需切缝时，按纵缝切缝定额计算。

道路工程第四章附属设施说明

① 升降窨井、进水口及开关箱和调换窨井、进水口盖座、窨井盖板定额中未包括路面修复，发生时套用相关定额。

② 铺筑彩色预制块人行道按路基、基础、预制块分别套定额。现浇彩色人行道按路基、基础、现浇纸膜(压膜)分别套用定额。

③ 现浇人行道及斜坡定额中未包括道碴基础。

④ 升高路名牌套用新装路名牌定额，并扣除定额中的路名牌。

(3) 定额项目表

定额项目表是各类定额的最基本的组成部分，是定额指标数额的具体表现，其式样可见表4.3、表4.4

沥青混凝土面层 **表4.3**

工作内容：清扫浮松杂物、放样、凿边、烘干工具、涂乳化沥青、遮护各种井盖、铺筑、碾压、封边、清理场地。

定额编号			S2—3—16	S2—3—17	S2—3—18	S2—3—19
项目		单位	人工摊铺细粒式		人工摊铺砂粒式	
			厚度2.5cm	每增减0.5cm	厚度2cm	每增减0.5cm
			$100m^2$	$100m^2$	$100m^2$	$100m^2$
人工	综合人工	工日	2.0900	0.1000	2.0000	0.0810
材料	细粒式沥青混凝土(AC—13)	t	5.8362	1.1672		
	砂粒式沥青混凝土(AC—5)	t			4.6690	1.1672
	乳化沥青	kg	30.9000		30.9000	
	重质柴油	kg	0.3937	0.0840	0.3150	0.0787
	水	m^3	0.0876	0.0126	0.0876	0.0126
	其他材料费	%	0.1100	0.1100	0.1000	0.1000
机械	液压振动压路机	台班	0.0357	0.0048	0.0357	0.0048

现浇人行道 **表 4.4**

工作内容:人行道及斜坡:放样、混凝土配制、运输、浇筑、抹平、粉面滚眼、养护、清理场地。

纸模:铺纸模、撒料、抹平、揭模、清洗、封面养护、切缝、灌缝、清理场地。

压模:压模、撒料、抹平、清洗、封面养护、切缝、灌缝、清理场地。

定额编号			S2—4—16	S2—4—17	S2—4—18
项目		单位	人行道	斜坡	
			厚度 6.5cm	厚度 15cm	每增减 1cm
			$100m^2$	$100m^2$	$100m^2$
人工	综合人工	工日	13.3000	24.5000	1.0400
材料	现浇混凝土(5~20mm)C20	m^3	6.5975		
	现浇混凝土(5~40mm)C25	m^3		15.2250	1.0150
	草袋	只	47.8400	47.8400	
	水	m^3	14.7000	15.0412	0.9800
机械	400L 双锥反转出料搅拌机	台班	0.2167	0.5000	0.0333
	1t 机动翻斗车	台班	0.5242	0.2097	0.0806
	平板式混凝土振动器	台班	0.2167	0.5000	0.0333

4.3.2 市政工程预算定额的初步应用

在预算定额的初步应用中,要用到具体预算定额,现以《上海市市政工程预算定额》(2000 版)为基础,来介绍定额的初步应用。

1. 市政工程预算定额的项目划分及定额编号

项目的划分首先是根据工程类别来定,从第一册到第七册共七册内容来划分册;每册下面又根据此类工程的不同部位、性质等分成若干章;每章根据施工方法、规格、厚度等分成许多项目(子目)

即:S 册—章—子目

【例 4.3】 据定额编号 S2—3—30 说出各编号意义及项目名称:

答:"S"表示 市政工程

"2"表示 第二册 道路工程

"3"表示 第三章 道路面层

"30"表示 第 30 个子目 即:现场拌制现浇水泥混凝土道路面层(厚度为 22cm)

【例 4.4】 据项目名称"人工摊铺细粒式沥青混凝土道路面层(厚度为 2.5cm)"查找定额编号

答:道路工程为第二册

道路面层为第三章

然后再查找具体子目

即定额编号为 S2—3—16

在实际使用中可以根据施工图纸列出工程项目,然后查找定额编号,并查出该定额的数量消耗标准;也可以根据定额编号,核对工程名称及校核定额是否套用正确。

2. 预算定额的直接套用

定额的直接套用,即施工图中的项目名称、规格、施工方法与定额项目中的名称规格、施工方法完全相同,可直接应用定额进行有关计算。

【例 4.5】 某工程需人工摊铺细粒式沥青混凝土道路面层($h=2.5$cm)

已知:定额项目表(见表 4.3)

请问:

(1) 定额编号? 定额单位?

答:定额编号为 S2—3—16

定额单位为 100m^2

(2) 定额中的工作内容

答:本定额的工作内容为:清扫浮松杂物、放样、凿边、烘干工具、涂乳化沥青、遮护各种窨井、铺筑、碾压、封边、清理场地。

(3) 定额中综合人工的时间定额? 产量定额?

答:其时间定额为 2.0900(工日/100m^2)

产量定额为 47.8469(m^2/工日)

(4) 定额中需消耗哪些主要材料? 其数量消耗标准为多少?

答:需消耗的主要材料及其消耗量为:细粒式沥青混凝土(AC—13)5.8362(t/100 m^2)

乳化沥青 30.9000(kg/100 m^2)

重质柴油 0.3937(kg/100 m^2)

水 0.0876 (m^3/100 m^2)

(5) 定额中使用哪种机械? 该机械的时间定额? 产量定额?

答:该项目使用液压振动压路机,其时间定额为 0.0357(台班/100 m^2)

产量定额为 2801.1204(m^2/台班)

为了正确应用预算定额,必须注意以下事项:

首先要学习预算定额的总说明、分章说明等。对说明中指出的编制原则、依据、适用范围、已经考虑和没有考虑的因素,以及其他有关问题的说明,都要通晓和熟悉。

还要了解定额项目中所包括的工程内容,人工、材料、机械台班耗用数量与计量单位,以及附注的规定,要通过日常工作实践,逐步加深理解。

定额项目套用,必须根据施工图纸、设计要求、操作方法,确定套用项目。套用时,工程项目的内容与套用定额项目必须完全相符,否则应视不同情况,分别加以换算。在换算时,必须符合定额中有关规定,在允许的范围内进行。

注意区别定额中的“以内”、“以上”、“以下”,按照习惯,凡定额中注有“以内”、“以下”都均包括其本身在内,而注有“以外”、“以上”者,则不包括其本身。

3. 定额的换算

在定额的应用中,如工程项目与定额项目名称相同,但其厚度、材料规格等不同时,定额中又允许调整的,便可以对定额进行换算,现通过几个例子加以说明定额的几种换算方法。

(1) 厚度增减的换算

【例 4.6】 已知:某工程需人工摊铺细粒式沥青混凝土道路面层(厚度为 3cm),求其定额消耗量:

【解】 据定额 S2—3—16 和 S2—3—17 (见表 4.3)将 2.5cm 厚再增加 0.5cm 厚的消

耗量,求得此施工项目的消耗量指标:

综合人工: 2.0900 + 0.1000 = 2.1900(工日/100m²)

细粒式沥青混凝土(AC—13):5.8362 + 1.1672 = 7.0034(t /100 m²)

乳化沥青: 30.9000 + 0 = 30.9000 (t /100 m²)

重质柴油: 0.3937 + 0.0840 = 0.4777 (kg/ 100 m²)

水 0.0876 + 0.0126 = 0.1002(m³/100 m²)

液压振动压路机: 0.0357 + 0.0048 = 0.0405(台班/100 m²)

(2) 水泥混凝土强度调整后的换算

【例 4.7】 某工程需现浇人行道斜坡 50m²,厚度 15cm,原定额中使用 C25(5~40mm)混凝土,现据实际需求改用 C30(5~40 mm)混凝土。

求级配调换后:1) 该项目的人、材、机消耗量?

2) 如采用现场拌制,需水泥、砂、碎石、水多少量?

【解】 1) 据定额 S2—4—17 (见表 4.4)可知

虽混凝土强度变化,但其定额中的量没有变化

即: 综合人工: 0.5×24.50 = 12.25(工日)

现浇混凝土(5~40mm)C30 0.5×15.225 = 7.6125(m³)

草袋 0.5×47.84 = 24(只)

水 0.5×15.225 = 7.5206(m³)

2) 如采用 C30(5~40mm),虽然混凝土消耗量没有变,但混凝土的配合比已变化,据《上海市建设工程普通混凝土、砂浆强度等级配合比表》(2000 版)(见表 4.5)可求出各自消耗量:

普通混凝土、砂浆强度等级配合比表 **表 4.5** 单位:m³

编号		35	36	37	38	
项目	单位	碎石(最大粒径:40mm)				
		混凝土强度等级				
		C25		C30		
		数量	数量	数量	数量	数量
32.5 级水泥	kg	388.00		446.00		
42.5 级水泥	kg		300.00		344.00	
中砂	kg	630.00	747.00	574.00	681.00	
5~40mm 碎石	kg	1271.00	1248.00	1265.00	1266.00	
水	m³	0.19	0.19	0.19	0.19	0.19

即: 32.5 级水泥: 7.6125×446.00 = 3395.18 (kg)

砂(中砂): 7.6125×574.00 = 4369.58 (kg)

碎石(5~40): 7.6125×1265.00 = 9629.81 (kg)

水: 7.6125×0.19 = 1.45 (m³)

(3) 设计配合比与定额标明配合比不同时定额的换算:

【例 4.8】 某工程需进行道碴间隔填土,其道碴:土的设计比例为 0.5:2.5,求按此比例

的定额消耗量：

【解】 从定额 S2—1—26 可知，道碴间隔填土中的道碴：土的定额中的配合比为 1:2，其道碴(30～80mm)和土(松方)的消耗量分别为 0.6227t/m³、1.0766 m³/m³

则：设计配合比改变后：

道碴的标准消耗量设为 X： $\frac{1}{0.5}=\frac{0.6227}{X}$

$$X=0.6227\times0.5/1=0.3114(\text{t/m}^3)$$

土(土方)的标准消耗量设为 y： $\frac{2}{2.5}=\frac{1.0766}{y}$

$$y=1.0766\times2.5/2=1.3458(\text{m}^3/\text{m}^3)$$

而其他综合人工、机械台班的消耗量标准不变，仍为

综合人工：0.4310(工日/m³)；轻型内燃光轮压路机 0.0016(台班/m³)，

重型内燃光轮压路机 0.0051(台班/m³)

(4) 定额中规定可以乘以系数的有关换算

【例 4.9】 某排水管道工程需开挖直沟槽，现需翻挖 8 粗 2 细沥青混凝土路面，求此项目的定额消耗量标准。

【解】 据市政工程预算定额第一册第三章说明：开挖沟槽或基坑需翻挖道路面层及基层时，人工数量乘以 1.20 系数

根据：S1—3—1 翻挖沥青油类路面(厚 10cm)

综合人工消耗量为 $0.0647\times1.20=0.0776$ (工日/m²)

而其他消耗量不变，即：风镐凿子为 0.0200(根/m²)

6m³/min 内燃空气压缩机为 0.0063(台班/m²)

风镐为 0.0126(台班/m²)

第 4 节 概算定额与概算指标*

4.4.1 概算定额

1. 概算定额的概念和作用

概算定额，是在预算定额基础上以主要分项工程为准综合相关分项的扩大定额，是按主要分项工程规定的计量单位及综合相关工序的劳动、材料和机械台班的消耗标准。

例如，在概算定额的“开槽埋管工程”项目中，综合了沟槽挖土及支撑、铺筑垫层及基础、铺设管道、砌筑一般窨井、土方场内运输、沟槽回填土及施工期间沟槽排水费用等分项。

概算定额有以下作用：

(1) 概算定额是初步设计阶段编制建设项目概算的依据。建设程序规定，采用两阶段设计时，其初步设计必须编制概算；采用三阶段设计时，其技术设计必须编制修正概算，对拟建项目进行总评估。

(2) 概算定额是设计方案比较的依据。所谓设计方案比较，目的是选择出技术先进可靠经济合理的方案，在满足使用功能的条件下，达到降低造价和资源消耗。概算定额采用扩大综合后可为设计方案的比较提供方便条件。

(3) 概算定额是编制主要材料需要量的计算基础。根据概算定额所列材料消耗指标计

算工程用料数量,可在施工图设计之前提出供应计划,为材料的采购、供应做好施工准备。

(4) 概算定额是编制概算指标的依据。

(5) 概算定额也可对实行工程总承包时作为已完工程价款结算的依据。

2. 概算定额的编制原则和依据

(1) 概算定额的编制原则。概算定额应该贯彻社会平均水平和简明适用的原则。

由于概算定额和预算定额都是工程计价的依据,所以应符合价值规律和反映现阶段生产力水平。在概算定额水平之间应保留必要的幅度差,并在概算定额的编制过程中严格控制。

(2) 概算定额的编制依据。由于概算定额的适用范围不同,其编制依据也略有不同。一般有如下几种:

1) 现行的设计标准规范;

2) 现行的预算定额;

3) 国务院各有关部门和各省、自治区、直辖市批准颁发的标准设计图集和有代表性的图纸等;

4) 现行的概算定额及其编制资料;

5) 编制期人工工资标准、材料价格、机械台班费用等。

3. 概算定额的编制步骤

概算定额的编制一般分为3个阶段:准备阶段、编制阶段、审查报批阶段。

(1) 准备阶段

主要是确定编制机构和人员组成,进行调查研究,了解现行概算定额执行情况与存在问题,以及编制范围。在此基础上制定概算定额的编制细则和概算定额项目划分。

(2) 编制阶段

根据已制订的编制细则、定额项目划分和工程量计算规则,调查研究,对收集到的设计图纸、资料进行细致的测算和分析,编出概算定额初稿。并将概算定额的分项定额总水平与预算定额水平相比控制在允许的幅度之内,以保证二者在水平上的一致性。如果概算定额与预算定额水平差距较大时,则需对概算定额水平进行必要的调整。

(3) 审查报批阶段

在征求意见修改之后形成报批稿,经批准之后交付印刷。

4.4.2 概算指标

1. 概算指标的概念和作用

概算指标通常是以整个建筑物和构筑物为对象,以面积、体积或台数等为计量单位而规定的人工、材料和机械台班的消耗量标准和造价指标。概算指标比概算定额具有更加概括与扩大的特点。概算指标的作用主要有以下几点:

(1) 概算指标可以作为编制投资估算的参考;

(2) 概算指标中的主要材料指标可作为匡算主要材料用量的依据;

(3) 概算指标是设计单位进行设计方案比较,建设单位选址的一种依据;

(4) 概算指标是编制固定资产投资计划,确定投资额的主要依据。

2. 概算指标的编制原则

(1) 按平均水平确定概算指标的原则。即必须按照社会必要劳动时间来进行编制,这样才能使概算指标充分发挥,合理确定和控制工程造价的作用。

(2) 概算指标的内容和表现形式,要贯彻简明适用的原则。即其内容和形式应简明易懂,要便于在使用时根据拟建工程的具体情况进行必要的调整换算,能在较大范围内满足不同用途的需要。

(3) 概算指标的编制依据,必须具有代表性。即技术上是先进的,经济上是合理的。

3. 概算指标的编制依据

(1) 标准设计图纸和各类工程典型设计图纸;

(2) 国家颁发的建筑标准、设计规范、施工规范等;

(3) 各类工程造价资料;

(4) 现行的概算定额和预算定额及补充定额资料;

(5) 人工工资标准、材料价格、机械台班价格及其他价格资料。

4. 概算指标的编制方法

(1) 要根据选择好的典型设计图纸,计算出每一结构构件或分部工程的工程量。

(2) 在计算工程量指标的基础上,确定人工、材料和机械的消耗指标并进行汇总,计算出人工、材料和机械的总用量。

(3) 计算出每米道路或每米沟管的单位造价,计算出该计量单位所需的主要人工、材料和机械的实物消耗量指标,次要人工、材料和机械的消耗量,综合为其他人工、其他材料和其他机械 ,用金额"元"表示。

第5章 工 程 预 算

第1节 工程预算概述

5.1.1 工程预算的意义

工程预算是控制和确定工程造价的文件。搞好工程预算,对确定工程造价,控制工程项目投资,具有重要的作用。

5.1.2 工程预算的分类及各自概念与作用

1. 投资估算

投资估算是在初步设计前期各个阶段工作中,作为论证拟建项目在经济上是否合理的重要文件,它是作为拟建项目是否继续进行研究的依据,是审批项目建议书或可行性研究报告的依据,同时也是批准设计任务书的重要依据。

2. 设计概算

设计概算是指在初步设计阶段,由设计单位根据初步设计图纸、概算定额等资料,预先计算和确定建设项目从筹建到竣工验收、交付使用的全部建设费用的文件。它的作用详见本章第三节。

3. 施工图预算

施工图预算是在施工图设计阶段,当工程设计完成后,根据施工图纸计算的工程量、施工组织设计和现行工程预算定额及费率标准、建筑材料市场价格及有关文件等资料,进行计算和确定单位工程或单项工程建设费用的经济文件。

4. 施工预算

施工预算是施工单位在施工前依据施工定额、施工图纸及有关文件编制的预算。它是施工单位内部编制施工作业计划,签发任务单,实行定额考核,开展班组核算和降低工程成本的依据。施工预算是在施工图预算的控制数字下,根据施工图纸和施工定额,结合施工组织设计中的施工平面图、施工方法、技术组织措施,以及现场实际情况等,并考虑节约的因素后编制出来的。

第2节 建设项目总投资与建筑安装工程费用的构成

5.2.1 建设项目总投资的构成

建设项目总投资的构成含固定资产投资(即工程造价)和流动资产投资两部分。工程造价由设备及工器具购置费用、建筑安装工程费用、工程建设其他费用、预备费、建设期贷款利息、固定资产投资方向调节税构成。具体内容如图5.1所示。

1. 建筑安装工程费

建筑安装工程费用，是指直接发生在建筑安装工程施工生产过程中的费用，施工企业在组织管理施工生产经营中间接地为工程支出的费用，以及按国家规定收取的利润和缴纳的税金的总称。建筑安装工程费用按工程内容分为建筑工程费用和安装工程费用两类。

建筑工程费用通常包括房屋、桥涵、道路、堤坝及其他构筑物的土建工程费用，以及建筑物中的给排水工程、电气照明、采暖通风工程、各种设备基础、工业筑炉和各种工业管道、电力和通信线路的敷设、水利工程及其他特殊工程费用等。

安装工程费用一般包括永久性的生产、动力、电讯、起重、运输、医疗、实验等设备的安装，管道安装和附属于被安装设备的管道敷设，被安装设备的绝缘、防腐、保温、油漆等工程，与设备相连的工作台、平台、支架的安装，以及测定设备安装工程质量的试验和试车费用。

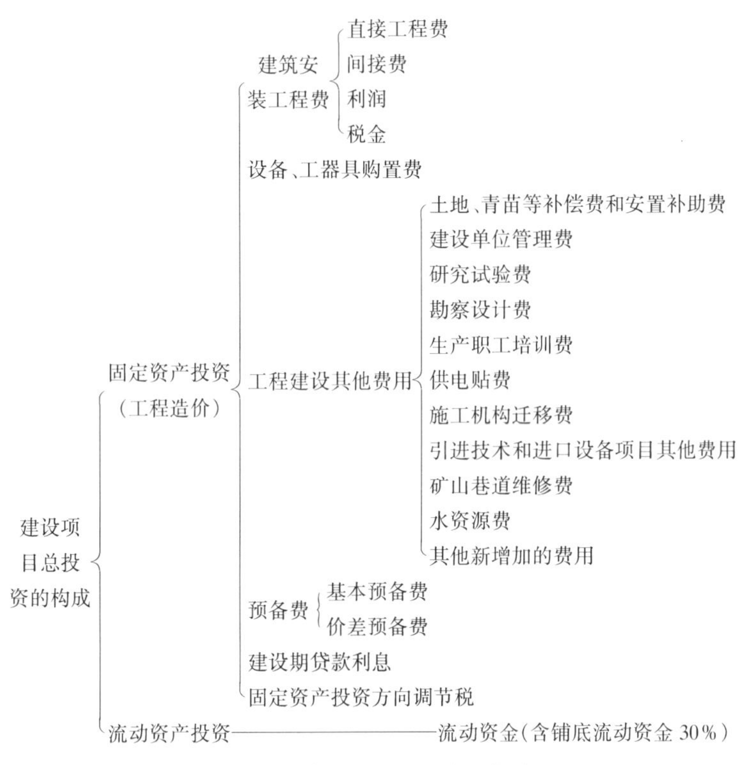

图5.1　建设项目总投资的构成

2. 设备、工器具购置费

此项费用指购买或自制的达到固定资产标准的设备、工具、器具的价值。设备购置费包括生产、动力、电讯、起重、运输、医疗、实验及为工业通讯、除尘、超净、空调、隔声工程服务等所有需要安装和不需要安装的设备费用，还包括备品备件。工器具及生产用家具购置费是指为保证项目建成投产后初期生产阶段所购置工具、器具、家具和仪器的费用。如购置各种计量、分析、化验、烘干仪器、工具台、办公台等费用。

3. 工程建设其他费用

此项费用是指根据有关规定应在投资中支付，并列入建设项目总造价或单项工程造价内的费用。其主要内容包括如下：

(1) 土地、青苗等补偿费和安置补助费

费用由以下各项组成：征用耕地补偿费；青苗补偿费；菜地开发建设基金；耕地占用税或城镇土地使用税；土地登记费及征地管理费；安置农业人口的补助费；征地动迁费；企业单位因搬迁造成的减产、停产损失补助费及水利水电工程水库淹没处理补偿费等。这些费用应根据有关费用标准计算。

(2) 建设单位管理费

建设单位管理费，是指建设单位对建设项目进行筹建、实施、联合试运转、竣工验收交付使用及评估等全过程管理所需费用。费用内容组成如下：建设单位筹建工作人员的工资、工资性补贴、劳动保险费、职工福利费、劳动保护费、差旅交通费、办公费、工具用具使用费、固定资产使用费、技术图书资料费、职工教育经费、以及工程招标费、工程质量监督检测费、合同契约公证费、咨询费、法律顾问费、审计费、工程监理费、完工清理费、建设单位的临时设施费和其他管理费用性质的开支。

(3) 研究试验费

指为本建设项目提供或验证设计数据、资料进行必要的研究试验，以及支付科技成果、先进技术的一次性技术转让费。不包括设计和施工所需要的试验费，这部分试验费由设计和施工企业承担。

(4) 勘察设计费

指委托勘察设计单位进行勘察设计时，按规定应支付的工程勘察设计费，及编制项目建议书、可行性研究报告等所支付的费用。

(5) 生产职工培训费

这项费用指新建企业或新增生产能力的扩建企业在交工验收前自行培训或委托其他单位培训各种所需人员的工资、工资性补贴、差旅费、学习资料、实习费和劳动保护等费用，以及生产单位为参加施工、设备安装、调试等以熟悉工艺流程、机器性能等需要提前进厂人员所支出的费用。

(6) 供电贴费

是指按照国家规定，建设项目应交付的供电贴费及电力建设基金。供电贴费只能用于为增加或改善用户用电而必须新建、扩建和改善电网建设以及有关业务支出，由建设银行监督使用，不得挪作他用。这是为了解决我国当前电力建设资金不足的一项措施。

(7) 施工机构迁移费

是指施工企业由建设单位指定承担施工任务，由原驻地迁移到工程所在地所发生的一次性搬迁费用。费用包括职工及随同家属的差旅费、调迁期间工资，施工机械设备、工具用具、周转性材料的搬运费。随着我国经济体制改革的不断深入，该费用应逐步减少，除个别专业建设工程外，一般建设工程不应再列此项费用。

(8) 引进技术和进口设备项目其他费用

此项费用包括：应聘来华的外国工程技术人员的生活和接待费；为引进技术和进口设备项目派出人员到国外培训和进行设计、设备材料监测所需的旅费、生活费、服装费等；国外设计及技术资料、软件、专利及技术转让费、分期或延期付款利息；进口成套设备的财产保险费。

(9) 矿山巷道维修费

此项费用是指锚喷支护巷道、木支架巷道、钢筋混凝土支架巷道建成后至移交生产前,由施工企业代管期间所发生的维修费。

(10) 水资源费

水资源费是指建设项目直接从地下取水或江河、湖泊取水,按《中华人民共和国水法》规定征收的水资源费。

(11) 其他新增加的费用

如住宅建设配套费;废水、污水排放增容费;自来水、煤气增容费。

4. 预备费

预备费是指在初步设计和概算中难以预料的工程费用。它由两部分组成:一是基本预备费;二是价差预备费。

(1) 基本预备费

其费用内容是:在批准的初步设计范围,技术设计、施工图设计及施工过程中所增加的工程和费用,设计变更、局部地基处理等增加的费用;由于一般自然灾害所造成的损失和预防自然灾害所采取的措施费用;竣工验收时为鉴定工程质量对隐蔽工程进行必要的挖掘和修复费用。

(2) 价差预备费

是指建设项目所需的设备费、材料费、人工费、机械费等因价格变动而发生的价差,以及由于汇率、贷款利率、税率等的变化而增加的费用。

5. 固定资产投资方向调节税

为了贯彻国家产业政策,控制投资规模,引导投资方向,调整投资结构,加强重点建设,促进国民经济持续稳定协调发展,国务院决定从一九九一年起对在中华人民共和国境内进行固定资产投资的单位和个人(不含中外合资经营企业、中外合作经营企业和外资企业)征收固定资产投资方向调节税(简称投资方向调节税)。

投资方向调节税根据国家产业政策和项目经济规模实行差别税率。各固定资产投资项目按其单位工程分别确定适用的税率。计税依据为:固定资产投资项目实际完成的投资额,其中更新改造投资项目为:建筑工程实际完成的投资额。投资方向调节税按固定资产投资项目的单位工程年度计划投资额预缴。年度终了后,按年度实际完成投资额结算,多退少补;项目竣工后按全部实际完成投资额进行清算,多退少补。《投资方向调节税税目税率表》由国务院定期调整。目前执行的是 1991 年 4 月 16 日颁布的《中华人民共和国固定资产投资方向调节税暂行条例》。

6. 建设期贷款利息

建设期贷款利息是指建设项目投资中分年度使用银行贷款投资部分,在建设期内应偿还的贷款利息。在编制概算时,应根据需付息的分年度投资额,按银行公布的利率计算。其计算式为:

$$\text{建设期贷款利息} = \Sigma(\text{年度付息贷款累计} + \text{本年度付息贷款}/2) \times \text{年利率} \quad (5.1)$$

5.2.2 建筑安装工程费用的构成

我国现行建筑安装工程费用的构成如图 5.2 所示。

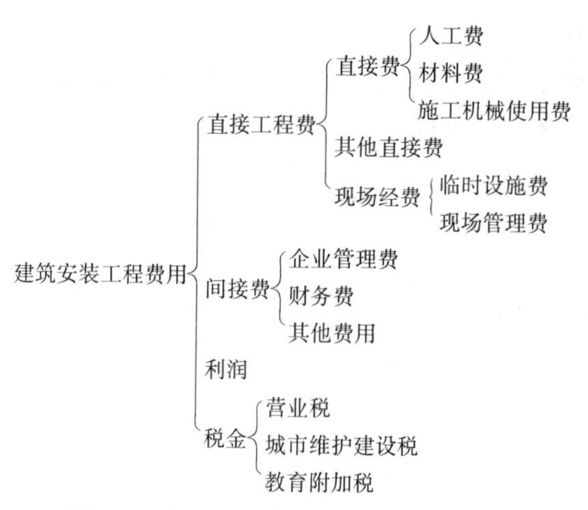

图 5.2　我国现行建筑安装工程费用构成

第 3 节　设计概算、投资估算的编制*

5.3.1　设计概算的编制

1．设计概算的概念

设计概算是指在初步设计阶段，由设计单位根据初步设计或扩大初步设计图纸、概算定额或概算指标、综合预算定额、各项费用定额或取费标准、建设地区的自然、技术经济条件和设备预算价格等资料，预先计算和确定建设项目从筹建到竣工验收、交付使用的全部建设费用的文件。

2．设计概算的作用

概算文件是设计文件的重要组成部分，在概算中合理地确定建筑工程的各项费用，以便对建筑工程的各项费用进行合理的分配管理和监督。设计概算主要有下列作用：

(1) 它是编制基本建设计划、确定和控制基本建设投资额的依据

国家规定，编制年度基本建设计划，确定计划投资总额及其构成数额，要以批准的初步设计概算中的有关指标为依据，没有批准的初步设计和概算的建设工程不能列入年度基本建设计划。

根据设计总概算确定的投资数额，经主管部门审批后，就成为该项工程基本建设投资的最高限额。在工程建设过程中，年度基本建设投资计划安排、银行拨款和贷款、施工图预算、竣工决算等，未经规定的程序批准，不能突破这一限额，以保证国家基本建设计划得以严格执行。

(2) 它是衡量设计方案是否经济合理和选择最优设计方案的重要依据

一个建设项目及其单项工程或单位工程设计方案的确定，须建立在几个不同而又可行方案的技术经济比较的基础上。而概算文件是设计方案经济性的反映，每个方案的设计意图都会通过计算工程量和各项费用全部反映到概算文件中来。因此，可根据设计概算中的各项指标来对不同设计方案进行技术经济比较，从中选出在各方面都能满足设计要求而又经济的最优方案。

(3) 它是签订工程合同、办理工程拨款或贷款的依据

《中华人民共和国合同法》明确规定，建设工程合同是承包人进行工程建设，发包人支付

价款的合同。合同价款的多少是以设计概算为依据的，而且总承包合同不得超过设计总概算的投资额。

设计概算是银行拨款或签订贷款合同的最高限额，建设项目的全部拨款或贷款以及各单项工程的拨款或贷款的累计总额，不能超过设计概算。如果项目的投资计划所列投资额或拨款与贷款突破设计概算时，必须查明原因后由建设单位报请上级主管部门调整或追加设计概算总投资额，凡未批准之前，银行对其超支部分拒不拨付。

(4) 它是控制工程造价和控制施工图预算的依据

经批准的设计概算是建设项目投资的最高限额，设计单位必须按照批准的初步设计和总概算进行施工图设计，施工图预算不得突破设计概算。

(5) 它是工程造价管理及编制招标标底和投标报价的依据

设计概算一经批准，就作为工程造价管理的最高限额，并据此对工程造价进行严格的控制。以设计概算进行招投标的工程，招标单位编制标底是以设计概算造价为依据的，并以此作为评标定标的依据。承包单位为了在投标竞争中取胜，也以设计概算为依据，编制出合适的投标报价。

(6) 它是考核建设项目投资效果的依据

通过设计概算与竣工决算对比，可以分析和考核投资效果的好坏，同时还可以验证设计概算的准确性，有利于加强设计概算管理和建设项目的造价管理工作。

综上所述，只有及时、准确合理地编制出设计概算，才能控制项目建设投资，加速建设资金周转，进而实现国家或业主的投资计划，充分发挥投资效益。

3. 设计概算编制的依据

(1) 已经批准的基本建设计划任务书；

(2) 初步设计或扩大初步设计图纸和说明书；

(3) 概算指标、概算定额或综合预算定额、预算定额；

(4) 设备价格资料；

(5) 建设地区人工工资标准、材料价格等价格资料；

(6) 有关取费标准和费用定额。

4. 设计概算编制的内容

建筑工程设计概算书的编制内容，通常包括以下四部分：

(1) 封面：工程地址、建设单位、编制单位和编制时间等；

(2) 工程概算造价汇总表：概算直接费、间接费、计划利润和税金及概算价值等；

(3) 编制说明：工程概况、编制依据、编制方法、其他；

(4) 建筑工程概算表。

5. 设计概算的分类

分为单位工程概算，单项工程综合概算和建设项目总概算三级。各级之间概算的相互关系如图5.3所示。

- 建设项目总概算
  - 单项工程综合概算
    - 各单位建筑工程概算
    - 各单位设备及安装工程概算
  - 工程建设其他费用概算(不编总概算时列入)
  - 预备费、投资方向调节税概算

图5.3　设计概算的分类

(1) 单位工程概算

单位工程概算是确定某一个单项工程内的某个单位工程建设费用的文件,是单项工程综合概算的组成部分。它是在初步设计阶段根据设计内容和国家或地方制订的概算定额或概算指标等资料计算某个单位工程的概算费用。

单位工程概算,一般分为建筑工程概算和设备及安装工程概算两大类。建筑工程概算又分为:一般土建工程、卫生工程(即给排水工程、采暖通风工程)、工业管道工程、特殊构筑物工程及电气照明避雷工程等概算;设备及安装工程概算分为机械设备及安装工程概算和电气设备及安装工程概算、仪表及安装工程概算。

(2) 单项工程综合概算

综合概算是确定某一个单项工程建设费用的文件,它是总概算的组成部分。而综合概算又是由各专业单位工程概算所组成,因此它的编制也是从单位工程概算汇总编制而成。

(3) 工程建设其他费用概算

工程建设其他费用概算按其内容是与建安工程和设备不发生直接关系的,但对整个建设项目来说,却是完成该项工程不可缺少的费用开支项目。因此必须列入整个工程的总预算中。例如建设单位管理费,征用土地费,勘察设计费等等。这一概算内容一般放在项目总概算表中。当建设项目只有一个单项工程时,此项内容应列入综合概算中。工程建设其他费用概算的编制必须依据国家及各地区的有关规定及指标进行详细计算。

(4) 建设项目总概算

总概算是确定某一建设项目从筹建到建成的全部费用的总文件,它是由各单项工程综合概算、工程建设其他费用概算、预备费和投资方向调节税概算汇总编制而成。

6. 设计概算的编制方法

(1) 单位工程概算的编制方法

单位工程是单项工程的组成部分,是指具有单独设计可以独立组织施工、但不能独立发挥生产能力或使用效益的工程。单位工程概算是由建筑安装工程中的直接工程费、间接费、计划利润和税金组成。

单位工程概算分建筑工程概算和设备及安装工程概算两大类。建筑工程概算的编制方法有概算定额法、概算指标法、类似工程预算法等;设备及安装工程概算的编制方法有:预算单价法、概算指标法、设备价值百分比法和综合吨位指标法等。

建筑工程概算的编制方法有:

1) 概算定额法。概算定额法又叫扩大单价法或扩大结构定额法。它是采用概算定额编制建筑工程概算的方法,类似用预算定额编制建筑工程预算。它是根据初步设计图纸资料和概算定额的项目划分计算出工程量,然后套用概算定额单价(基价),计算汇总后,再计取有关费用,便可得出单位工程概算造价。

概算定额法要求初步设计达到一定深度,建筑结构比较明确时,才可采用。

2) 概算指标法。概算指标法是拟建的厂房、住宅的建筑面积或体积乘以技术条件相同或基本相同的概算指标编制概算的方法。

概算指标法的适用范围是当初步设计深度不够,不能准确地计算出工程量,但工程设计是采用技术比较成熟而又有类似工程概算指标可以利用时,可采用此法。

3）类似工程预算法。类似工程预算法是利用技术条件与设计对象相类似的已完工程或在建工程的工程造价资料来编制拟建工程设计概算的方法。

类似工程预算法适用于拟建工程初步设计与已完工程或在建工程的设计相类似又没有可用的概算指标时，但必须对建筑结构差异和价差进行调整。

（2）单项工程综合概算的编制方法

单项工程综合概算是以其所辖的建筑工程概算表和设备安装工程概算表为基础汇总编制的。当建设项目只有一个单项工程时，单项工程综合概算（实为总概算）还应包括工程建设其他费用（含建设期贷款利息）、预备费和固定资产投资方向调节税的概算。

单项工程综合概算文件一般包括编制说明（不编制总概算时列入）和综合概算表。

1）编制说明。主要包括：编制依据；编制方法；主要设备和材料的数量；其他有关问题。

2）综合概算表。综合概算表是根据单项工程所辖范围内的各单位工程概算等基础资料，按照国家或部委所规定统一表格进行编制。

（3）建设项目总概算的编制方法

建设项目总概算是设计文件的重要组成部分，是确定整个建设项目从筹建到竣工交付使用所预计花费的全部费用的文件。它是由各单项工程综合概算、工程建设其他费用（含建设期贷款利息）、预备费、固定资产投资方向调节税和经营性项目的铺底流动资金，按照主管部门规定的统一表格进行编制而成的。

设计概算文件一般应包括：封面及目录、编制说明、总概算表、工程建设其他费用概算表、单项工程综合概算表、单位工程概算表、工程量计算表、分年度投资汇总表与分年度资金流量汇总表以及主要材料汇总表与工日数量表等。主要包括：

1）封面、签署页及目录。

2）编制说明。

a. 工程概况。简述建设项目性质、特点、生产规模、建设周期、建设地点等主要情况。

b. 资金来源及投资方式。

c. 编制依据及编制说明。

d. 编制方法。说明设计概算是采用概算定额法还是概算指标法等。

e. 投资分析。主要分析各项投资的比重、各专业投资的比重等经济指标。

f. 其他需要说明的问题。

3）总概算表。总概算表应反映静态投资和动态投资两个部分。静态投资是按设计概算编制期价格、费率、利率、汇率等确定的投资；动态投资是指概算编制期到竣工验收前的工程和价格变化等多种因素所需的投资。

4）工程建设其他费用概算表。工程建设其他费用概算按国家或地区或部委所规定的项目和标准确定，并按统一表格编制。

5）单项工程综合概算表和建筑安装单位工程概算表。

6）工程量计算表和工、料数量汇总表。

7）分年度投资汇总表和分年度资金流量汇总表。

7．设计概算编制示例：

（1）工程名称：祖冲之路新建工程（金科路——高斯路）设计概算

（2）工程概况

祖冲之路位于浦东新区张江高科技园区中部，是一条东西向的城市次干路，东起申江路，西至罗山路(即罗南大道)，地铁二号线一期工程的东延伸段在本道路的南侧，在碧波路至松涛路段处设有高科技园区高科路站。目前从景明路至科苑路已于 2000 年 7 月建成通车，罗山路至景明路段、科苑路至金科路段正在进行施工。本次设计路段现场无道路，两侧基本为农田及零星住宅。

本次设计的工程范围从金科路至高斯路，全长 826.2m，包括与哈雷路及高斯路二个交叉口，金科路交叉口包括在金科路工程中。雨水管道 $\phi1000 \sim \phi1800$，$L = 957$m；污水管道 DN300～600，$L = 956$m

1) 路面结构

车行道结构：

3cm	细粒式沥青混凝土(LH—15)
8cm	粗粒式沥青混凝土(LH—35)
40cm	粉煤灰三渣
15cm	砾石砂

非机动车道结构：

3cm	细粒式沥青混凝土(LH—15)
6cm	粗粒式沥青混凝土(LH—35)
25cm	粉煤灰三渣
15cm	砾石砂

2) 道路全线需设置标志、信号灯及划标线，保证在使用期间有效地组织交通，并保障交通安全。

a. 交通标志、标线设计

根据道路交通组织设计及交通管理部门的要求，沿线需设置相应的警令标志、警告标志、指示标志及指路标志、辅助标志及其他标志。在道路上设置中央双黄线、车道分界线、导向箭头等交通标线以及必要的文字标记和图形标记等。在路口设置路名牌。

b. 交通信号设施

根据交叉口的交通组织，相应在科苑路、居里路交叉口设置信号灯。

3) 绿化工程

a. 在道路 1.5m 宽的机非分隔带上可集中布置绿化，以美化环境。

b. 在人行道上种植行道树。

4) 其他

a. 浜塘处理挖淤泥根据建设单位意见按 1.7m 计，下层 50cm 砾石砂，后用粉煤灰间隔填土至路基顶。

b. 土方外运直接费按 18 元/m^3 计算，补差 12 元/m^3，土方来源费直接费按 18 元/m^3 计算，补差 12 元/m^3。

c. 管道工程采用 92 版排水通用图，管道埋深大于 3.0m 时考虑井点降水。

管材：		
DN300～DN400	UPVC 加筋管	
$\phi600 \sim \phi1200$	PH-48 管	黄砂填至管顶以上 50cm
$\phi1350 \sim \phi1800$	丹麦管	黄砂填至管顶以上 50cm

d. 本工程投资概算预备费按5%计,未包括物价上涨费及贷款利息等费用。

e. 本工程前期费用由建设单位提供。

f. 工程投资。本工程总概算1526.62万元,其中建安工程费1321.65万元,工程建设其他费用132.27万元,预备费72.70万元。

(3) 编制依据:

1) 本工程初步设计图纸及有关文件;

2)《上海市市政工程预算定额》(1993年);

3)《上海市市政工程综合预算定额》(1993年);

4) 类似工程技术经济指标;

5) 上海市有关费率规定;

6)《上海市市政工程预算定额(第七次现行价单位估价表)(1993年)》;

7) 限价产品补差按2001年第2季度最高限价计。

(4) 设计概算表(见表5.1):

祖冲之路道路工程(金科路~高斯路)概算汇总表 **表5.1**

序号	工程或费用名称	概算(万元)	技术经济指标			备注
1	2	3	4	5	6	7
	第一部分:建安工程费	1321.65				
一	道路工程	660.54				
1	路基路面工程	540.96	m^2	21214	255元/m^2	
2	土方工程	119.58	m^3	30373	39元/m^3	
二	排水工程	508.14				
1	雨水管道	420.74	m	957	4396元/m	
2	污水管道	87.40	m	956	914元/m	
三	附属工程	152.97				
1	标志标线	15.34	km	0.767	20万/km	
2	照明	104.00	根	52	2万/根	
3	信号灯	15.00	组	1	15万/组	
4	绿化	18.63				
5	行道树	8.96	棵	256	350元/棵	
6	绿化	9.67	m^2	1612	60元/m^2	
	第二部分:工程建设其他费用	132.27				
一	三通一平、供电贴费及自来水增容费	13.22				
二	设计费	31.72				
三	预算费	3.17				
四	勘察费	7.27				
五	竣工图编制费	1.59				
六	招投标管理费	4.36				

续表

序号	工程或费用名称	概 算 （万元）	技术经济指标			备 注
七	设计前期工程费	32.76				
八	工程监理费	23.79				
九	建设单位管理费	14.40				
	第一、第二部分费用之和	1453.92				
	第三部分:预备费	72.70				
一	预 备 费	72.70				
	工程概算费用合计	1526.62				

5.3.2 投资估算的编制

1. 投资估算的概念

投资估算是指在整个投资决策过程中,依据现有的资料和一定的方法,对建设项目的投资数额进行的估计。

2. 投资估算的作用

由于投资决策过程划分为项目建议书阶段、初步可行性研究阶段和详细可行性研究阶段,所以投资估算也相应分为三个阶段。不同阶段所具备的条件和掌握的资料不同,因而投资估算的准确程度不同,进而每个阶段投资估算所起的作用也不同。

(1) 项目建议书阶段

这一阶段主要是选择有利的投资机会,明确投资方向,提出概略的项目投资建议,并编制项目建议书。该阶段工作比较粗略,投资额的估计一般是通过与已建类似项目的对比得来的,因而投资估算的误差率可在±30%左右。这一阶段的投资估算是作为领导部门审批项目建议书、初步选择投资项目的主要依据之一,对初步可行性研究及投资估算起指导作用。

(2) 初步可行性研究阶段

这一阶段是在上一步的基础上,进一步弄清项目的投资规模、原材料来源、工艺技术、组织机构和建设进度等情况,进行经济效益评价,判断项目可行性,做出初步投资评价。该阶段是介于项目建议书和详细可行性研究之间的中间阶段,投资估算的误差率一般要求控制在±20%左右。这一阶段的投资估算是作为决定是否进行详细可行性研究的依据之一,同时也是确定哪些关键问题需要进行辅助性专题研究的依据之一。

(3) 详细可行性研究阶段

详细可行性研究阶段的投资估算也称为最终可行性研究阶段,主要是进行全面、详细、深入的技术经济分析论证阶段,要评价选择拟建项目的最佳投资方案,对项目的可行性提出结论性意见。该阶段研究内容详尽,投资估算的误差率应控制在±10%以内。这一阶段的投资估算是进行详尽经济评价、决定项目可行性、选择最佳投资方案的主要依据,也是编制设计文件,控制初步设计及概算的主要依据。

3. 投资估算的内容

从体现建设项目投资规模的角度，根据工程造价的构成，建设项目投资的估算包括固定资产投资估算和铺底流动资金投资估算。

固定资产投资估算的内容按照费用的性质划分，包括设备及工、器具购置费、建筑安装工程费、工程建设其他费用（此时不包含铺底流动资金）、预备费（分为基本预备费和价差预备费）、建设期贷款利息及固定资产投资方向调节税。

除了建设期贷款利息、价差预备费和固定资产投资方向调节税之外，上述其他费用的估算构成了固定资产静态投资估算。

铺底流动资金投资估算是项目总投资估算中的一部分。它是项目投产后所需的流动资金的30%。根据国家现行规定要求，新建、扩建和技术改造项目，必须将项目建成投产后所需的铺底流动资金列入投资计划，铺底流动资金不落实的，国家不予批准立项，银行不予贷款。

4. 投资估算的编制方法

(1) 固定资产投资估算方法

纵观国内外常见的投资估算方法，其中有的适用于整个项目的投资估算，有的适用于一套装置的投资估算。为提高投资估算的科学性和精确性，应按项目的性质、技术资料和数据的具体情况，有针对性地选用适宜的方法。

1) 静态投资的估算方法主要有资金周转率法、生产能力指数法、比例估算法、系数估算法和指标估算法。对于房屋、建筑物等投资的估算，经常采用指标估算法，以元/m^2 或元/m^3 表示。需要指出的是静态投资的估算，要按某一确定的时间来进行，一般以开工的前一年为基准年，以这一年的价格为依据计算，否则就会失去基准作用，影响投资估算的准确性。

2) 价差预备费的估算，可用下述公式计算：

$$PF = \sum_{t=0}^{n} I_t[(1+f)^t - 1] \tag{5.2}$$

式中 PF——价差预备费估算额；

I_t——建设期中第 t 年的投资计划额（按建设期前一年价格水平估算）；

n——建设期年份数；

f——年平均价格预计上涨率。

3) 建设期贷款利息（计算公式见本章第2节）

4) 固定资产投资方向调节税。投资方向调节税的税率，根据国家产业政策和项目经济规模实行差别税率，税率为0%、5%、10%、15%、30% 5个档次。投资方向调节税以固定资产投资项目实际完成投资额为计税依据，按单位工程年度计划投资额预缴，年度终了后，按年度实际完成投资额结算，多退少补。项目竣工后，按应征收投资方向调节税的项目及其单位工程的实际完成投资额进行清算，多退少补。

(2) 铺底流动资金的估算方法

铺底流动资金是保证项目投产后，能正常生产经营所需要的最基本的周转资金数额。铺底流动资金是项目总投资中的一个组成部分，在项目决策阶段，这部分资金就要落实。铺底流动资金的计算公式为：

$$\text{铺底流动资金} = \text{流动资金} \times 30\% \tag{5.3}$$

这里的流动资金是指建设项目投产后为维持正常生产经营用于购买原材料、燃料、支付工资及其他生产经营费用等所必不可少的周转资金。

第 6 章　市政工程施工图预算的编制

第 1 节　施工图预算概述

6.1.1　施工图预算的概念及作用

1. 施工图预算的概念

施工图预算是设计单位在施工图设计完成后或施工企业在建筑工程开工前,根据施工图、现行的预算定额、施工组织设计、取费计算规则以及地区设备、材料、人工、施工机械台班等现行地区价格,编制和确定建筑安装工程造价的文件。

建筑工程施工图预算可分为一般土建工程施工图预算、暖通工程施工图预算、电气照明施工图预算和市政工程施工图预算等。本章重点介绍市政工程施工图预算的编制。

施工图预算有单位工程预算、单项工程预算和建设项目总预算。单位工程施工图预算是根据施工图、施工组织设计、现行预算定额,取费计算规则以及人工、材料、设备、机械台班等的地区预算价格信息资料,以一定的方法而编制的单位工程施工图预算;汇总各相关单位工程施工图预算可成为单项工程施工图预算;将相关单项工程施工图预算汇总,便是一个建设项目建筑安装工程的总预算。

2. 施工图预算的作用

(1) 是设计阶段控制工程造价的重要环节,是控制施工图设计不突破设计概算的重要措施。

(2) 对于实行施工项目招投标的工程,施工图预算是编制标底的依据,也是承包企业投标报价的基础。

(3) 是建设单位与施工企业办理竣工结算的依据。

(4) 是施工企业编制计划、统计进度、进行经济核算的依据。

6.1.2　施工图预算编制的依据

1. 施工图纸和标准图集

经审定的施工图纸、说明书和相配套的标准图集,完整地反映了工程的具体内容,各部分的具体做法、结构尺寸、技术特征,是编制施工图预算的重要依据。

2. 现行的市政工程预算定额或地区单位估价表

国家和地区都颁发了现行的预算定额和相应的工程量计算规则,是编制施工图预算的基础资料。编制施工图预算,从确定分项工程子目到计算工程量,确定各项目的人、材、机消耗量,都必须以预算定额为标准和依据。

地区的单位估价表是在现行预算定额规定的人、材、机消耗数量的基础上,按照地区的工资标准、材料价格和机械台班费用计算出以货币表现的各项工程或结构构件的单位价值,根据地区单位估价表可以直接查出工程项目所需的人工、材料、机械台班所需的费用及分项工程的预算单价。

但在现行的量价分离预算体制中，已没有地区单位估价表，而以市场的现行价或甲乙双方商定的价格来确定人、材、机的各项费用。

3. 施工组织设计或施工方案

施工组织设计或施工方案，是工程施工中的重要文件，它对工程施工方法、施工机械的选择、材料构件的加工和堆放地点等都有明确的规定。这些资料将直接影响套用定额子目、工程量计算等。

4. 人工、材料、机械台班价格

人工、材料、机械台班预算价格是构成直接费的主要因素。在市场经济条件下，人工、材料、机械台班价格是随市场而变化的，所以是编制施工图预算的重要依据。

5. 建筑安装工程费用计算规则及参考费率

在量价分离的预算体制中，各省、市、自治区和各专业部门都有本地区规定的工程预算费用计算规则和发布相应的参考费率，它是计算工程造价的重要依据。

6. 预算工作手册及相关工具书

7. 本地区颁布的有关预算造价的各类文件或通知

8. 招投标文件或有关合同

6.1.3 施工图预算编制的方法

编制单位工程施工图预算，通常有单价法和实物法两种编制方法。

1. 单价法

单价法首先根据单位工程施工图计算出各分部分项工程的工程量；然后从预算定额中查出各分项工程相应的定额单价，并将各分项工程量与其相应的定额单价相乘，其积就是各分项工程的价值；再累计各分项工程的价值，即得出该单位工程的直接费；根据地区费用定额和各项取费标准(取费率)，计算出间接费、利润、税金和其他费用等；最后汇总各项费用即得到单位工程施工图预算造价。

单价法编制施工图预算，其中直接费的计算公式为：

单位工程施工图预算直接费用 = Σ(工程量 × 预算定额单价)　　(6.1)

这种编制方法，既简化编制工作，又便于进行技术经济分析。但在市场价格波动较大的情况下，用该法计算的造价可能会偏离实际水平，造成误差，因此需要对价差进行调整。

2. 实物法

实物法首先根据单位工程施工图计算出各个分部分项工程的工程量；然后从预算定额中查出各相应分项工程所需的人工、材料和机械台班定额用量，再分别将各分项工程的工程量与其相应的定额人工、材料和机械台班需用量相乘，分别累计其积并加以汇总，就得出该单位工程全部的人工、材料和机械台班总耗用量，再将所得人工、材料和机械台班总耗用量各自分别乘以当时当地的人工单价、材料单价和机械台班单价，其积的总和就是该单位工程的直接费；根据地区费用计算规则和取费费率，计算出间接费、利润、税金和其他费用；最后汇总各项费用即得出单位工程施工图预算造价。

实物法编制施工图预算，其中直接费的计算公式为：

单位工程施工图

预算直接费 = Σ[工程量 × 人工预算定额用量 × 当地当时人工单价] + Σ[工程量 × 材

料预算定额用量×当地当时材料单价］+Σ［工程量×施工机械台班预算定额用量×当地当时机械台班单价］　(6.2)

这种编制方法适用于量价分离编制预算或工、料、机因地因时发生价格变动情况下的市场经济需要。

在市场经济条件下，人工、材料和机械台班单价是随市场而变化的，而且它们是影响工程造价最活跃、最主要的因素。用实物法编制施工图预算，是采用工程所在地当时人工、材料、机械台班单价，较好地反映实际价格水平。工程造价的准确性高。虽然计算过程较单价法繁琐，但用计算机及相应预算软件来计算也就快捷了。因此，实物法是与市场经济体制相适应的编制施工图预算的较好方法。

单价法与实物法在编制施工图预算时的根本区别在于计算直接费的方法不同；单价法利用的是定额预算单价，而实物法直接利用市场价进行计算。

［例 6.1］ 已知某工程建筑物采用标准砖砌墙：

每 $10m^3$ 砖砌体的预算定额单价：556.13 元/$10m^3$

每 $10m^3$ 砖砌体，有关消耗量见表 6.1

表 6.1

	红　砖	砂　浆	水	综合工日	砂浆拌机
消　耗　量	5.32 千块	$2.26m^3$	$1\ m^3$	12.54 工日	0.39 台班
市　场　价	61.00 元/千块	18.87 元/m^3	0.15 元/m^3	15.90 元/工日	11.00 元/台班

假定该建筑物的标准砖部分墙体工程量为 $200m^3$

(1) 请用单价法计算该墙体工程的直接费

(2) 请用实物法计算该墙体工程的直接费

［解］ (1) 用单价法求直接费

(200/10)×556.13＝11122.60 元

(2) 用实物法求定额直接费

人工费＝20 ×(12.54 × 15.90)＝3987.72 元

材料费＝20×5.32 × 61.00＋20 ×2.26 × 18.87＋20 ×1 × 0.15＝7346.32 元

机械费＝20 × 0.39 ×11.00＝85.80 元

直接费＝3987.72 ＋ 7346.32 ＋ 85.80 ＝ 11419.84 元

6.1.4 施工图预算编制步骤(实物法)

1. 熟悉施工图纸，了解现场情况

施工图纸是编制工程预算的基本依据，对施工图纸全面熟悉方能准、全、快地编制工程预算。因此，熟悉图纸是个关键，施工图纸表示的各种不同的构造、大小、尺寸提供了计算每一个工程项目数量的数据，为了准确地套用定额项目，精确计算工程量，必须全面核对了解施工图纸，结合预算对施工图纸的要求，将各种图纸相互对照，了解图纸是否齐全，相互之间是否有矛盾和错误，各部分尺寸之和是否等于总尺寸，各种构件的位置与标高是否相符；研究施工图纸，是否有不便施工之处，设计选用的材料规格是否经济合理，对施工图纸中有矛盾、疑难和建议的问题，应和设计单位事先协商，做到妥善解决。同时还要熟悉有关标准图集，预制构件结构，设计变更情况并注意设计说明，有些不为图纸所表示的项目，往往是在说明内加以规定。

(1) 图纸的种类，在市政工程中常用的图样有下列三种

1) 基本图：是用来表明某项工程的整体内容，外部形状、内部构造以及相联系的地面情况。如道路工程平面图、道路纵断面图、横断面图及下水道平面图就是基本图，基本图的主要作用是整体放样定位的依据，也是编制施工图预算的依据。

2) 详图：对于基本图一般选用的比例尺较小，常不能把工程构筑物的某局部形状（较为复杂部位的细节）和内部详细构造显示清楚。因此需要放大比例尺，比较详细的表达某部位结构或某一构件的详细尺寸和材料制作法等。这种图样称作详图。

3) 标准图：将常用的某些构件图作定型标准设计，提供本系统各设计、施工单位作通用图使用。

(2) 看图的顺序、要领及应注意事项

1) 查看图纸目录：从设计图纸目录中，可以了解到图纸的种类和总张数，前后联系情况，每张图纸所表达的内容以便于查找图纸。

2) 查看设计总说明：在一套图纸中一般都有设计总说明，在每张图纸上往往还有一些附注说明。总说明有：设计原则、技术经济指标、构件的选用、采用材料、混凝土强度、施工注意事项等。施工图上的说明，则是图面表达不清而必须用文字补充加以说明的一些问题，这些说明一定要仔细阅读和理解，是看图的前导。

3) 查看总平面图：是各分部平面图的汇总或综合，可以了解工程的地点、规模、周围地形情况，地下管线的位置、标高、走向、现场施工条件、合理安排施工等。

4) 查看平面图、立面图、剖面图：先查看总长尺寸和总宽尺寸，后查看各分长尺寸和分宽尺寸，其次查看详细图及有关基本图和标准图。

5) 查看钢筋图：结构图一般都有钢筋表，钢筋表中的规格、尺寸与数量是否与结构图对应，同时还必须熟悉钢筋的操作规程，便于计算钢筋工程量。

6) 注意单位尺寸：必须牢记图纸尺寸所表达的采用规定，如尺寸以毫米计，标高以米计等。

7) 一般常用图例、符号、代号必须牢记。对不常用的图例、符号、代号有时在图纸上有所注释，可以在看图前先行查看。

8) 看图应细致、耐心，要把图纸上有关资料和数字，互相进行核对，看是否对得上号，发现问题应立即与主管部门联系解决。

9) 看图时不要随便修改图纸，如对图纸有修改意见或其他合理建议须向有关部门提出，办理有关签证手续，填写变更单，征得建设单位和监理单位的认可后列入工程决算。

10) 看图时应从粗到细，从大到小，先粗看一遍，了解工程的概貌，然后再细看。细看时，总平面图、总纵断面图、平面图、立面图、剖面图、基本图、标准图联系起来看。然后再仔细看结构图，使之有一个完整的主体概念，便于计算工程量。

11) 一套施工图纸是一个整体，由许多张图纸组成，图纸间是相互配合紧密联系的，看图时不能截然分开，而要彼此参照看，同时要有侧重，要集中精力将有关部分特别是关键部分看懂。

12) 看图的注意事项。看总平面图的注意事项：首先要熟悉图例符号、代号所表示的意图，才能领会设计意图，便于编制施工图预算。从剖面图中能解决的问题：如基础情况、埋设

深度、大小和使用的情况，以便采用某种施工措施。

看懂市政工程施工图，是做好施工图预算的基础，也是学习预算中的一个难点，在学习识图过程中，可以通过实例进行训练，以便能更好地掌握。

(3) 参加图纸会审

对于设计单位提送的施工图，由建设单位(业主)组织，施工单位(承包商)、设计单位和监理单位共同参加，对某一项工程进行技术交底，进行细致的审查。建设单位(业主)、施工单位(承包商)、监理单位对原施工图设计进行局部修改的经设计单位同意后，对原施工图做出必要的修改、补充或说明称为设计变更，预算编制人员，可主动(或在工程决算中)就施工图中的疑问进行询问核实，以便直接列入施工图预算或列入工程决算中，以免漏算错算，因此预算编制人员不仅要拥有整套施工图、会议纪要、设计变更资料、而且还应具备必要的通用图集。

(4) 注意施工组织设计中的有关问题

施工组织设计是指导施工的技术经济文件，它是施工单位组织施工、管理计划和行动的准则，是由施工单位根据工程特点、现场条件，以及单位本身所具备的技术手段，队伍素质和经验等各项客观条件的综合实施方案(包括各种技术措施)，合理选择施工方案，组织正常施工，保障施工技术措施顺利的实施，因此在编制施工图预算时，应注意施工组织设计中影响预算编制的因素，如土方开挖的施工方法中运土方和运距；深基础的施工方法中，土方的放坡系数和工作面大小；构件吊装的施工方法，脚手架采用的材料和搭设方法等；这些一般在施工组织设计中有所规定。如果在编制工程预算时，施工组织设计还正在进行，应把预算方面需要解决的问题，提请有关人员先行确定。如果某些工程不编施工组织设计，则应将预算方面需要解决的问题，先向有关人员了解清楚，以免编制预算脱离现场，脱离实际，影响预算质量。

(5) 了解施工现场情况

在编制施工图预算之前，必须全面了解施工现场的实际情况，其主要内容如下：

1) 了解施工现场地形、构筑物的位置、标高等；

2) 了解土壤类别、填挖情况，施工方法等；

3) 了解施工现场是否有农作物、建筑物、和其他障碍物情况(如电线杆、地下管线等)；

4) 了解附近河道水位变化情况、地下水等情况；

5) 了解水、电供应情况和排水条件；

6) 考虑施工现场搭建工棚、仓库、堆场的位置；

7) 调查施工现场交通情况及便道的修建。

如发现施工现场情况与设计资料不符合时，应向有关方面提出、及时纠正，以免影响施工图预算的正确性。

2. 熟悉市政工程预算定额和有关文件及资料

预算定额是编制施工图预算的基础资料和主要依据。在每一个单位工程中，其分部分项工程的人工、材料、机械台班消耗量，都是依据预算定额来确定的。必须熟悉预算定额的内容、形式和使用方法，才能在编制预算时正确地应用；只有对预算定额的内容、形式和使用方法有了比较明确的了解，才能结合施工图，迅速而准确地确定其相应的工程项目和套用定额。

此项内容可以通过当地的预算定额或前面介绍的定额以及在今后的练习中逐步熟悉和掌握。

有关补充文件是由于在当时情况下编制的预算定额，随着科技力量的进步，在某项市政工程采用新工艺、新材料施工时，对某些市政预算定额的项目作必要的修改、调整和补充，由政府部门下达补充文件，作为市政预算定额临时定额或长期使用定额。

在预算的编制中人工、材料、机械台班的价格随市场的供求会发生变化，所以在应用市政预算定额时，应及时了解动态的市场价格信息及相应的费率，运用相应的预算专业软件编制市政工程预算造价。

有关工具书、手册和通用图集，也是编制施工图预算的依据，在编制施工图预算时可以参考。

3. 列出工程项目、计算其相应工程量

编制施工图预算，首先是计算各个分部分项工程的消耗量，如果遗漏项目，将影响到工程造价。

工程量是编制预算的原始数据，计算工程量是一项繁重而细致的工作，它的计算精确度和快慢与否，都直接影响着预算编制的质量与速度。（具体可详见第 6 章第 2 节）

4. 套用预算定额，求出各分项人工、材料、机械台班消耗数量（具体可详见第 6 章第 3 节）

5. 按当地当时市场价确定人工费、材料费和机械费，计算直接费（具体可详见第 6 章第 3 节）

6. 计算其他各项费用，汇总成工程预算总造价（具体可详见第 6 章第 4 节）。

7. 计算技术经济指标与填写编制说明

（1）计算技术经济指标

单位工程造价确定后，还要根据各种单位工程的特点，按规定选用不同的计算单位，计算技术经济指标。计算的公式如下：

$$\text{技术经济指标}=\frac{\text{单位工程预算造价}}{\text{按规定计量单位计算的工程量}} \tag{6.3}$$

（2）填写预算编制说明

工程预算的编制说明，主要是用来叙述所编制预算书，在工程项目中所表达不了的，而又需要使审核或使用单位了解的内容，因此应附有编制说明，其内容一般如下：

1）施工图纸名称及编号；

2）工程概况；

3）采用预算定额名称；

4）计算过程中对图纸不明之处是如何处理的（如有哪些遗留项目或暂估项目）；

5）补充定额或换算定额的说明；

6）建设单位供应的材料，半成品的预算处理；

7）采用的有关文件及资料；

8）存在问题及处理办法、意见。

8. 复核、装订、签章

复核是单位工程施工图预算编制后，由本单位有关人员对预算进行检查核对，及时发现差错，及时纠正，以提高预算的准确性。复核人员应向预算编制人员了解预算编制情况，并查阅有关图纸和工程量计算草稿，复核完毕应予以签章。

单位工程的预算书应按预算封面、编制说明、预算表、造价计算表、工料机分析表、工程量计算书等内容按顺序编排装订成册。

对已编制好的工程预算，编制者应签字并加盖有资格证号的盖章，并请有关负责人审阅并签字或盖章，最后加盖单位公章。

至此施工图预算编制完毕。

第2节　市政工程施工图预算的列项和工程量计算

6.2.1　市政工程施工图预算的列项

在熟悉施工图纸和预算定额的基础上，根据施工图纸内容和预算定额的工程项目的划分，列出所需计算的各个分部分项的工程项目，简称列项。在列项时大多数项目和预算定额中的项目在名称规格上完全相同，可以直接将预算定额中的项目列出；有些项目和定额项目不完全一致，要对定额项目进行适当的换算；如果定额上没有图纸上表示的项目，则需要补充该项目。进行定额换算和补充定额项目都必须按照有关规定办理。

应当注意的是，在列项时，一方面要根据施工图纸和预算定额，另一方面还可以依据该工程的施工顺序及已做过类似工程的预算项目进行列项，这样可以尽快入门。

在列项时，一般先初步列出大致工程项目，随着对该工程的不断熟悉，还可以不断补充、修改，直至最后详细列出所有所需计算的项目，在检查时，注意看是否出现漏项或重复列项。

如：在编制道路工程施工图预算时，首先要了解道路工程的基本组成。其划分大致如下：

道路结构层组成主要包括：路基、基层、面层；

道路的附属工程主要包括：侧石、平石、人行道等；

其次，要了解在编制中经常遇到的一些项目。如：路基工程中：有挖土、填土、碎石盲沟、整修车行道路基、整修人行道路基、场内运土、场外运土等项目。

道路基层中：有砾石砂垫层、厂拌粉煤灰三渣基层(上海常用)等项目；

道路面层中：有粗粒式沥青混凝土，细粒式沥青混凝土或水泥混凝土面层、钢筋、模板等项目；

附属设施中：有铺筑预制人行道板、排砌预制混凝土侧平石(或侧石)等项目。

6.2.2　工程量计算的依据与步骤

工程量是编制预算的原始数据，计算工程量是一项繁重而又细致的工作，不仅要求认真、细致、及时和准确，而且要按照一定的计算规则和顺序进行，从而避免和防止重算与漏算等现象的产生，同时也便于校对和审核。

工程量计算的工作量大，花费的时间也较长，是预算工作中的主要部分，必须认真对待和做好这项工作。

1. 工程量计算的依据与步骤

(1) 工程量的含义

工程量是指以物理计量单位或自然计量单位所表示的建筑工程各个分项工程或结构构

件的实物数量。物理计量单位是指以度量表示的长度、面积、体积和重量等计量单位；自然计量单位是指建筑成品表现在自然状态下的简单计数所表示的个、条、块等计量单位。

工程量是确定建筑工程直接费，编制施工组织设计，安排工程进度计划，组织材料供应计划，进行统计工作和实现经济核算的重要依据。

(2) 工程量计算的依据

1) 施工图纸及设计说明；

2) 施工组织设计；

3) 现行的预算定额；

4) 工程量计算规则；

5) 有关工具书。

(3) 工程量计算步骤

1) 列出计算式

工程项目列出后，根据施工图所示的部位、尺寸和数量，按照一定的计算顺序和工程量计算规则，列出该分项工程量计算式。计算式应力求简单明了，并按一定的次序排列，便于审查核对。例如，计算面积时，应该为：宽×高；计算体积时，应该为：长×宽×高等等。

2) 演算计算式

分项工程量计算式列出后，对各计算式进行逐式计算，并将其计算结果保留二位小数。然后再累计各计算式的数量，其和就是该分项工程的工程量，将其填入工程量计算表中的"计算结果"栏内。整个计算过程利用表6.2进行填写和计算。

工程数量计算表 **表 6.2**

第　页共　页

项次	项 目 及 说 明	计 算 说 明	单 位	数 量

审核：　　　　复核：　　　　制表：　　　　年　　月　　日

3) 调整计量单位

计算所得工程量，一般都是以米、平方米、立方米或千克为计量单位，但预算定额有时往往是以 100m、100m^2、100m^3 或 10m、10m^2、10m^3 或吨等为计量单位。这时，就要将计算所得的工程量，按照预算定额的计量单位进行调整，使其一致。

注意：工程量计算由于市政工程种类繁多，有道路、桥涵、护岸、给排水等工程，各种工程又有各种不同的形式，结构复杂，涉及面广，所以计算方法也各有不同。目前，各地区对市政工程量计算还不统一。除了一般的计算方法以外，个别项目还要根据各地区编制的预算定额中所规定的有关规则进行计算。

(4) 工程量计算的注意事项

1) 必须口径一致。根据施工图列出的工程项目的口径(工程项目所包括的内容及范围)，必须与预算定额中相应工程项目的口径相一致，才能准确地套用预算定额单价。因此，计算工程量除必须熟悉施工图外，还必须熟悉预算定额中每个工程项目所包括的内容和范围。

2) 必须按工程量计算规则计算。工程量计算规则是综合和确定定额各项消耗指标的依据，也是具体工程量测算和分析资料的准绳。

3) 必须按图纸计算。工程量计算时，必须严格按照图纸所注尺寸为依据进行计算，不得任意加大或缩小、任意增加或丢失，以免影响工程量计算的准确性。图纸中的项目，要认真反复清查，不得漏项或重复计算。

4) 必须列出计算式。在列计算式中，必须部位清楚，详细列项标出计算式，注明计算对象，并写上计算式，作为计算底稿。

5) 必须计算准确。工程量计算的精度将直接影响着预算造价的精度，因此数量计算要准确。一般规定工程量的小数取位，取小数点后二位(小数可以四舍五入)，但钢筋混凝土和金属结构工程应取到小数点后三位(混凝土按立方米，金属结构按吨为计量单位)。

6) 必须计量单位一致。工程量的计量单位，必须与预算定额中规定的计量单位相一致，才能准确地套用预算定额中的预算单价。

7) 必须注意计算顺序。为了计算时不遗漏项目，又不产生重复计算，应按照一定的顺序进行计算。

8) 必须自我检查复核。工程量计算完毕后，必须进行自我复核，检查其项目、算式、数据及小数点等有无错误和遗漏，以避免预算审查时返工重算。

6.2.3 市政工程工程量计算规则要点

本部分内容系根据《上海市市政工程预算定额》(2000 年版)，分别介绍道路工程、排水管道工程等工程量计算规则要点。

1. 道路工程工程量计算要点：

在计算道路工程工程量时，首先必须注意工程量计算规则，其次还应注意道路工程预算定额中的有关章、册说明(见前面内容)

现将有关工程量计算规则作一说明

(1) 路基工程

1) 土方场内运距按挖方中心至填方中心的距离计算

[例 6-2] 现有某工程土方场内运输分别为：

$20m^3$ 土方，运距 50m；

$80m^3$ 土方，运距 70m；

$100m^3$ 土方，运距 90m；

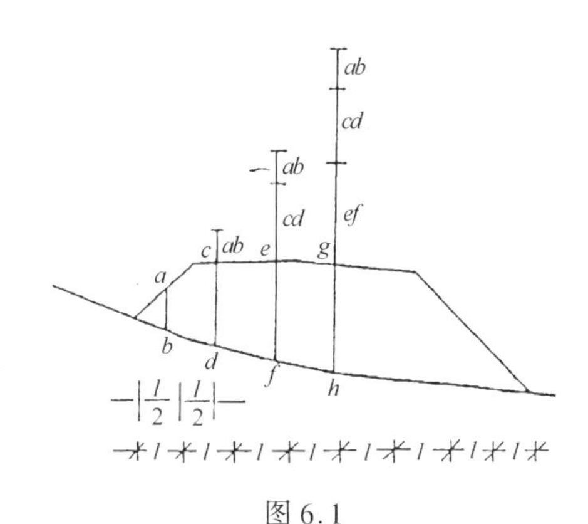

图 6.1

求平均运距

［解］ 加权平均运距为：$(20\times50+80\times70+100\times90)/(20+80+100)=78(\mathrm{m})$

2）土路基填、挖土方量计算：按道路设计横断面图进行计算，通常采用积距法及土方表进行计算如下图 6.1

$$A=(ab+cd+ef+gh+\cdots\cdots)\times L=\text{积距}\times L \tag{6.4}$$

A——断面面积(m^2)

L——横断面所划分三角形或梯形的高度，通常为 1m 或 2m 等距。

在计算时，可填写工程量计算表，如下表 6.3

表 6.3

桩　号	挖土面积 (m^2)	填土面积 (m^2)	距离 (m)	挖土平均面积 (m^2)	填土平均面积 (m^2)	挖土数量 (m^3)	填土数量 (m^3)
0+000	25	40					
0+020	45	50	20	35	45	700	900
0+040	20	0	20	32.5	25	650	500
合　计						1350	1400

3）填土土方指可利用方，不包括耕植土、流砂、淤泥等。填方工程量按总说明中“填土土方的体积变化系数表”计算。（见表 6.4）

填土土方的体积变化系数表　　**表 6.4**

土方密实度＼土类	填　方	天然密实方	松　方
90%	1	1.135	1.498
93%	1	1.165	1.538
95%	1	1.185	1.564
98%	1	1.220	1.610

4）铺设排水板按垂直长度以米计算。

5）路幅宽按车行道、人行道和隔离带的宽度之和计算。

(2) 道路基层

1）道路基层及垫层铺筑面积计算：

① 以设计长度乘以横断面宽度，再加上道路交叉口转角面积。

② 横断面宽度：当路槽施工时，按侧石内侧宽度计算；当路堤施工时，按侧石内侧宽度每侧增加 15cm 计算（设计图纸已注明加宽除外）。

2）道路基层及垫层不扣除各种井位所占面积。

(3) 道路面层

1）道路面层铺筑面积计算：

① 按设计面积计算即按道路设计长度乘以横断面宽度，再加上道路交叉口转角面积。不扣除各类井位所占面积。

② 横断面宽度计算：带平石的面层应扣除平石以平石内侧宽度计算；若遇路堤施工时，以路肩上路边石（路边线）内侧宽度计算。

2）沥青混凝土摊铺如设计要求不允许冷接缝，需二台摊铺机平行操作时，可按定额摊铺机台班数量增加70%计算。

3）模板工程量按与混凝土接触面积以平方米计算。

（4）附属设施

1）人行道铺筑按设计面积即设计宽度乘以设计长度加转角面积计算，人行道面积不扣除各类井位所占面积，但应扣除种植树穴面积。

2）侧平石按设计长度计算，不扣除侧向进水口长度。

（5）道路工程有关工程量计算方法及公式

1）路基、路面工程量计算方法及公式

道路工程的路面包括各种面层、底层的面积，都是以平方米为计量单位的，在道路平面设计图中提供了路线的长度和宽度，因此在规定的宽度内，面积是很容易计算的，问题是道路交叉口的面积应如何计算。

两条路交叉，不外乎直交和斜交两种形式，见图6.2和图6.3，无论上述哪种形式，由于在路边相交处设置了平曲线，就必然要增加一部分面积，就是图中阴影部分，因此计算交叉口面积实际上是如何计算这几处阴影部分面积的问题。

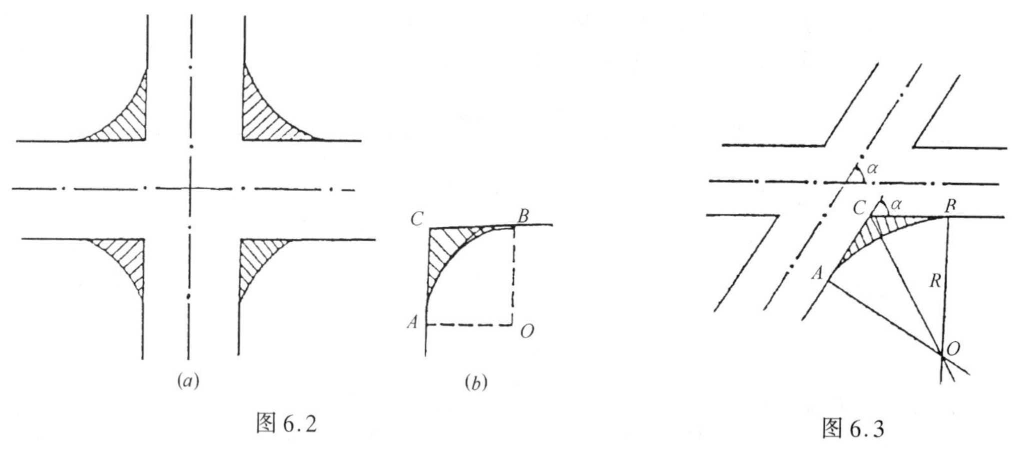

图6.2

图6.3

现将上述两种情况分述如下：

① 当道路直交时，路口面积计算方法

以图6.2(b)表示直交道路交叉口的一角，R 为平曲线半径，即为路口转弯半径。AC 和 BC 是两条路的路边侧石线，也就是平曲线的两条切线。

因为是直交，两路边相交成90°直角，OA 和 OB 分别垂直于 AC 和 BC，也各成直角，因此 $\angle AOB=90°$，所以四边形 $AOBC$ 是正方形。这个正方形的面积由两部分组成：一部分是路口转角面积 ACB（即阴影部分），另一部分是扇形面积 AOB。

AOB 是扇形的一个特例，是以 R 为半径的一个圆的1/4，因此，可以求得转角面积

ACB,用 A 表示。

$$A = R^2 - 1/4 \cdot R^2 \cdot \pi$$

则
$$A = 0.2146R^2 \tag{6.5}$$

用同样的方法可以求得其余三处转角面积。如果各角转变半径都相等,则四个角的总面积是:
$$F = 4A = 4 \times 0.2146R^2 = 0.8584R^2 \tag{6.6}$$

② 当道路斜交时,路口面积计算方法如图 6.3 所示的两条相交的道路,α 是两条道路的交角,也等于圆心角(中心角),R 表示路口转弯半径。

因为是斜交,所以形成四个不相同的路口转角面积。现取其中一例,求它的面积。

将四边形 $ACBO$ 分成两个三角形,即:$\triangle ACO$、$\triangle BCO$,两个三角形完全相等,用 A_1 和 A_2 分别代表它们的面积,即:

$$A_1 = A_2 = 1/2 \cdot AC \cdot AO = 1/2 \cdot AC \cdot R$$

根据三角函数
$$\mathrm{tg}\frac{\alpha}{2} = AC/R$$

$$AC = R \cdot \mathrm{tg}\frac{\alpha}{2}$$

$$A_1 = A_2 = 1/2 \cdot R \cdot \mathrm{tg}\frac{\alpha}{2} \cdot R = R^2/2\ \mathrm{tg}\frac{\alpha}{2}$$

设四边形面积为 A_3

$$A_3 = A_1 + A_2 = R^2/2 \cdot \mathrm{tg}\frac{\alpha}{2} + R^2/2 \cdot \mathrm{tg}\frac{\alpha}{2} = R^2 \cdot \mathrm{tg}\frac{\alpha}{2}$$

设扇形面积 ABO 为 A_4

$$A_4 = \alpha/360 \cdot \pi \cdot R^2 = 0.00873\ R^2\alpha$$

故所求的路口转角面积(阴影部分)为 F

$$F = A_3 - A_4$$

则
$$F = R^2\left(\mathrm{tg}\frac{\alpha}{2} - 0.00873\alpha\right) \tag{6.7}$$

用同样方法可以求得其余三处转角面积。相邻的两个转角的圆心角是互为补角的,即一个中心角是 α,另一个中心角是($180° - \alpha$)。

在计算两条相交道路之中的一条面积时,一般要计算到道路交叉口的范围;即一条路的直线部分面积加上四个转角面积,但如果同时计算两条路的面积时,则应减去它们在交叉口处的重叠部分。如果二条道路相交的路面结构不同,则必须分别计算面积,支路面积应该从交叉口范围以外开始计算。

2) 侧平石长度计算

一条道路(无论是直线或设有曲线)侧平石长度都等于路线中线长度的两倍,但两条路相交时,则发生交叉口侧平石长度的增减问题。

图 6.4 表示直交和斜交两种交叉口的侧平石增减情况,对于主路来讲,要增加各转弯侧平石的长度(在两条路相交时,转弯侧平石的做法常和主路相同),同时还需减去主路在交叉口范围内的长度(图中主路的虚线部分)。对于支路则同样也减去在交叉口范围内的长度(图中支路的虚线部分)。

应增加的转弯侧平石长度的计算有以下两种情况:

① 道路正交时

如图 6.5 所示,设一个转角的转弯侧平石长度为 L,则 L 等于以 R 为半径所作的圆周

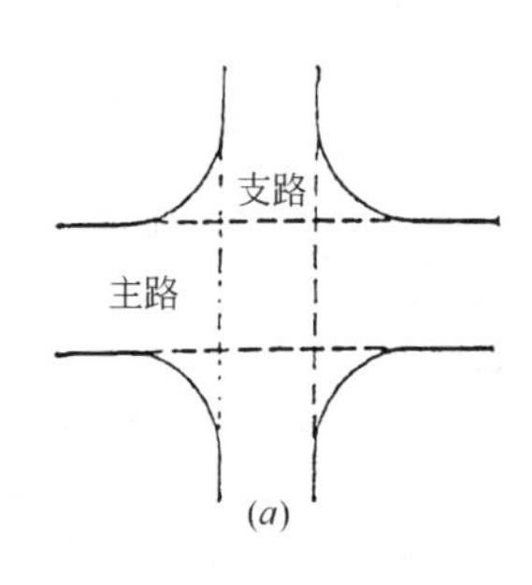

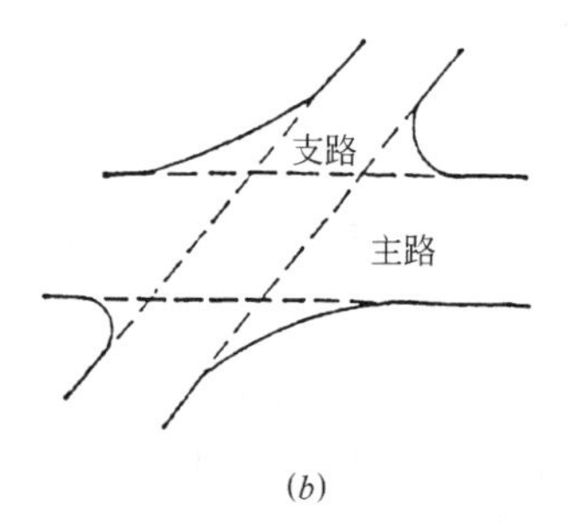

图 6.4

长的四分之一。

即：

$$L = 1/4 \cdot 2\pi R = 1/2 \cdot \pi R = 1.5708R \quad (6.8)$$

如有四个转角，且转弯半径相等。则总长 L_0 为：

$$L_0 = 4L = 2\pi R \quad (6.9)$$

② 道路斜交时如图 6.6 所示，转弯侧平石长度 L 是以 R 为半径，以 α 为圆心角的一段圆弧。

用圆弧公式得 $L = \alpha/180 \cdot \pi R$

则

$$L = 0.01745\ R\alpha \quad (6.10)$$

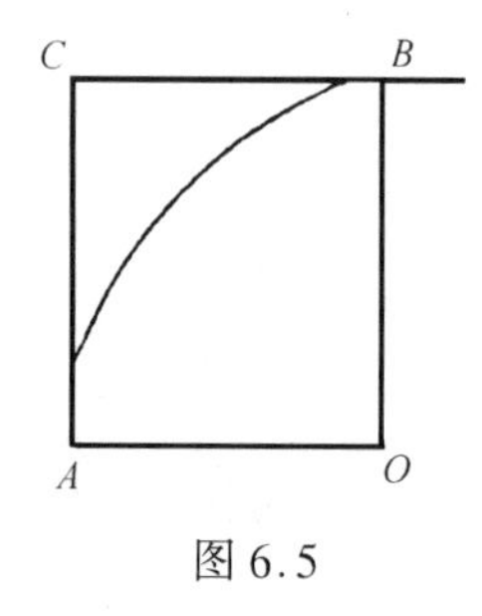

图 6.5

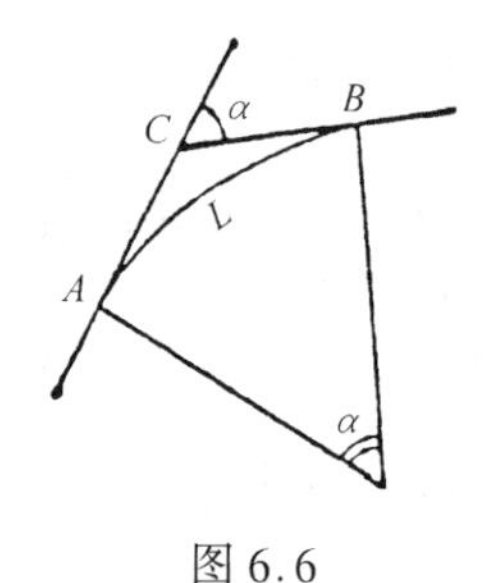

图 6.6

用同样方法，可以求得其余三处转弯侧平石的长度，注意相邻角以(180° − α)代入公式的 α。

2. 排水管道工程工程量计算要点

(1) 册说明

1) 本册定额是依据上海市市政工程管理局颁布的有关上海市排水管道通用图编制。

2) 本册定额适用于城市公用室外排水管道工程、排水箱涵工程、圆管涵工程及过路管工程，也可适用泵站平面布置中总管(自泵站进水井至泵站出口间的总管)及工业和民用建筑室外排水管道工程。

3) 本册定额包括开槽埋管、顶管、窨井共三章。

4) 采用明排水或井点降水，套用第一册通用项目相应定额。

5) 机械挖土定额深度为 0～6m，当深度超过 6m 时，每增加 1m 其人工及机械台班数量递增 18%计算。

6) 沟槽安、拆支撑最大宽度为 9m；顶管基坑安、拆支撑，最大基坑宽度为 5m。

7) 开槽埋管采用同沟槽施工时，其工程数量、沟槽支撑及井点降水应根据批准的施工组织设计要求，套用相关定额。

8）打、拔钢板桩定额适用范围按表 6.5 选用。

钢板桩适用范围 **表 6.5**

钢板桩类型及长度		开槽埋管沟槽深（至槽底）	顶管基坑深（至坑土面）
槽型钢板桩	4.00～6.00	3.01～4.00	<4.00
	6.01～9.00	4.01～6.00	≤5.00
	9.01～12.00	6.01～8.00	≤6.00
拉森钢板桩	8.00～12.00		>6.00
	12.01～16.00		>8.00

注：表中单位为 m

开槽埋管槽底深度超过 8 m 时，根据批准的施工组织设计套用拉森钢板桩定额。

9）土方现场运输计算规定

① 管道顶进定额已包括出土现场运输。

② 机械挖土填土的现场运输，套用第一册通用工程中相应定额。

③ 人工挖土、填土的现场运输，套用第二册道路工程中相应定额。

10）有筋水泥砂浆接口及预制钢筋混凝土盖板定额中已含模板。

11）打、拔顶管基坑钢板桩套用第一章开槽埋管打、拔沟槽钢板桩相应定额，人工及机械台班数量乘以 1.3 系数。

12）路面修复宽度原则上参照掘路修复结算标准中的有关规定计算，其中修复宽：沟槽宽＋1m，修复长：沟槽长＋1m，基坑长＋1m（顶进坑/接收坑）

13）打钢板桩定额中不包括组装、拆卸柴油打桩机，组装、拆卸柴油打桩机套用桥涵及护岸工程相应定额。

（2）开槽埋管章说明

1）沟槽深度≤3m 采用横列板支撑；沟槽深度＞3m 采用钢板桩支撑。

2）管道铺设定额按下列管材品种分列（见表 6.6）。

表 6.6

管径	管材	
ϕ230～ϕ450	混凝土管	混凝土管
ϕ600～ϕ2400		钢筋混凝土管
ϕ600～ϕ1200		承插式混凝土管（PH-48 管）
ϕ1350～ϕ2400		企口式钢筋混凝土管（丹麦管）
ϕ2700～ϕ3000		“F”型钢承口式钢筋混凝土管
DN225～DN400	塑料管	UPVC 加筋管
DN500～DN1000		增强聚丙烯管（FRPP 管）

3）有支撑沟槽开挖宽度规定

① 混凝土管有支撑沟槽宽度见表 6.7

混凝土管沟槽宽度 表6.7

深度(m) \ 管径	φ230	φ300	φ450	φ600	φ800	φ1000	φ1200	φ1350
<2.00	1400	1450	1750	1950	2200			
2.00～2.49	1400	1450	1750	1950	2200	2450	2650	
2.50～2.99	1400	1450	1750	1950	2200	2450	2650	2800
3.00～3.49	1400	1450	1750	1950	2200	2450	2650	2800
3.50～3.99	1400	1450	1750	1950	2200	2450	2650	2800
4.00～4.49		1450	1750	1950	2200	2450	2650	2800
4.50～4.99				1950	2200	2550	2750	2900
5.0～5.49				1950	2200	2550	2750	2900
5.50～5.99						2550	2750	2900
6.00～6.49							2750	2900
≥6.50								3000
深度(m) \ 管径	φ1500	φ1650	φ1800	φ2000	φ2200	φ2400	φ2700	φ3000
2.50～2.99	3000	3150	3350					
3.00～3.49	3000	3150	3350	3650	3850			
3.50～3.99	3000	3150	3350	3650	3850	4100		
4.00～4.49	3000	3150	3350	3650	3850	4100	4600	
4.50～4.99	3100	3250	3450	3750	3950	4200	4700	4900
5.0～5.49	3100	3250	3450	3750	3950	4200	4700	4900
5.50～5.99	3100	3250	3450	3750	3950	4200	4700	4900
6.00～6.49	3100	3250	3450	3750	3950	4200	4700	4900
≥6.50	3200	3350	3550	3850	4050	4300	4800	5000

注：*a*．表中深度为原地面至沟槽底的距离，沟槽宽度指开槽后的槽底挖土宽度。

b．沟槽采用拉森钢板桩时，表列数字可另加0.2m计。

c．表中所列均为预制成品圆管，现浇箱涵槽宽应为箱涵外壁两侧各加1.1m计。

② UPVC加筋管有支撑沟槽宽度见表6.8

UPVC加筋管沟槽宽度 表6.8

深度(m) \ 管径	DN225	DN300	DN400
<3.00	1000	1100	1200
≤4.00	1200	1300	1400
>4.00			1500

4)混凝土管开槽埋管列板、槽型钢板桩及支撑使用数量

① 每100m(双面)列板使用数量:(见表6.9)

表6.9 (单位:吨·天)

沟槽深(m)	管径		
	≤φ600	φ800~φ1200	φ1400~φ1600
≤1.5	182	198	
≤2.0	254	275	
≤2.5	290	314	355
≤3.0	350	379	429

② 每100m单面槽型钢板桩使用数量:(见表6.10)

表6.10 (单位:吨·天)

沟槽深(m)	管径			
	≤φ1200	φ1400~φ1800	φ2000~φ2400	φ2700~φ3000
≤4	1543	2057	2160	2595
≤6	3430	4573	4802	5192
≤8	4752	6337	6653	7268

注:表中已包括打、拔钢板桩及横围檩使用数量。

③ 每100m(沟槽长)列板支撑使用数量(见表6.11)

表6.11 (单位:吨·天)

沟槽深(m)	管径		
	≤φ600	φ800~φ1200	φ1400~φ1600
≤1.5	65	72	
≤2.0	89	96	
≤2.5	111	120	135
≤3.0	133	144	163

④ 每100 m(沟槽长)槽型钢板桩支撑使用数量(见表6.12)

表6.12 (单位:吨·天)

沟槽深(m)	管径			
	≤φ1200	φ1400~φ1800	φ2000~φ2400	φ2700~φ3000
≤4	145	270	384	537
≤6	440	540	767	1400
≤8	698	852	1334	2798

⑤ UPVC加筋管、增强聚丙稀管(FRPP管)开槽埋管列板、槽型钢板桩及支撑使用数量按其对应的混凝土管开槽埋管列板、槽型钢板桩及支撑使用数量乘以0.6系数。

5）圆形涵管及过路管工程中的管道铺设及基础项目按定额增加20%的人工及机械台班数量;泵站平面布置中总管管道铺设及基础项目按定额增加20%的人工及机械台班数量;泵站平面布置中总管管道铺设按定额增加30%的人工及机械台班数量。

(3) 开槽埋管工程计算规则

1）管道铺设按实埋长度(扣除窨井内经所占的长度)计算。

2）撑拆列板、沟槽钢板桩支撑按沟槽长度计算。

3）打拔沟槽钢板桩按沿沟槽方向单排长度计算。

4）沟槽深度为原地面至槽底土面的深度。

5）管道磅水以相邻两座窨井为一段。

6）开槽埋管如需要翻挖道路结构层时,可以另行计算,但沟槽挖土数量中应扣除翻挖道路结构层所占的体积。

7）排水箱涵

① 底板的宽度及厚度按设计图纸计算,侧墙(隔墙)下部的扩大部分并入底板计算。

② 侧墙(隔墙)的高度不包括侧墙(隔墙)扩大部分。无扩大部分时,按混凝土底板上表面算至混凝土顶板下表面。

③ 顶板的宽度及厚度按设计图纸计算,侧墙(隔墙)上部的扩大部分并入顶板计算。

④ 模板工程量按混凝土与模板接触面积以平方米计算,现浇混凝土墙、板上单孔面积在0.3m^2以内的孔洞不扣其所占的体积,孔洞侧壁模板也不增加。单孔面积在0.3m^2以外的孔洞应扣除其所占的体积,孔洞侧壁模板按接触面积并入墙、板工程量计算。

8）开槽埋管土方现场运输计算规则

① 挖土现场运输土方数=(挖土数－堆土数)×60%　(6.11)

② 填土现场运输土方数=挖土现场运输土方数－余土数　(6.12)

③ 堆土(天然密实方)数量计算方法见示意图6.7

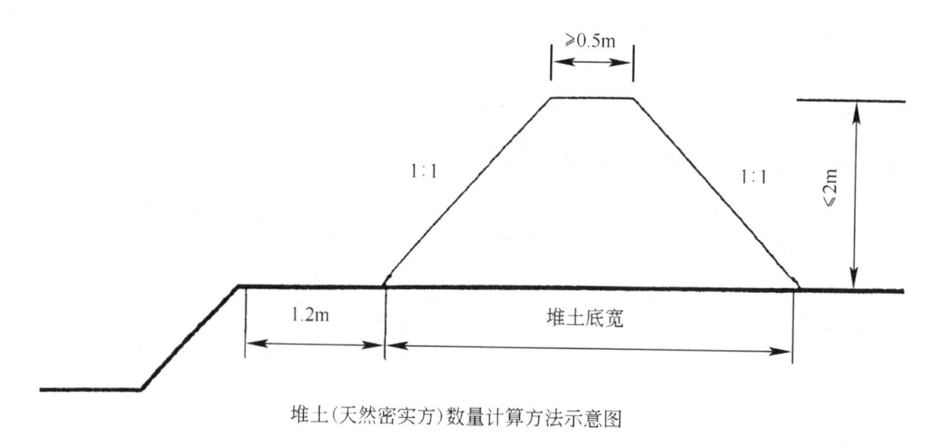

堆土(天然密实方)数量计算方法示意图

图6.7

第3节　工料机消耗量确定及工料机费用计算

6.3.1　工料机消耗量的确定

用实物法编制预算，在工程量计算完毕之后，对单位工程所需人工工日数，各种材料的需要量和各种机械台班的需要量应进行分析统计，从而确定工料机的消耗量。此步骤一般称作为“工料机分析”。

1. 工料机分析步骤

工料机分析以一个单位工程为编制对象，其编制步骤如下：

1）按施工图预算的工程项目和定额编号，从预算定额中查出各分项工程的各种工、料、机的定额用量，并填入工料机分析表中各相应分项工程的“定额”栏内。

2）将各分项工程量分别乘以该分项工程预算定额用工、用料数量和机械台班数量，逐项进行计算就得到相应的各分部分项工程的人工消耗量、各种材料消耗量和各种机械台班消耗量。其计算式如下

各分项工程人工消耗量＝该分项工程工程量×相应的人工时间定额。　(6.13)

各分项工程各种材料消耗量＝该分项工程工程量×相应的材料消耗定额。　(6.14)

各分项工程各种机械台班消耗量＝该分项工程工程量×相应的机械台班消耗定额。　(6.15)

3）将各分部分项工程人工和各种材料、各种机械的需要量，按工种人工和各种材料数量及各种机械台班数量分别汇总，最后即得出该单位工程的工种人工、各种材料和各种机械台班的总需要量。

计算时最好要根据分部工程顺序进行计算和汇总。

2. 统计方法

工料机消耗量的确定一般利用电脑及相应的预算软件来完成此项工作，但在学习过程中，可自己动手编制工料机分析单，以便能进一步掌握编制方法，手工统计一般都采用表格形式进行，表格式样见表6.13。

工程工料机分析表　　**表6.13**

<table>
<tr><td colspan="2">定额编号</td><td></td><td></td><td></td><td></td><td></td><td></td><td></td><td rowspan="4">合　计</td></tr>
<tr><td colspan="2">工程项目</td><td></td><td></td><td></td><td></td><td></td><td></td><td></td></tr>
<tr><td colspan="2">单　位</td><td></td><td></td><td></td><td></td><td></td><td></td><td></td></tr>
<tr><td colspan="2">数　量</td><td></td><td></td><td></td><td></td><td></td><td></td><td></td></tr>
<tr><td>人工</td><td>工日</td><td></td><td></td><td></td><td></td><td></td><td></td><td></td><td></td></tr>
<tr><td rowspan="5">材　料</td><td></td><td></td><td></td><td></td><td></td><td></td><td></td><td></td><td></td></tr>
<tr><td></td><td></td><td></td><td></td><td></td><td></td><td></td><td></td><td></td></tr>
<tr><td></td><td></td><td></td><td></td><td></td><td></td><td></td><td></td><td></td></tr>
<tr><td></td><td></td><td></td><td></td><td></td><td></td><td></td><td></td><td></td></tr>
<tr><td></td><td></td><td></td><td></td><td></td><td></td><td></td><td></td><td></td></tr>
</table>

续表

机 具										

3．工料机分析注意事项

(1) 对于材料、成品、半成品的场内运输和操作损耗，场外运输和保管损耗，均已在定额消耗量指标和材料预算价格内考虑，不得另行加算。

(2) 预算定额中的“其他材料费”，工料机分析时不计算其用量。

(3) 如果定额给出的是每立方米砂浆或混凝土体积，如采用现场拌制则必须根据配合比表，通过“二次分析”后才可得出所需的砂、石、水泥、石灰膏和水的用量。

(4) 凡由加工厂制作、现场安装的构件，应按制作和安装分别计算工料。

(5) 三大材料数量应按品种、规格不同，分别进行计算。

(6) 各种材料及各种机械应根据不同的规格种类分别进行统计。

6.3.2 工料机费用的计算

在工料机消耗量确定以后，利用当时、当地的各类人工、各种材料和各种机械台班的市场单价分别乘以相应的人工、材料和机械台班的消耗量，并汇总得出单位工程的人工费、材料费和机械使用费。

在市场经济条件下，人工、材料和机械台班单价是随市场而变化的，而且它们是影响工程造价最活跃、最主要的因素。用实物法编制施工图预算，是采用工程所在地的当时人工、材料、机械台班市场价格，能较好地反映实际价格水平，工程造价的准确性高，一般当地的定额站会发布工料机在某年某月的市场价、并通过网络传到电脑用户终端，以便编制者选用或参考。

所以在进行此步计算时，一般利用电脑及相应软件进行计算。

也可以利用表格进行手工编制，其表格形式见表 6.14

工程预算书人工、材料、机械费用汇总表 **表 6.14**

序 号	人工、材料、机械费用名称	计量单位	实物工程数量	价 值	
				当地当时单价	合价
1	人 工	工 日	2238.468 5	20.79	46 538
2	土石屑	m^3	1 196.191 2	50.00	59 810
3	C10 素混凝土	m^3	166.163 3	1F32.68	220 47
4	C20 钢筋混凝土	m^3	431.182 2	290.83	125 400
5	M5 主体主浆	m^3	8.397 6	130.81	109 8
6	机 砖	千 块	17.809 9	142.10	253 1

续表

序　号	人工、材料、机械费用名称	计量单位	实物工程数量	价　　值	
				当地当时单价	合价
7	脚手架材料费	元	115.303 1		115
8	黄　　土	m^3	1891.410 0	10.77	20 370
9	蛙式打夯机	台　班	95.819 8	10.28	985
10	挖 土 机	台　班	12.517 8	143.14	1 792
11	推 土 机	台　班	2.503 6	155.13	388
12	其他机械费	元	3 137.194 4		3 137

第4节　市政工程施工费用内容及计算方法

市政工程施工费用,(又称建筑安装工程费用)即市政工程在施工图实施阶段的工程造价,是施工过程中直接耗用于工程实体和有助于工程形成的各项费用,包括施工企业为组织管理整个工程中间所发生的各项费用、利润和国家规定的其他费用、税金。

现以《上海市建设工程施工费用计算规则》(市政工程专用2000版)介绍如下:

市政工程施工费用由直接费、综合费用、施工措施费、其他费用和税金等五部分内容组成。

6.4.1　直接费

直接费是指施工过程中构成工程实体的以及部分有助于工程形成的各项费用,包括人工费、材料费和施工机械使用费。

1. 人工费

人工费 = Σ(定额工日消耗量 × 人工工日单价)　　(6.16)

(1) 定额人工消耗量是指在正常施工条件下,施工人员为完成分部分项工程所必须消耗的用工数。包括基本用工、其他用工(辅助用工、人工幅度差用工、材料超运距运输用工)。市政工程人工不分等级工,按其专业性质分为四类:市政土建、市政安装、隧道盾构掘进以及包清工人工。人工不再按等级工标准划分的模式。

(2) 人工单价是指直接从事施工的生产工人按国家劳动、社会保障政策的规定,在单位工作日内所包括的费用。根据现行规定,一般包括:

1) 工资(总额)

工资总额是指施工企业在单位工作日内直接支付给生产工人的劳动报酬总额。包括基本工资、奖金、津贴、补贴及其他工资。

2) 职工福利费

指企业按国家规定计提的生产工人的职工福利基金。

3) 劳动保护费

指生产工人按国家规定在施工过程中所需的劳动保护用品、保健用品、防暑降温费等。

4) 工会经费

指企业按工会法规定计提的生产工人的工会经费。

5）职工教育经费

指企业按国家规定计提的生产工人的职工教育经费。

6）社会保险费

根据上海市社会保险有关法规和条例，按规定缴纳的基本养老保险金、基本医疗保险金、失业保险金。包括企业和个人共同承担的费用。

7）危险作业意外伤害保险费

根据《建筑法》有关保险规定，由建筑施工企业为从事危险作业的建筑施工人员支付的意外伤害保险费。

8）住房公积金

根据《上海市住房公积金条例》，按规定征缴的住房公积金。包括企业和个人共同承担的费用。

9）其他。

（3）人工单价的确定

根据以上可以看出，现行定额的人工单价是一个大概念，它包括了施工人员一个工作日内应得的全部收入。所以在执行时，承发包双方应按人工单价包括的内容为基础，根据市政工程建设特点，结合市场实际情况，参照工程造价管理机构发布的人工市场价格信息，以合同形式确定人工单价。也就是说，不论合同订立的人工费单价取定标准是多少，上述包括的费用内容是甲乙双方商定人工单价的前提。

2．材料费

材料费 = Σ（定额材料消耗量 × 材料单价）　　（6.17）

（1）定额材料消耗量是指在正常施工条件下，完成单位合格产品必须消耗（或摊销）的材料数量。包括：主要材料、辅助材料、周转材料、次要材料等。

（2）材料单价指按一定计量单位确定的材料原价和从供货单位运至工地耗费的所有费用之和。

内容一般包括：材料单价 = 供应价 + 市场运输费 + 运输损耗费

1）材料原价（供应价）

材料原价（供应价）是指材料供应单位的销售价，一般还包括外埠运费、包装费、供应单位管理费等。

2）市内运输费

市内运输费是指材料在本市行政区域内由供货单位运至施工现场的全部运输费。

3）运输损耗

运输损耗是指在装卸和运输过程中所发生的损耗。

（3）材料费的计算

由承发包双方按材料单价包括的内容为基础，根据市政工程特点，结合市场实际情况，参照工程造价管理部门发布的市场材料价格信息在合同中约定单价乘以定额材料消耗量计算。也就是说市场材料价格信息中的材料单价是送到工地价即预算价，已经包括了供应价、市内运输费、运输损耗等费用。

3．机械费

机械费 = Σ（定额机械台班消耗量 × 机械台班单价 + 大型施工机械安装、拆卸及进出场

费)　　(6.18)

(1) 定额机械台班消耗量是指在正常施工条件下,完成单位合格产品所需施工机械台班数量。

(2) 机械台班单价是指施工过程中,使用每台施工机械正常工作一个台班所发生的各项支出和摊销费用。包括:折旧费、大修理费、经修费、安拆和场外运输费、燃料动力费、人工费、养路费和车船使用税等有关费用。具体说明如下:

1) 折旧费:指机械设备在规定的使用期限内,陆续收回其原值及购置资金的时间价值。

2) 大修理费:指机械设备按规定的大修理间隔台班必须进行大修理,以恢复其正常功能所需的费用。

3) 经常修理费:指机械设备除大修理以外的各级保养(包括一、二、三级保养)和临时故障排除所需费用。包括为保障机械正常运转与日常保养所需润滑、擦拭等材料费用以及机械停滞期间的维修保养费用。

4) 安、拆费及场外运输费: 安、拆费指机械在施工现场进行安装、拆卸所需人工、材料、机械和试运转费用,以及机械辅助设施的折旧、搭设、拆除等费用。

场外运输费:指机械整体或分体自停置地点运至施工现场或由一施工地点运至另一施工地点的运输、装卸、辅助材料以及架线费用。

5) 燃料动力费

指机械在运转施工作业中所耗用的固体燃料(煤炭、木材)、液体燃料(汽油、柴油)、电力和水等费用。

6) 人工费

指机上司机、司炉和其他操作人员年工作日及上述人员在机械规定的年工作台班以外的人工费。

7) 养路费及车船使用税

指机械按照国家有关规定应该缴纳的养路费和车船使用税等。

(3) 机械台班单价及机械进出场费的确定

1) 机械台班单价的确定

在实际工程中,用于施工作业的机械来源有两种形式:自有机械和租赁机械。自有机械台班单价是以摊销单价为表现形式,编制方法按建设部颁发的《全国统一施工机械台班费用定额》(1998)编制原则为依据,即一类费用不变;二类费用的消耗量不变,其人工和燃料的单价根据市场价格变化情况进行换算,养路费和车船使用税按政府主管部门的有关规定计算。总之,机械台班单价的确定,应由承发包双方按机械台班单价或租赁机械单价包括的内容为基础,根据市政工程特点,结合市场情况,参照工程造价管理机构发布的机械台班单价、租赁市场价格信息以合同形式确定台班单价。但机械台班单价与租赁单价不能同时计算。

2) 机械安拆及场外运输费的确定

关于大中型机械安、拆,场外运输,路基轨道铺设等费用,由承发包双方根据招标文件和批准的施工组织设计所指定的大中型机械,参照工程造价管理机构发布的市场价格信息,在合同中约定。

3) 有关说明

盾构掘进机械台班费中未包括二类费用,其燃料动力费、人工费的消耗量,已经列入相应的盾构掘进机定额子目内。

若建设部对机械台班费用有新的规定,则按新的有关规定计算。

4. 土方、泥浆外运费的计算方法

由承发包双方根据工程特点及市场情况,参照工程造价管理机构发布的市场信息价格,约定外运或来源单价乘以按定额规定计算的数量计算费用。土方、泥浆外运费列入直接费内。土方来源费不计其他费用。

5. 大型周材运输费

指大型周转性材料(如钢板桩、支撑、钢围令、脚手板等)的进场、退场以及工地间转移的运输费。

大型周材运输费的计算,由承发包双方根据市政工程特点,结合市场实际情况,按照工程造价管理部门发布的市场价格信息在合同中约定费用计算。

6.4.2 综合费用内容及计算方法

1. 综合费用内容

综合费用由施工管理费和利润组成。

施工管理费是指施工企业为组织和管理生产经营活动发生的所有费用。

利润指施工企业根据市场的实际情况,计入工程费用中的期望获利。

施工管理费组成内容:

(1) 管理人员和服务人员的工资总额

工资总额是指施工企业直接支付给管理人员和服务人员劳动报酬的总额。包括基本工资、奖金、津贴和其他工资。

(2) 职工福利费

指企业按国家规定计提的管理人员和服务人员的职工福利费。

(3) 劳动保护费

指管理人员和服务人员所需的劳动保护用品、保健用品、防暑降温等费用。

(4) 工会经费

企业按工会法规定的管理人员和服务人员的工会经费。

(5) 职工教育经费

指企业按国家有关规定计提的管理人员和服务人员的职工教育经费。

(6) 办公费

指企业行政管理办公用的文具、纸张、帐表、印刷复印、邮电通讯、书报、水、电、会议等费用。

(7) 差旅交通费

指企业管理人员和服务人员因工作需要所发生的差旅费、市内交通费以及行政管理部门使用的交通工具燃料费、养路费及牌照费等。

(8) 非生产性固定资产使用费

指企业行政管理和试验部门使用的属于固定资产的房屋、设备仪器等折旧基金、大修理基金、维修费、租赁费等。

(9) 低值易耗品摊销(工具用具使用费)

指不属于固定资产的行政管理、施工生产所需要的工具、检验、试验及测绘用具等的购置、摊销、维修、检测等费用。

(10) 各类税

指行政和生产按规定支付的房产税、车船使用税、土地使用税、印花税等各类税。

(11) 社会保险基金

指根据上海市社会保险有关法规和条例,按规定缴纳的基本养老金、失业保险金、基本医疗保险金。包括企业和个人共同承担的费用。

(12) 住房公积金

指根据《上海市住房公积金条例》,按规定缴纳的住房公积金。包括企业和个人共同承担的费用。

(13) 业务活动经费

指施工企业在业务经营活动范围内所发生的经费。

(14) 检验试验费

指对材料、构件等进行一般鉴定、试验、检查所发生的费用(包括施工现场进行试验所耗用的材料)以及研究试验费。不包括新结构、新材料的实验费和建设单位要求对具有出厂合格证明的材料进行试验和构件破坏性试验以及其他特殊要求检验试验的费用。

(15) 施工因素增加费

指根据市政工程特点在施工前可预见的因素所发生的费用。内容包括:施工区域的临时排水、封拆头子(不包括潜水设备台班费)、开挖样洞、各种其他管线与市政工程交叉施工影响的工效和临时加固措施的费用,以及为了保证施工区域内居民、企事业单位、商店的正常生活、办公、生产,发生间断施工所必须增加的费用。

(16) 临时设施费

指工程施工必需的生活和生产用的临时建筑物、构筑物和其他临时设施等费用。包括宿舍、仓库、办公室、加工厂及规定范围内道路、水、电、管线等。

(17) 工程定位、复测、点交

(18) 场地清理

(19) 其他

指上述费用以外的其他必须发生的费用。包括:排污费、清洁卫生费、绿化费、兵役优待金、河道工程修建维护管理费、堤防费等。

2. 综合费用的计算和确定

综合费用计算分为两类:市政工程和市政安装工程。

市政工程包括:道路工程、桥涵及护岸工程、排水管道工程、排水构筑物工程、隧道工程。市政工程以直接费(人工费、材料费、机械费之和)为基数,由承发包双方以综合费用包括的内容为基础,根据市场情况及市政工程特点,参照工程造价管理机构发布的市场信息费率约定综合费率计算费用。

市政安装工程包括:道路交通管理设施工程中的交通标志、信号设施、值勤亭、隔离设施、排水构筑物机械设备安装工程。市政安装工程以人工费为基数,由承发包双方以综合费包括的内容为基础,根据市场情况参照工程造价管理机构发布的市场信息费率约定综合费率计算费用。

承发包双方根据工程造价管理部门发布的费率信息在合同中约定综合费率时,其中也包括了利润的因素。这里要注意与过去定额，如原九三市政费用标准的造价计算顺序的区别。因为原定额费用标准的造价计算顺序表中，利润的计算基数是费用合计（直接费小计 + 综合间接费），而且是按工程类别实行差别利润率。

6.4.3 施工措施费内容及计算方法

1. 施工措施费内容

施工措施费是指施工企业为完成市政工程所承担的社会义务、施工准备、施工方案发生的所有措施费用（不包括已列定额子目和综合费所包括的费用）。由于施工措施费是完成单位产品所必须发生的，所以在计算时，就由承发包双方按照施工组织设计或有关规定，通过合同形式或签证加以确认。市政工程施工措施费包括了原九三市政费用标准中的部分文字说明直接费和开办费的内容，具体如下：

（1）施工便道养护费

1）施工期间由于维持老路通车，而需要施工单位负责养护时所增加的费用。

2）施工临时便道养护费。

有关养护费的计取标准和需要养护的时间按施工合同计算。若老路需要加层或加固时，经建设单位认可后，可按合同计算相应费用。

（2）冬雨季施工增加费

指在冬雨季期间施工，为了确保工程质量所采取的各种技术措施费及工效降低等所增加的费用。

（3）夜间施工增加费

市政工程预算定额中除隧道盾构掘进、垂直顶升工程已按三班制施工考虑了夜间施工因素外，其他工程定额中均未考虑。如因施工组织和施工技术要求需要在夜间连续施工可计算该费用。

（4）施工干扰费

施工期间由于维持公共交通，不能全路幅施工或受其他因素干扰时，可计算其费用。

（5）代办建设单位费用

1）代办临时接水、接电费。

建设单位委托供水、供电或施工方代办施工时可计入的费用。

2）港监及交通纠察费用。

（6）现场安全施工增加费及措施费

属于政府有关文件规定，需设置现场安全、文明施工的措施所需要的施工措施费。

（7）特殊条件下施工、技术措施费

1）铁路、航空、航运干扰影响而增加的费用；

2）因地下不明障碍物排除所增加的费用；

3）公用管线保护、加固、搬迁等的措施费；

4）保护邻近建筑物、构筑物及地基加固措施费；

5）其他技术措施费。

（8）赶工措施费

若建设单位对工期有特殊要求时，可计取赶工措施费。但计取了赶工措施费后，不再计取夜间施工增加费。

赶工施工属非正常施工,可能要发生钢板桩和模板用量的增加、随之也可能发生租赁费、机械的进出场费、夜间施工降效等费的增加。

(9) 工程保险费

指按政府有关规定和业主要求实行工程保险所发生的费用。

(10) 其他

确系实体工程所发生的其他费用,如工程监测费、新材料、新工艺、新技术四新技术研究费、技术专利费、现场材料、成品两次搬运等所增加的费用等。

2. 施工措施费的计算

施工措施费由承发包双方遵照有关法规、招标文件、批准的施工组织设计和有关规定,根据市政工程特点,以报价的形式在合同中约定(费用内可考虑综合费用的因素)。

6.4.4 其他费用的内容及计算方法

1. 其他费用的内容

其他费用指按照国家规定可收取的费用。包括定额编制管理费、工程质量监督费等费用。根据上海市财政局、物价局《关于保留、取消和调整本市涉及企业负担的行政事业性收费项目的通知》(沪财综(1999)63 沪价行(1999)336 号)的规定,取消了上级(行业)管理费。若市有关部门有新的规定,则按新的规定执行。

2. 其他费用的计算方法

按国家规定的计算方法计算费用,列入工程造价。(详见市政工程施工费用计算顺序表)

6.4.5 税金的内容及计算方法

1. 税金的内容

税金的内容包括营业税、城市维护建设税、教育费附加等。

2. 税金的计算方法

税金的计算基数:直接费、综合费用、施工措施费、其他费用之和。

税金的计算标准:按纳税所在地。

按国家规定的计算方法计算税金,列入工程造价。

6.4.6 市政工程施工费用计算顺序表(见表 6.15)

市政工程施工费用计算顺序表 **表 6.15**

序号	项目	计算式	备注
一	直接费	按定额规定计算	
其中	1. 人工费	按定额工日耗量×约定单价	
	2. 材料费	按定额材料耗量×约定单价	
	3. 机械费	按定额台班耗量×约定单价	包括机械进出场费
	4. 大型周材运输费		
	5. 土方泥浆外运费		

续表

序　号	项　目	计 算 式	备　注
二	综合费用	直接费(或 Σ 人工费)×约定费率	市政安装工程按人工费计取
三	施工措施费	按报价方法计取	由双方合同约定
四	其他费用	按国家规定计取	
五	税　金	按国家规定计取	
六	工程施工费用	(一)+(二)+(三)+(四)+(五)	

第 5 节　利用电脑及预算专业软件编制施工图预算的方法

6.5.1　概述

市政工程预算的编制是一项相当烦琐的计算工作,耗用人力多,计算时间长。在量价分离的新定额体制中,采用手算方法不但速度慢,工效低,而且易出差错,因此往往不能赶上生产的需要,特别是在当前市政工程采用招标投标方式以后,更需要及时、迅速、准确地算出投标报价、施工图预算等。电子计算机是一种运算速度快,精确度高,存贮和记忆能力强,具有很高逻辑判断能力的计算工具。应用计算机及相应预算软件编制工程预算,是改善管理,提高工效的重要手段,将广大的预算技术人员从烦琐的计算工作中解放出来,迅速而准确地编制工程预算,为实现工程预算科学管理,开辟了新的途径。

6.5.2　编制步骤

运用电子计算机编制工程预算的方法和手算方法基本相似。

1. 熟悉施工图纸,了解施工现场情况。
2. 熟悉市政工程预算定额的使用和有关文件及资料。
3. 列出工程项目,计算出相应工程量,并写出各工程项目的定额编号。
4. 在电脑中安装有关市政工程预算软件(本书使用的软件为《造价之星 2000—市政版》)。
5. 用户根据电脑屏幕显示输入各工程项目的定额编号及其相应的工程量。
6. 用户根据屏幕显示,选取有关数据。
7. 用户在电脑中,按预算软件的操作方法,计算工程造价。
8. 根据用户需要,打印各种表式。
9. 数据的备份。

6.5.3　市政预算软件(预算之星 2000 市政版)使用简介

1. 软件使用许可证的安装

本软件采用加密器和许可证的方式来实现与用户的交流,软件许可证在购买软件时获得。不同项目的软件对应的许可证不同。将许可证软盘插入磁盘驱动器,运行软盘上的

Setup.exe。按照加密器标签上指明的加密器类型将A或B选中,如果你并不确定加密器类型,你可以将A和B都选中。按开始安装按扭。

2. 软件的安装

软件使用许可证安装完成后,就可安装软件了。先将软件加密狗插在计算机的打印口(LPT1)上,放入安装光盘,找到软件的安装目录,运行Setup.exe文件。然后按照提示一步步进行下去,直至安装完毕。将软件加密狗安装盘插入软盘驱动器,执行盘上的Setup.exe程序,根据提示操作至安装完毕。此时即可使用预算之星软件了。

3. 软件的卸载

从Windows操作系统的开始菜单中找设置、控制面板,双击添加/删除程序,系统出现添加/删除程序属性窗口,在添加/删除程序列表中找到造价之星,双击或按钮添加/删除。

4. 软件对系统的要求

硬件推荐配置:

以下列出的硬件要求并非最低要求,但最好使用以下配置以保证软件有良好的运行环境。

CPU:奔腾Ⅲ450

内存:64M

硬盘:安装最少需空间100M

软件最低要求:

操作系统:Win98或以后Windows系列版本

显示模式:800×600分辨率增强色(16位)

5. 新建预算文件

在系统的文件菜单中选择新建项目,出现新建预算文件对话框,选择你所需要的工程类型。

新建文件的第二个方法是用工具栏上的新建文件快捷按钮,所不同的是第一种方法能指定新建文件的类型,第二种则不同,它新建文件的类型与你上次新建或打开的文件类型相同。

6. 工程概况

选择文件菜单中的工程概况,出现工程概况窗口。窗口分两页:工程概况和编制说明。

对于工程概况,需要注意以下几点:

(1) 直接输入文字:选中你要修改的文字,输入文字后按Enter即可完成修改。

(2) 可选内容:有些内容当你输入一次以后,如编制单位,软件会将其记录下来,以后你可以使用相应内容编辑框中的下拉箭头弹出选择内容。

(3) 相关内容:比如编制人和编制人上岗证号,当你从可选内容中选择了编制人后,软件会将你上次输入的上岗证号填入。

(4) 日期类型:日期类型的内容,你必须按照(年)—(月)—(日)的格式输入,并且此日期必须存在,你不能输入2001-1-32等日期。

(5) 禁止修改内容:有些内容是禁止修改的,比如工程总造价,这些内容是软件自动计算得到并填入的。

7．预算书的编辑

(1) 定额项目输入

定额项目输入是预算书编辑的主要基础工作，是建立基础数据的过程。在整个过程中，通常你只要输入两类数据：定额编号和数量。

在编号列，可以输入的数据：

1) 定额编号

在输入定额编号时，你可以直接输入，如：3-1-1，然后按回车键；或者在编号的输入框处于编辑状态时（按 F2 功能键强制进入编辑状态）点击输入框右端的进入 ··· 查询定额。

2) 人工、材料、机械编码

在预算书中可以直接引用人工，材料，机械。只要输入它们的编码就可以了。如角钢为 A0009 等等。工料机的编码是很难记忆的，也不必去记它。建议的方法是使用定额、工料机查询。

3) 补充定额编号、补充工料机编码

补充定额编号、补充工料机编码和系统的定额编号、工料机编码一样使用，直接键入就可以了。对于遗忘的补充定额编号、工料机编码，同样可以使用定额、工料机查询，并直接导入到预算书。

4) 模板定额

有些时候，你可能会想同时输入一些相关的定额子目，你可以先制作模板定额，然后在编号列输入模板定额的编号就可以了。输入模板定额时，在编号前加一个 + 号，不然的话，系统会认为你输入的是临时定额。

5) 临时定额

当你在编号栏内输入的内容，不属于上述三项，系统就认为你的输入是临时定额。临时定额通常用于在预算书中补充一项直接费。临时定额除了编号外，你还要输入名称、单位、人工费、材料费、机械费。这些内容计算机无论如何也猜不出。

临时定额的高级用法是定额换算。你可以往临时定额里添加人工工日，材料，机械。这样临时定额和普通的定额在内容结构上也没什么区别了，系统会根据你输入的定额分析重新计算人工费，材料费，机械费。如果你原先直接输入过人工、材料、机械费用，他们将作废。

在数量列，可以输入的数据：

a．常量

用数字表示工程量。如：102.1225，203.256 等。这是用得最多的数量输入方法，也是最简单的数量输入。数字的精度（小数点后数字）系统不作限制。显示时为四舍五入后的三位，但系统不会将第三位以后的数据丢掉。使用数量进行计算时的计算精度你可以定义。

b．变量

用字母表示工程量。如：PI，LENGTH，DOORS 等等。这里的变量命名方法和通常的变量命名方法一样：首字必须是字母，后边可以是字母或数字，字母的大小写意义相同。变量的值在设置菜单的用户变量中定义或修改。

使用变量，你至少可以得到下面的便利：

a．你只要修改变量数值，在预算书中凡用到该变量地方都会自动改变，免去了寻找该

改哪些数据的烦恼。

b. 用文字来描述枯燥的数字，容易记忆，增强了可读性，如用 LENGTH 来表示长度，比单写一个数字容易理解和记忆。

(2) 定额、工料机的查询和引用

在预算书的编制过程中，经常需要查询定额或工料机，有时还要查询定额的详细分析，以便决定套用哪条定额，或是否要对定额进行换算等等。

预算书编辑状态中和其他状态下查询定额，功能稍有不同。前者可以把查询到的定额引用到预算书中，而后者没有这种功能。

在预算书编辑中查询定额，单击编号右端按钮 ...

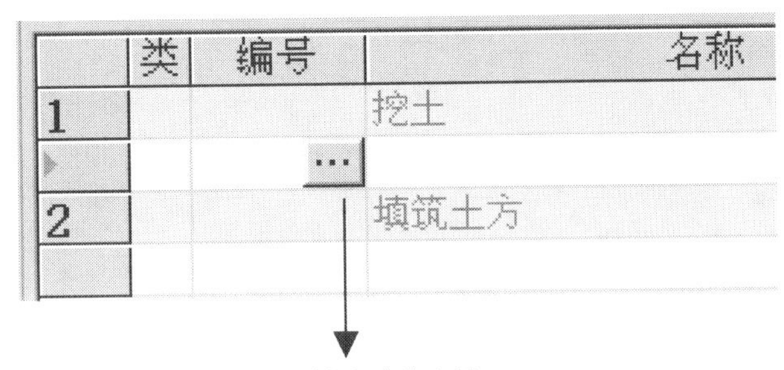

图 6.8 编号列编辑状态

编号输入框中只有在编辑状态会出现按钮，选中状态没有该按钮。你可以用 F2 功能键来进行切换。

你也可以在定额菜单中选用定额、工料机浏览来查询定额。查询界面仅有一点不同，右上方的按钮前者是选用后者是关闭。

定额查询包含了以下功能：

1) 定额、工料机、补充定额、模板定额查询

查询界面底部有一组标签，可以让你选择浏览查询定额、工料机、补充定额或模板定额。

2) 关键字查找

你可以将查找的关键字输入到左上角的关键字输入框，如 3-1-1，钢筋等等，可以输入定额或工料机名称，也可以输入定额编号或工料机编码(输入工料机编码时请注意大小写)，输入之后按 ENTER 键开始查找，光标停留在符合条件的条目上，按 F3 继续查找下一条。

3) 关键字筛选

和关键字查找一样操作，不同的是输入关键字后，鼠标点击筛选按钮或使用快捷键 ALT + Q。这时系统会另开一个查询结果页面，这个页面内的条目都是符合条件的。

4) 查看定额构成

在定额查询界面内，可以查看指定定额的详细分析。单击定额，按鼠标右键弹出菜单，选择查看定额构成。如图 6.9 所示。

5) 定额索引

在定额浏览表格中按鼠标右键弹出菜单，选择定额索引。界面左边会出现一个定额索引树结构。这个树结构描述了定额的章节内容。双击章名称，就可查看到该章的节内容。

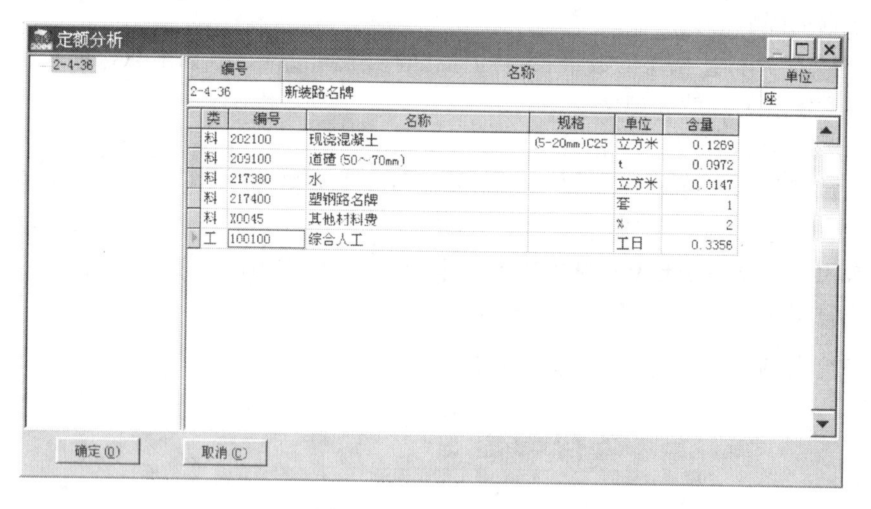

图 6.9 查看定额构成

双击节名称,系统会为你定位到相应章节的定额位置。

(3) 分部工程的编辑

1) 分部的索引

在系统默认的状态下,分部索引表安排在系统桌面的左上角。在预算书编辑过程中,你可以通过分部索引表来定位预算书的分部位置。方法是单击分部索引表内的分部工程名称,右边的预算书就联动到相应的分部。这就是分部索引功能(利用分部的索引功能,是你快速定位到预算书的指定分部位置,加快预算书的浏览速度)。

2) 插入、删除分部

分部工程的插入和删除是在预算书表格内完成的。在编辑菜单或用鼠标右键单击预算书表格弹出的右键菜单中选择插入分部,或按快捷键 Ctrl + Ins,然后在分部标题行的名称列中输入分部名称,这样分部就插入完毕。插入分部的位置总是在预算书当前行之前。

要删除分部时,使分部标题行成为当前行,然后按快捷键 Ctrl + del,系统会提出是否删除的提问,给予肯定回答后,分部即删除。

在预算书内插入或删除了分部后,分部索引表内立即自动更新。

(4) 拷贝、剪切和粘贴

拷贝、剪切和粘贴是以一条完整的定额信息为单位的。也就是说你可以将一条或多条的子目粘贴、剪切和拷贝。可以在一个文档内拷贝,也可以在多文档之间拷贝。这也是不同文档之间定额信息交换最便利的方法。

1) 选中

在对子目剪切和粘贴之前,先要对其选中。只有对选中的子目,才能实施剪切和粘贴。选中子目的方法通常有两种:

一是按住 Shift 键不放,再按上下移动键。这样可以选中相邻的若干条子目,涂上蓝色的子目,表示被选中。

二是使用鼠标单击序列号。按住 Ctrl 键,使用鼠标可以反复选中或取消选中不同的子目。

2）拖动

对选中后的子目，你还可以使用鼠标对其进行复制、移动。方法是把鼠标指向被选中的子目序号列，按住左键不放，然后将鼠标指向目标位置，放开鼠标左键，粘贴即完成（相当于复制、粘贴）。若想移动，按下 Shift 键，再放开鼠标（相当于剪切、粘贴）。

（5）查找和替换

在预算书编辑的过程中，在许多情况下你会需要对整篇预算书进行查找、定位。在编辑菜单中选择查找（替换），在查找对话框内，按照标题，依次填入内容，就可以完成操作。查找对象可以选择：定额编号、名称、数量、单位。

在作替换操作中，要特别小心。

8. 费用表的编辑

（1）费用项目

费用项目是费用构成中最基本的一些数据，这些数据由系统提供并计算的，你不能修改、增加，也不能改变其计算规则。

（2）费用元素

费用元素是费用表中最小的费用单位，它是由费用项目之间的计算得到的。你可以增加、修改或删除费用元素的定义以满足费用的要求。

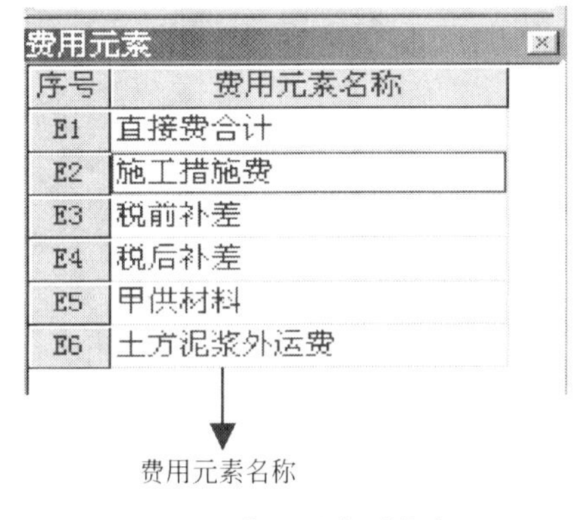

图 6.10　费用元素列表窗口

（3）行变量

费用表中行的计算值，称为行变量，行变量可以在之后的费用行中使用。

（4）费用计算式

费用计算式用于定义行的值。它由费用元素、已定义的行变量、常数、预算符或函数名组成。费用计算式不能包含其所在行或之后行的行变量。

费用计算式用于计算，没有输出的要求。系统会解释你定义的计算式，生成打印表达式，将它作为费用表的每一行的说明输出。

（5）打印表达式

打印表达式是费用计算式的输出形式。它由系统根据费用计算式自动生成，它和费用计算式的区别是容易阅读，对于系统自动生成的打印表达式，你可以修改，可以把它改成更容易理解、阅读的表达式，因为它是用于输出的费用表内主要内容之一。

9. 工料机表

工料机表是不可缺少的一张表格。通过下面的讨论，你会发现它的突出重要性，它和以前的任何时期定额的工料机表都不同。

2000 定额执行的是量价分离，在实际的工程预算编制过程中，工料机表除了它自身的汇总作用以外，还是定额子目价格的计算依据，工料机市场价格在大多数情况下是通过工料机表来告诉系统的。

工料机表的功能操作大都在右键菜单内。

（1）工料机的单价手工输入

在 2000 定额中工料机是没有价格的，因此定额子目也不会有价格。当你把整个预算书

序	费用名称	费用计算式	打印表达式
R1	定额直接费	E1	直接费合计
R2	大型周材运输费	R1*0.5%	[1]×0.5%
R3	土方泥浆外运费	E6	土方泥浆外运费
R4	直接费	R1+R2+R3	[1]+[2]+[3]
R5	综合费	R4*10%	[4]×10%
R6	施工措施费	E2	施工措施费
R7	其他费用	R4*0.09%+(R4+R5+R6)*0.15%	[4]×0.09%+([4]+[5]+[6])×0.15%
R8	税前补差	E3	税前补差
R9	税金	(R4+R5+R6+R7+R8)*3.41%	([4]+[5]+[6]+[7]+[8])×3.41%
R10	甲供材料	-E5	-甲供材料
R11	税后补差	E4	税后补差
R12	总造价	R4+R5+R6+R7+R8+R9+R10+R11	[4]+[5]+[6]+[7]+[8]+[9]+[10]+[11]

行变量　　费用计算式　　打印表达式

图 6.11　费用表

编码	名称	规格	单位	单价	消耗量	合计
100100	综合人工		工日		144204.610	
205030	木模成材		立方米		0.062	
205090	木丝板		平方米		5197.500	
206010	φ10以内钢筋		t		1.202	
206020	φ10以外钢筋		t		4.025	
208010	预制混凝土侧石	(1000×300×	m		580.271	
208020	预制混凝土平石	(1000×300×	m		271.271	
208050	预制混凝土块		块		365.378	
208060	预制混凝土人行道板		平方米		171366.000	
209010	黄砂(中粗)		t		16256.246	
209090	道碴(30～80mm)		t		76.517	
209100	道碴(50～70mm)		t		36.151	
209110	砾石砂		t		195929.470	

图 6.12　工料机汇总表

子目输入完毕以后,转到工料机表中,单价列是空的,需要你把每一行即每一条工料机的单价都输入。有多种方法来解决这个烦琐的问题,手工输入是最无奈的方法,但是同时你拥有了决定价格的最高权利。

输入非常简单,将光标在单价列上下移动,输入价格即可。无论你输入了部分或全部价格,预算书都在后台动态地计算子目价格,你转到预算书界面,就可以看到计算完毕的子目价格。工料机价格可以反复调整,直到你满意为止。

手工输入工料机单价,直观方便,但满足不了复杂的要求。如同种材料在不同子目中采用不同价格等等。你只有在单价分析功能中完成更复杂的要求。

(2) 载入 2000 工料机市场价

上海市建设工程定额管理总站或其他专业定额管理站,每月会发布工料机市场指导价格。如果你购买了这种价格服务,每月准时会得到这些完整的数据。它来自 Internet 或计算机磁盘。我们称它为 2000 工料机市场指导价。

首先,你要将外部的 2000 工料机市场指导价数据载入到系统内。系统定额菜单内,选择转载月度材料价格，如图6.13所示。

如果系统默认价格文件目录里有价格文件，你只要选中，按确定即可。如果没有你需要的文件，点击 … 按钮，它是个文件目录选择对话框，定位到你存放价格文件的目录（如：A:\，C:\Download…），选择价格文件，按确定。这样你的系统里就有了2000工料机市场价。在日后的预算书编制工作中，可以方便地使用这些数据。

系统里可能有过去几个月或更多的价格信息，在使用它们之前要指定默认是哪个月的数据，指定默认后，只要你载入价格，就使用这个月的价格，直到你重新指定默认。设置菜单第一栏就是选择材料价格日期，如图6.14所示：

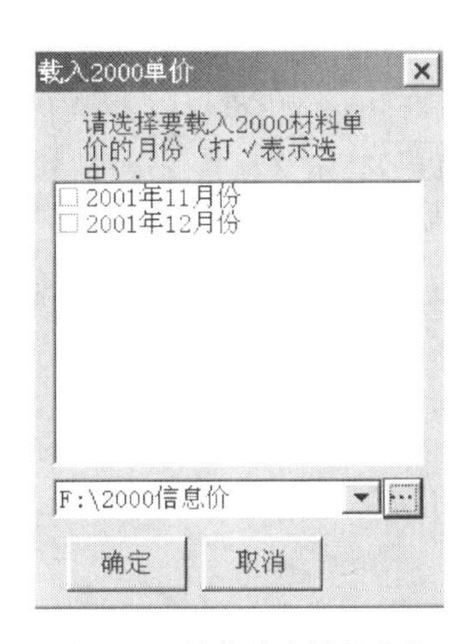

图6.13　转载月度材料价格

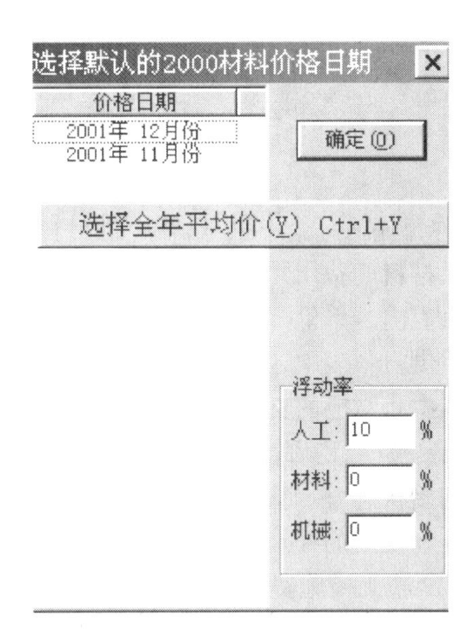

图6.14　选择材料价格日期

价格日期的选择可以是单月，也可以是多月，右键菜单提供实用一整年价格的快捷选择方法，价格日期选定后，按确定。浮动率是指对2000工料机市场价上浮后再载入预算书。浮动率为 r（$r>0$）为上浮，$-r$ 为下浮。载入的价格和2000工料机市场价数学关系为：载入价格 = 2000工料机市场价 ×（$1+r\%$）。

接下来，你可以在工料机表中使用右键菜单载入指导材料及其单价或快捷键Ctrl + T来载入价格了。

载入的过程中，如果遇到市场材料和定额材料计量单位不同时，而且系统也不知道他们之间的换算关系，就会发出提问，让你来指定他们的换算系数，输入过的材料单位换算率，系统就记住了，今后不会再提问这个麻烦的问题。一旦你输入错误或一时搞不清楚，日后可以修改这个重要的系数。在设置菜单里有单位换算表，那里罗列了你使用过的单位换算的材料，将其打开，修改换算率，然后回到材料表再载入一次，价格就更新了。

当系统把价格载入完毕后，你仍然能够修改工料机的单价。当你修改了单价后再次载入时，系统会尊重你的修改，发出提问，你根据情况按照四个按钮回答问题。

(3) 从其他文件载入工料机单价

在预算书编制过程中有时会考虑到使用其他预算书中的工料机价格，其他预算书可能是你或你的同事完成的。这就是从其他文件载入工料机单价。

在工料机表中,点击右键菜单中从其他文件中载入材料单价,弹出载入材料单价对话框,要求你指定从哪个文件中读取工料机单价。当你指定文件后,系统会取出工料机单价,赋予当前文件。利用这个方法可以在文件之间交流工料机单价。

10. 甲供材料

工料机表的最后一列是甲供量。如图6.15所示。在甲供量单元内输入该条材料的甲供数量,这个数量当然不会大于消耗量,如果违反了这条规定系统对输入不予理会。

编码	名称	规格	单位	单价	数量	总价
205090	木丝板		平方米	20	5000	100000
219010	32.5级水泥		kg	0.334	20000	6680

图6.15 甲供材料

你每输入一个甲供量,在甲供材料表内会多一条甲供材料。甲供材料表用于打印输出和甲供材料的费用元素的计算。在甲供材料表内,你可以另外定义材料的单价,默认单价是工料机表内的单价。甲供材料表的单价,仅仅影响甲供材料费总计。

甲供材料表中,除了合价由系统计算之外,其他你都可以修改。当你修改了数量之后,材料表中相对应的材料甲供量也同步变动。

11. 税前、税后补差

初始状态,税前、税后补差上下两张空表,由你填入内容。系统根据你填入的内容计算出税前和税后的补差费用总计,生成税前、税后补差费用元素。

12. 施工措施费

施工措施费的细则也是由你填写的,系统仅仅将施工措施费总计计算出来。

13. 土方外运、机械进出场费

土方外运、机械进出场费列表由两部分构成。左边为分类名称,右边分项子目名称。点击分类名称,右边显示对应的分项子目,你只要输入相应的数量即可。

14. 定额换算

定额换算的调用方法是选中要换算的定额,从右键菜单内选用定额换算、从定额菜单选用定额换算或按快捷键 Ctrl+J。

定额换算在下面一个界面内完成所有换算的功能,如图6.16所示。

这个界面分两个部分:上面的换算操作部分和下面的换算历史记录部分(在定额换算的界面刚出现时,下面的换算历史记录部分是不显示的。你需要按一个按钮, ^ 这部分就会显示出来了)。

(1) 换算操作

定额换算界面的左上方是结构分析树,树根是被换算定额的编号,换字由系统自动添加,换算完毕后,预算书内相应的添加换字,表明该定额经过换算。

如果定额分析中套用其他定额,分析树的树型完整地表现定额结构。至于定额中的工料机,并不在树型结构中表示,而是在界面右上方的工料机列表中反应。

右方的工料机列表用于换算的编辑,操作方法和预算书编辑有些相似。

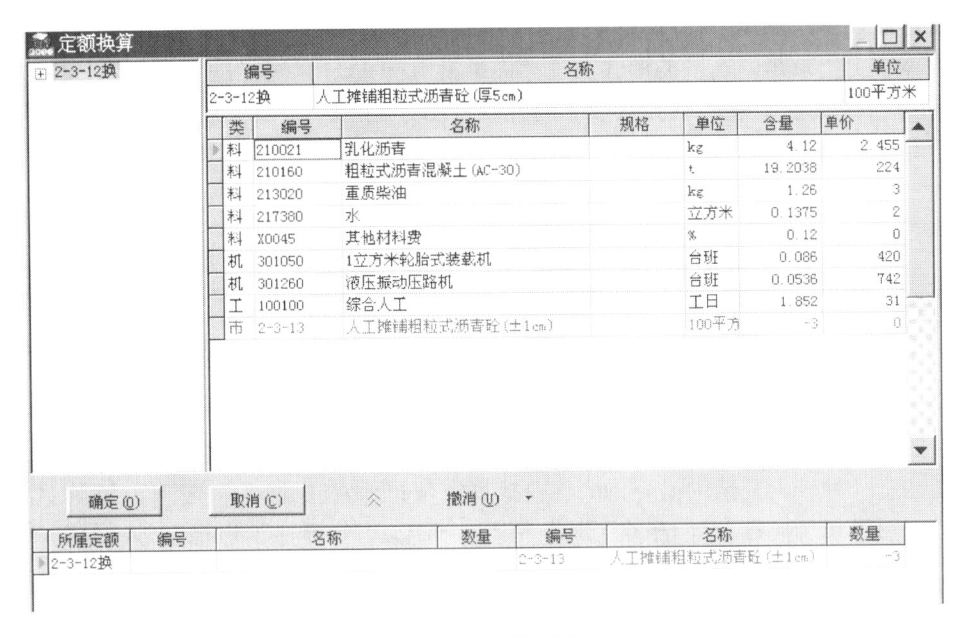

图 6.16　定额换算界面

1) 替换

以材料为例。将一条材料换为另一条材料,称为替换。替换的方法很简单,在被替换的编码位置输入新的编码。回车后,即可修改该材料。

材料的编码很难记忆,也没有必要去记它。输入材料编码时,你可以去查询。在编码输入框内点击进 … 入查询,和预算书编辑时定额查询一样,查询结果可以返回。

可以将原来的工料机编码换成定额编号。这样,定额下面就套用了定额,在左边的定额结构树上会多出一根树枝。你当然可以点击这个枝结点,换算这个分支定额。

2) 补充

在原来的定额工料机分析中,插入新的工料机。

插入:按功能键 Insert 或将光标移动到最后一行按向下键。系统会多出一行空行,让你输入工料机编码和含量。

和替换一样,输入工料机编码时可以查询,并将结果返回。也可以在原定额分析中补充一条定额。

3) 删除

选中要删除的内容,按功能键 Ctrl + Del。

4) 修改含量

修改工料机的含量也是定额换算的内容之一。选中要修改的含量单元,输入新的数量,按 Enter 键。

5) 修改定额名称

换算定额后往往需要改动原来定额的名称,让它反映出换算的变化。鼠标单击第一行的定额名称,然后修改(定额单位也可同样修改)。

(2) 撤消换算

在定额换算的操作中，界面的下半部分一直在记录你的换算过程。

换算历史记录是以表格的形式表现。你每换算一个内容，表格内就多出记录换算操作的一行。为了快速阅读换算内容，表格内容以视图方式设计。

带删除线的文字表示该内容被删除，蓝色文字表示新增内容，黑色文字表示没有变化的部分。

换算记录表格视图让你一目了然换算的过程。其另一个重要的功能是撤消换算。当你换算发生错误时，可将其撤消。

撤消有两种方式：

✧ 撤消最后一条换算内容：按撤消按钮；

✧ 撤消指定的换算内容：选中要撤消的换算记录，单击撤消按钮旁边的箭头，选择撤消所选定的换算。

请注意一种较为复杂的换算，如：你在换算定额里添加了另外一条定额，而你又对添加的这条定额进行了换算，譬如删除了某条材料。而后，当你要撤消添加定额换算时，那么删除材料的换算如何处置呢？只有一种选择：随同添加的定额一起撤消。系统就是这样处理的。

15. 级配换算

级配换算属于一种特殊的定额换算。目的是将定额内的级配材料强度等级换算为另外的强度等级。它仅仅对含有级配材料的定额有效。你当然可以使用定额换算来完成级配换算，但级配换算是按特殊业务制定的，具有针对性，使用就方便些。

混凝土、砂浆都属于级配材料。

调用级配换算的方法为：在预算书编辑界面里，选中要进行级配换算的定额子目，从右键菜单中选择级配换算、从定额菜单中选择级配换算或按快捷键 Ctrl + L。如果当前定额中含有级配材料，系统弹出级配等级换算窗口，如图 6.17 所示。如当前定额中没有级配材料，系统没有任何反应。

级配等级换算窗口分为上下两个操作区域。上面部分列出定额内含有的级配材料，称为被换级配材料表；下面部分列出可以使用的级配材料列表，称为系统级配材料表。

当被换级配材料表只有一条材料时，你只要在系统级配材料表中找到目的材料，双击或按快捷键 Ctrl + Enter，换算就完成了。被换级配材料表发生了这样的变化：原来的材料被打上删除线，在它下面添加了你刚才选择的新等级级配材料，呈蓝色文字，表示新增。

当被换级配材料表有多条材料时，你必须先选中一条需要换算的材料，再进行选择。换算和被换算的级配材料总是上下一组规律排序。

在被换级配材料表中鼠标双击相应级配材料可以选择加入坍落度。选择好坍落度、调整档数然后确定。

16. 增减换算

一些涉及到厚度、运距、深度等的情况，编制定额时通常编成两条相关的定额：基本定额和附加定额。使用时大多情况下两条合用。

例如：输入定额 2-1-44，土方场内自卸汽车运输（运距≤200m）。如果实际发生的运距是 400m，就需要另外一条定额来补充完成它：2-1-45，土方场内自卸汽车运输（+200m）。以 400m 为例，手工预算书是这样完成的：

图 6.17 级配换算界面

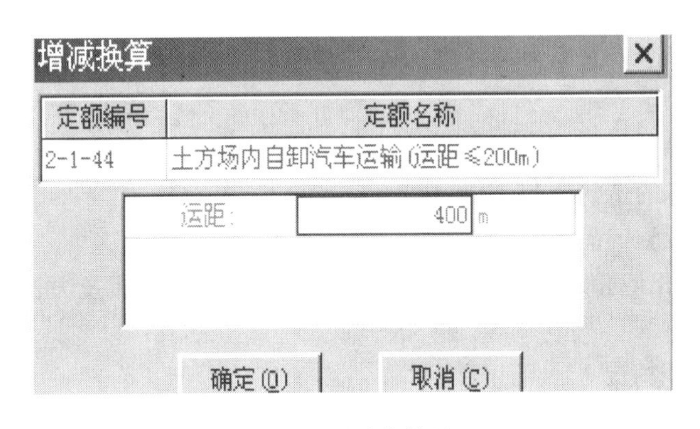

图 6.18 增减换算界面

定额编号　　名称

2-1-44　　土方场内自卸汽车运输(运距≤200m)

2-1-45　　土方场内自卸汽车运输(+200m)

而用此软件,当你输入 2-1-44 时,弹出增减定额对话框:

在运距一行输入实际发生的数据 400,按“确定”钮后一切都完成了。基本定额和附加定额以一定的关系组织在一起,包括定额名称也作了合适的修改。两条定额组合成了一条换算定额。你可以使用定额换算将其打开观察,系统在这里边作了些什么。

和级配换算一样,你也可以在定额换算界面中作增减换算,只是你需要自己寻找附加定额、计算附加定额工程量,并且要自己修改定额名称。所以,增减换算也是软件对特殊情况定额调整编制的功能,以简化你的操作。

如果输入定额的当时你没有进行增减换算,或者因为选项设置的原因,系统没有弹出增减换算窗口,而事后你又需要完成增减换算。调用的方法是:选中需要增减换算的定额子目,从右键菜单选择增减换算、从定额菜单选择增减换算或按快捷键 Ctrl + R。

第6节　市政工程施工图预算编制实例

6.6.1　道路工程施工图预算编制实例

1．编制依据

(1) 道路工程施工平面图(见图 6.19),标准横断面图(见图 6.20),钢筋布置图(见图 6.21)

(2)《上海市市政工程预算定额》(2000 版)

(3)《上海市建设工程施工费用计算规则》

(4) 人工、各类材料及各类机械台班单价采用上海市 2001 年 12 月的市场参考价

2．工程范围,从经零路 2 + 433.5～2 + 713,其中包括唐陆路和纬东路两个交叉口范围

3．工程概况

经零路道路路幅宽度为 20m,直线段长度为 150m,车行道宽度为 14m,人行道宽度为 3m×2;车行道结构层为:C_{30}商品混凝土面层(H=20cm),厂拌粉煤灰粗粒径三渣基层(H=25cm),砾石砂垫层(H=15 cm)。

另有 2 个交叉口,一正一斜,交叉口车行道结构层为 5 粗 2.5 细沥青混凝土面层,厂粉煤灰粗粒径三渣基层(H=35cm),砾石砂垫层(H=15cm);人行道为铺筑预制混凝土人行道板。

4．有关说明

(1) 道路填挖方计算是根据道路横断面图采用积距法进行计算,其中已知:道路挖方为 1800m^3(挖方均可利用填筑土方),道路填方为 838m^3,其中:车行道填方为 628m^3(密实度为 90%),人行道填方为 210m^3。

(2) 直线路段水泥混凝土路面各种钢筋、加固筋根据设计图计算。

(3) 预算软件采用上海兴安软件的造价之星 2000 版。

5．编制要求,请编制该道路工程施工图预算

[解]　用实物法并借助电脑及相应市政预算软件进行编制,具体计算步骤及方法如下:

第一步:熟悉施工图纸,了解工程情况

可参见施工图纸及相关配套图纸(见图 6.19、图 6.20、图 6.21)。

第二步:列出分部分项工程项目,并计算其相应工程量

根据道路工程的施工顺序,参照《上海市市政工程预算定额》(2000 年版)中的项目,列出分部分项工程项目,并计算工程量。

在计算工程量时,首先要注意交叉口中工程量的有关计算方法及公式(可参照前面章节有关内容);其次要注意有关工程量的计算规则及有关章、册说明中的内容。

本单位工程有关项目名称及工程量计算过程见表 6.16。(含纵断面设计图)

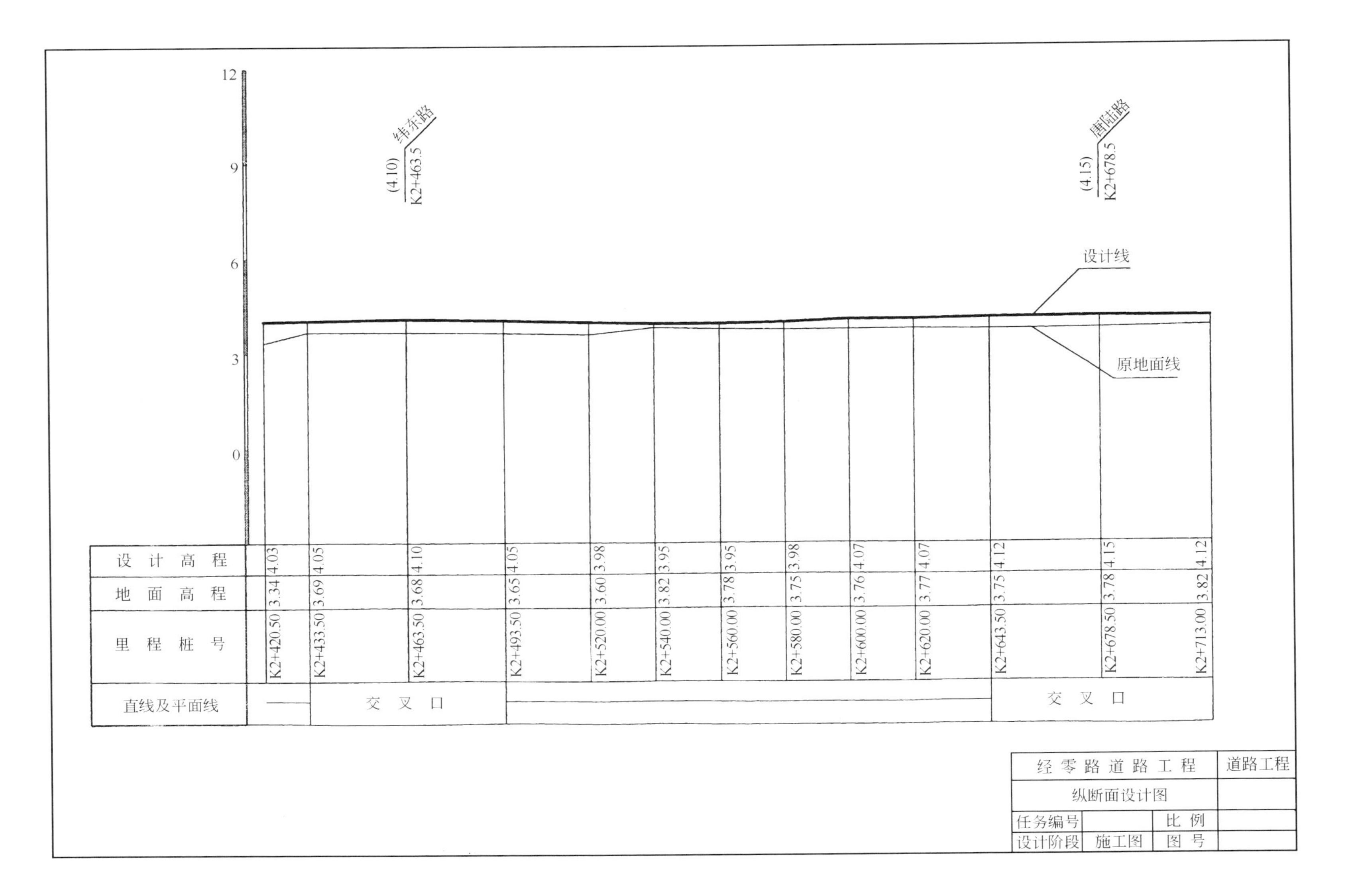
12
9
6
3
0
(4.10)
K2+463.5
纬东路
(4.15)
K2+678.5
唐陆路
设计线
原地面线
设计高程
地面高程
里程桩号
直线及平面线
4.03 3.34 K2+420.50
4.05 3.69 K2+433.50
4.10 3.68 K2+463.50
4.05 3.65 K2+493.50
3.98 3.60 K2+520.00
3.95 3.82 K2+540.00
3.95 3.78 K2+560.00
3.98 3.75 K2+580.00
4.07 3.76 K2+600.00
4.07 3.77 K2+620.00
4.12 3.75 K2+643.50
4.15 3.78 K2+678.50
4.12 3.82 K2+713.00
交叉口
交叉口
经零路道路工程
道路工程
纵断面设计图
任务编号
比例
设计阶段
施工图
图号

经零路道路工程工程数量计算表 **表 6.16**

项次	项目及说明	计算说明	单位	数量
1	人工挖Ⅰ、Ⅱ类土	根据横断面图计算(已知)	m^3	1800
2	车行道填筑土方(密实度90%)	根据横断面图计算(已知)	m^3	628
3	人行道填土方	根据横断面图计算(已知)	m^3	210
4	车行道人工整修(Ⅰ、Ⅱ类土) 1) 唐陆路交叉口 转角处: 直线段: 2) 纬东路交叉口 转角处: 直线段: 3) 经零路直线段:	 $(15^2+13^2)\times(\tan105^0/2-0.00873\times105)$ $+(28^2+33^2)\times(\tan75^0/2-0.00873\times75)$ $=394\times(1.30323-0.91665)+1873\times$ $(0.76733-0.65475)=363.17m^2$ $(713-643.5)\times14+[(15+13)\times\tan105^0/2$ $+(28+33)\times\tan75^0/2]\div2\times26$ $=69.50\times14+(28\times1.30323+61$ $\times0.76733)\div2\times26$ $=2055.90\ m^2$ $\Sigma(1)=363.17+2055.90=2419.07\ m^2$ $0.2146\times23^2\times2$ $=227.04\ m^2$ $[(493.50-433.50)+23]\times14$ $=1162\ m^2$ $\Sigma(2)=227.04+1162=1389.04\ m^2$ $(643.50-493.50)\times14$ $=2100\ m^2$ 合计:车行道人工整修面积为: $\Sigma(1)+\Sigma(2)+2100$ $=2419.07+1389.04+2100=5908.11\ m^2$	m^2	5908.11

续表

项次	项目及说明	计算说明	单位	数量
5	人行道人工整修(Ⅰ、Ⅱ类土) 1)唐陆路交叉口 转角处: 2)纬东路交叉口 转角处: 直线段: 3)经零路直线段:	$\left[\left(\frac{15+12}{2}+\frac{13+10}{2}\right)\times105\times0.01745+\left(\frac{28+25}{2}+\frac{33+30}{2}\right)\times75\times0.01745\right]\times3$ $=(45.81+7591)\times3$ $=365.16m^2$ $\frac{23+20}{2}\times90\times0.01745\times2\times3=202.59m^2$ $(493.5-433.5)\times3=180m^2$ 小计:202.59+180 $=382.59m^2$ $(150\times2)\times3=900m^2$ 合计:人行道整修面积为 $365.16+382.59+900=1647.75\ m^2$	m^2	1647.75
6	碎石盲沟	$\left(\frac{713-433.5}{15}+1\right)\times20\times0.4\times0.4$ $=60.8m^3$	m^3	60.8
7	砾石砂隔离层	同车行道人工整修面积	m^2	5908.11
8	厂拌粉煤灰三渣基层(H=25cm)	同经零路直线段车行道人工整修面积	m^2	2100
9	厂拌粉煤灰三渣基层(H=35cm)	其面积为唐陆路交叉口车行道人工整修面积加上纬东路交叉口车行道人工整修面积即: $2419.07+1389.04=3808.11\ m^2$	m^2	3808.11
10	排砌预制混凝土侧石	$150\times2=300m$	m	300
11	排砌预制混凝土侧平石 1)唐陆路交叉口 转角处: 2)纬东路交叉口 转角处: 直线段:	$(15+13)\times105\times0.01745+(28+33)\times75\times0.01745$ $=51.30+79.83=131.13m$ $90^0\times0.01745\times23\times2=72.24m$ $493.50-433.50=60m$ 小计:72.24+60=132.24m 合计:131.13+132.24=263.37m	m	263.37

续表

项次	项目及说明	计算说明	单位	数量
12	人工摊铺粗粒式沥青混凝土(H=5cm) 1) 唐陆路交叉口: 2) 纬东路交叉口:	车行道整修面积-平石面积 $=2419.07-131.13\times0.3=2379.73m^2$ 车行道整修面积-平石面积 $=1389.04-132.24\times0.3=1349.37m$ 合计:$2379.73+1349.37=3699.10m^2$	m^2	3699.10
13	人工摊铺细粒式沥青混凝土(H=25cm)	同摊铺粗粒式沥青混凝土面积	m^2	3699.10
14	C30 商品混凝土面层(H=20cm)	同经零路直线段车行道人工整修面积	m^2	2100
15	水泥混凝土面层模板	$150\times(4+1)\times0.2+14\times2\times0.2$ $=155.6\ m^2$	m^2	155.6
16	各类加固钢筋(构造筋) (1) 箍筋式端部钢筋 (2) 胀缝钢筋 (胀缝设置二道) (3) 纵向边缘钢筋 (4) 纵缝钢筋	$[2\times4\times(30.19+22.10)]\div1000=0.772t$ $2\times[4\times(19.07+60.38+44.19)]\div1000$ $=0.989\ t$ $2\times\left(\frac{150}{5}\times22.62\right)\div1000=1.357t$ $3\times\left(\frac{150}{5}\times3.73\right)\div1000=0.336t$ 合计:3.454t	t	3.454
18	排砌预制混凝土块(双排、宽为 30cm)	$4\times14=56m$	m	56
19	铺筑预制水泥混凝土人行道板	同人行道人工整修面积	m^2	1647.75
20	土方场内运输(自卸汽车运土 200m)	$628\times1.135+210=923\ m^3$	m^3	923
21	土方场外运输	$(1800-210-628\times1.135)\times1.8=1579\ t$	t	1579

接下去可以利用电脑及相应市政预算软件进行编制(此处利用上海市兴安软件公司的造价之星 2000 版),其接下去步骤为:

第三步:将定额编号及相应工程项目的工程量分别输入电脑,形成工料机汇总表。

第四步:在工料机汇总表内导入人工、各类材料及各类机械台班的市场单价(一般上海定额站会每月发布人工、各类材料及各类机械台班的单价,可以在电脑中直接引入或进行部分修改)从而会自动生成人工、各类材料及各类机械台班的合价(见表 6.17)。

第五步:第四步之后,电脑会将人、材、机的各个单价自动分配给各个分部分项工程,从而形成此工程项目的预算单价,将各工程项目的合价累计就得到直接费。(见表 6.18)

注意:此步与单价法有点类似,但也有区别,其最大的区别在于先将人工、各类材料、各种机械台班单价导入到工料机汇总表内,然后电脑自动将人、材、机各个单价分配到每个所涉及到的工程项目内形成该项目的预算单价(即人、材、机的单价是列入市场价的概念,可以随时变动,所以,用此方法编制预算一般也就不存在人、材、机的外差问题)。

第六步:根据市政工程施工费用计算顺序表,求得工程施工预算费用(见表6.19)

注意:施工措施费是据实际情况或合同约定在电脑中直接输入所需费用(见表6.20)

第七步:写编制说明

此步简略

第八步:校核、签字、盖章、装订

此步简略

至此,单位工程施工图预算编制完毕

说明:从第三步至第六步利用电脑及相应市政预算软件编制施工图预算的详细方法可见第6章第5节内容。

工料机表

工程名称:经零路道路工程 **表6.17**

编　码	名　称	规　格	单　位	预算价	数　量	合　价
100100	综合人工		工日	30.50	2,405.51	73,368.10
205030	木模成材		m^3	1306.61	0.06	81.32
205090	木丝板		m^2	20.44	51.98	1,062.37
206010	ϕ10以内钢筋		t	2299.26	0.81	1,871.85
206020	ϕ10以外钢筋		t	2365.21	2.73	6,447.32
208010	预制混凝土侧石	1000mm×300mm×120mm	m	14.22	580.27	8,251.46
208020	预制混凝土平石	1000mm×300mm×120mm	m	13.07	271.27	3,545.51
208050	预制混凝土块		块	3.49	365.38	1,275.17
208060	预制混凝土人行道板		m^2	36.08	1,713.71	61,830.73
209010	黄砂(中粗)		t	59.08	173.21	10,233.21
209090	道渣(30~80mm)		t	46.36	76.52	3,547.32
209100	道渣(50~70mm)		t	42.89	36.15	1,550.52
209110	砾石砂		t	49.72	1,959.29	97,416.13
209290	厂拌粉煤砂三渣(50~70 mm)		t	53.89	4,434.29	238,963.83
210021	乳化沥青		kg	2.46	1,295.42	3,179.68
210031	石油沥青		kg	1.78	527.77	941.55
210120	细粒式沥青混凝土(AC-13)		t	262.43	215.89	56,655.19
210160	粗粒式沥青混凝土(AC-30)		t	224.18	443.98	99,530.78
212010	圆钉		kg	5.26	2.07	10.89
212190	镀锌铁丝		kg	5.53	10.36	57.3

续表

编码	名称	规格	单位	预算价	数量	合价
212820	切缝机刀片		片	910.80	0.40	363.41
213020	重质柴油		kg	2.78	43.69	121.47
213530	塑料薄膜溶液		kg	7.80	503.98	3,931.04
214120	PG道路封缝胶		kg	13.80	387.78	5,351.36
214130	ϕ8泡沫条		m	0.15	438.90	65.83
214140	ϕ30泡沫条		m	0.50	324.79	162.39
215010	钢模板		kg	3.85	102.94	396.34
215040	钢模零配件		kg	4.87	368.77	1,795.92
217040	草袋		只	1.63	315.00	513.45
217150	电焊条		kg	6.09	1.67	10.14
217240	金属帽		只	0.96	311.20	298.75
217380	水		m^3	1.60	579.13	926.61
219010	32.5级水泥		kg	0.33	202,032.22	67,575.74
219040	黄砂(中粗)		kg	0.06	268,476.02	15,861.56

预 算 书

工程名称:经零路道路工程　　**表 6.18**

		编号	名称	单位	单价	工程量	合价
1	市	S2-1-1	人工挖土方(Ⅰ、Ⅱ类)	m^3	6.18	1,800.00	11,123
2	市	S2-1-8	填车行道土方(密实度90%)	m^3	5.34	628.00	3,351
3	市	S2-1-7	填人行道土方	m^3	7.56	210.00	1,589
4	市	S2-1-38	车行道路基整修(Ⅰ、Ⅱ类)	m^2	0.61	5,908.11	3,593
5	市	S2-1-40	人行道路基整修(Ⅰ、Ⅱ类)	m^2	1.24	1,647.75	2,039
6	市	S2-1-35	碎石盲沟	m^2	85.96	60.80	5,227
7	市	S2-2-1	砾石砂垫层(厚15cm)	$100m^2$	1,761.46	59.08	104,069
8	市	S2-2-13	厂拌粉煤灰粗粒径三渣基层(厚25cm)	$100m^2$	3,395.28	21.00	71,301
9	市	S2-2-14	厂拌粉煤灰粗粒径三渣基层(厚35cm)	$100m^2$	4,794.35	38.08	182,574
10	市	S2-4-21	排砌预制侧石现浇混凝土(5~20mm)C20	m	27.34	300.00	8,202
11	市	S2-4-23	排砌预制侧平石现浇混凝土(5~20mm)C20	m	53.62	263.37	14,121

续表

		编号	名称	单位	单价	工程量	合价
12	市	S2-3-12 换	人工摊铺粗粒式沥青混凝土(厚 5cm)	100m²	2,803.07	36.99	103,688
13	市	S2-3-16	人工摊铺细粒式沥青混凝土(厚 2.5cm)	100m²	1,700.69	36.99	62,910
14	市	S2-3-30 换	C30 面层混凝土(厚 20cm)现浇水泥混凝土(5~40mm)C30	100m²	6,975.11	21.00	146,477
15	市	S2-3-36	混凝土路面模板	m²	29.11	155.60	4,529
16	市	S2-3-37	混凝土路面构造筋	t	2,853.10	3.45	9,855
17	市	S2-4-29	混凝土块砌边(双排宽 30cm)现浇混凝土(5~16mm)C20	m²	36.55	56.00	2,047
18	市	S2-4-11	铺筑预制混凝土人行道板	100m²	4,544.34	16.48	74,882
19	市	S2-1-44	土方场内自卸汽车运输(运距≤200m)	m³	9.97	923.00	9,203
20	临	补	土方场外运输	t	30.00	1,579.00	47,370
			小计				868,148
			直接费合计				868,148

施工费用表

工程名称:经零路道路工程

表 6.19

	名称	表达式	金额
	道路工程费用表	所有分部	
1	定额直接费	直接费合计	868,148
2	大型周材运输费	[1]×0.5%	4,341
3	土方泥浆外运费	土方泥浆外运费	
4	直接费	[1]+[2]+[3]	872,489
5	综合费	[4]×10%	87,249
6	施工措施费	施工措施费	50,000
7	其他费用	[4]×0.09%+([4]+[5]+[6])×0.15%	2,300
8	税前补差	税前补差	
9	税金	([4]+[5]+[6]+[7]+[8])×3.41%	34,510
10	甲供材料	甲供材料	
11	税后补差	税后补差	
12	总造价	[4]+[5]+[6]+[7]+[8]+[9]+[10]+[11]	1,046,548

施 工 措 施 费

工程名称：经零路道路工程　　　　　　　　　　　　　　　　　　　　　　　　　　**表 6.20**

项 目 名 称	单　价	数　量	费　用
代办建设单位费用	5,000.00	1.00	5,000
现场安全施工增加费及措施费	20,000.00	1.00	20,000
特殊条件下施工技术措施费	10,000.00	1.00	10,000
工 程 保 险 费	15,000.00	1.00	15,000
合　计			50,000

6.6.2 排水管道施工图预算编制实例

1. 编制依据

(1) 某排水管道平面图(见图 6.19)

(2) 1980 年排水管道通用图(见图 6.22、图 6.23、图 6.24、图 6.25)

(3)《上海市市政工程预算定额》(2000 版)

(4) 人工、各类材料及各类机械台班单价采用上海市 2001 年 12 月的市场参考价

(5)《上海市建设工程施工费用计算规则》

2. 工程概况

经零路污水管道管径为 Φ450,其编制范围从经零污 109#至经零污 115#,采用开槽埋管进行施工;各窨井及管道的路面标高和管底标高见管道平面图,其中在路面标高中,括号外为新做路面标高,括号内为原地面标高。

3. 有关说明

(1) 本工程为新建工程不发生翻挖及修复道路项目

(2) 现场无堆土条件

(3) 需堆料场地 $400m^2$

(4) 预算软件采用上海兴安软件的造价之星 2000 版

4. 编制要求

请编制经零路污水管道施工图预算。

[解] 用实物法并借助电脑及相应市政预算软件进行编制,具体计算步骤及方法如下:

第一步:熟悉施工图纸,了解工程情况

可参见下水道平面(图 6.19)及有关排水管道通用图(图 6.22、图 6.23、图 6.24、图 6.25)

第二步:计算开槽埋管深度和窨井深度

具体计算过程见表 6.21

表 6.21

下水道工程量计算表

工程名称:经零路下水道工程

窨井编号	窨井规格	地面标高设计/原地面	管底标高	窨井埋深	定额深度	管底埋深	管底平均深度	槽底至管内壁高度	管径规格	管长	沟槽平均深度	定额深度	连管	进水口	备注
	经零污														
109	750×750×3290	3.98/3.68	0.69	3.29	3.5	2.99									
							3.09	0.30	ϕ450	35.38	3.39	3.50			ϕ450重型挤压管
110	750×750×3460	4.05/3.78	0.59	3.46	3.5	3.19									
							3.14	0.30	ϕ450	43.62	3.44	3.50			
111	750×750×3460	3.98/3.60	0.52	3.46	3.5	3.08									
							3.22	0.30	ϕ450	36	3.52	3.50			
112	750×750×3490	3.95/3.82	0.46	3.49	3.5	3.36									
							3.35	0.30	ϕ450	35	3.65	3.50			
113	750×750×3540	3.95/3.75	0.41	3.54	3.5	3.34									
							3.38	0.30	ϕ450	35	3.68	3.50			
114	750×750×3710	4.07/3.77	0.36	3.71	3.5	3.41									
							3.43	0.30	ϕ450	35	3.73	3.50			
115	750×750×4010	4.32/3.75	0.31	4.01	4.0	3.44									

注:1)上表中槽底至管内壁高度计算如下:

管径		管壁厚度 t		承口壁厚度 t_1		垫层厚度 h_1		混凝土基础厚度 h_2	
ϕ450	+	0.062	+	0.05	+	0.1	+	0.09	=0.30

2)管道及窨井的定额深度参见表6.22和表6.23

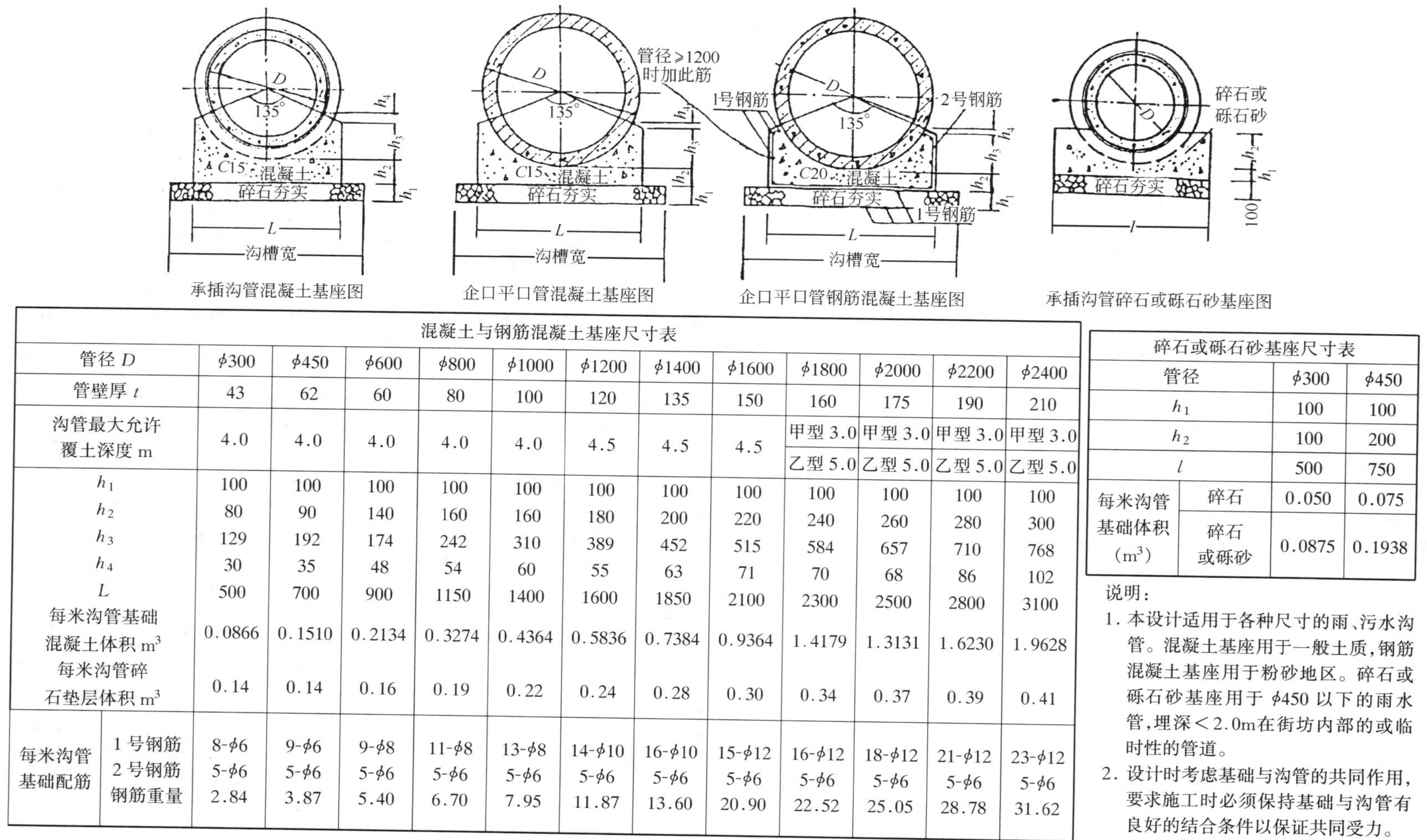

混凝土与钢筋混凝土基座尺寸表

管径 D		φ300	φ450	φ600	φ800	φ1000	φ1200	φ1400	φ1600	φ1800	φ2000	φ2200	φ2400
管壁厚 t		43	62	60	80	100	120	135	150	160	175	190	210
沟管最大允许覆土深度 m		4.0	4.0	4.0	4.0	4.0	4.5	4.5	4.5	甲型 3.0	甲型 3.0	甲型 3.0	甲型 3.0
										乙型 5.0	乙型 5.0	乙型 5.0	乙型 5.0
h_1		100	100	100	100	100	100	100	100	100	100	100	100
h_2		80	90	140	160	160	180	200	220	240	260	280	300
h_3		129	192	174	242	310	389	452	515	584	657	710	768
h_4		30	35	48	54	60	55	63	71	70	68	86	102
L		500	700	900	1150	1400	1600	1850	2100	2300	2500	2800	3100
每米沟管基础混凝土体积 m^3		0.0866	0.1510	0.2134	0.3274	0.4364	0.5836	0.7384	0.9364	1.4179	1.3131	1.6230	1.9628
每米沟管碎石垫层体积 m^3		0.14	0.14	0.16	0.19	0.22	0.24	0.28	0.30	0.34	0.37	0.39	0.41
每米沟管基础配筋	1 号钢筋	8-φ6	9-φ6	9-φ8	11-φ8	13-φ8	14-φ10	16-φ10	15-φ12	16-φ12	18-φ12	21-φ12	23-φ12
	2 号钢筋	5-φ6	5-φ6	5-φ6	5-φ6	5-φ6	5-φ6	5-φ6	5-φ6	5-φ6	5-φ6	5-φ6	5-φ6
	钢筋重量	2.84	3.87	5.40	6.70	7.95	11.87	13.60	20.90	22.52	25.05	28.78	31.62

碎石或砾石砂基座尺寸表

管径		φ300	φ450
h_1		100	100
h_2		100	200
l		500	750
每米沟管基础体积 (m^3)	碎石	0.050	0.075
	碎石或砾砂	0.0875	0.1938

说明：

1. 本设计适用于各种尺寸的雨、污水沟管。混凝土基座用于一般土质，钢筋混凝土基座用于粉砂地区。碎石或砾石砂基座用于 φ450 以下的雨水管，埋深＜2.0m在街坊内部的或临时性的管道。
2. 设计时考虑基础与沟管的共同作用，要求施工时必须保持基础与沟管有良好的结合条件以保证共同受力。

图 6.22　沟管基座设计图

注：表中甲型为开槽沟管允许覆土深度，乙型为顶管沟管允许覆土深度。

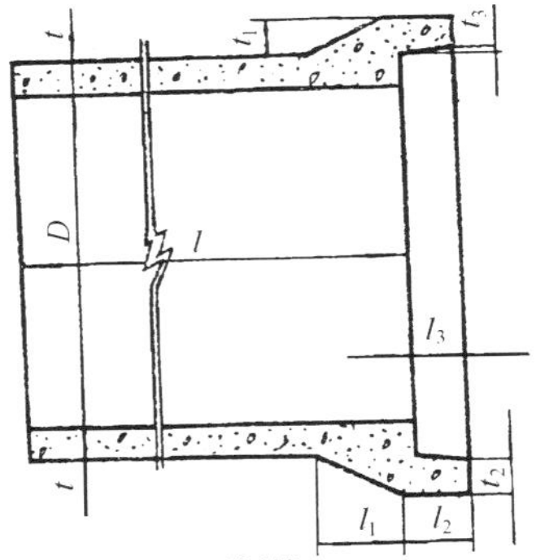

承插管 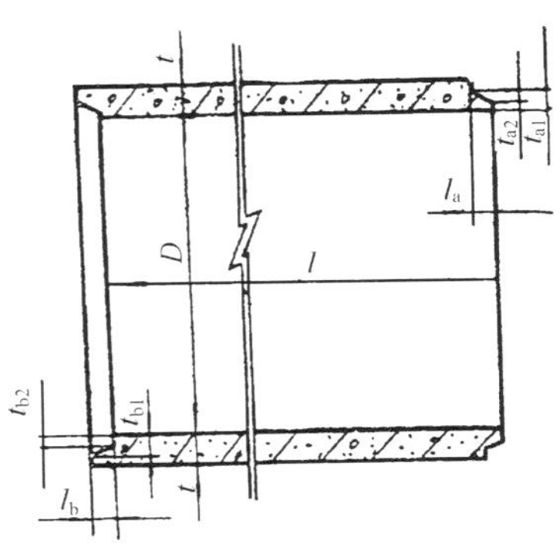　　企口管 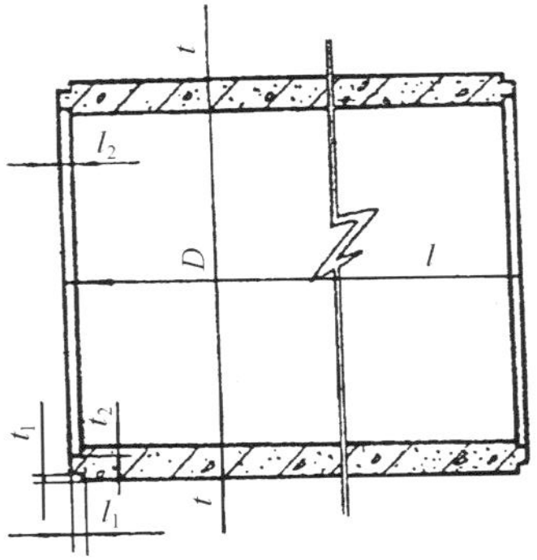　　平口管

承插沟管尺寸图

D	l	t	l_1	l_2	l_3	t_1	t_2	t_3	重量(kg)
300	1200	43	100	70	45	40	30	5	237
450	1200	62	125	80	50	50	40	5	511

企口沟管尺寸图

D	l	t	t_{a1}	t_{a2}	l_a	t_{b1}	t_{b2}	l_b	重量(kg)
600	2000	60	35	25	40	38	30	25	618
800	2000	80	45	35	40	48	40	25	1080

平口沟管尺寸图

D	l	t	t_1	t_2	l_1	l_2	重量(kg)
1000	2000	100	7	15	100	100	1692
1200	2000	120	7	15	100	100	2435
1400	2000	135	7	15	100	100	3205
1600	2000	150	10	20	100	100	4053
1800	2000	160	10	20	100	100	4838
2000	2000	175	10	20	100	100	5875
2200	2000	190	10	20	100	100	7023
2400	2000	210	10	20	100	100	8483

沟管成品规格	排通1201
	1-1

图 6.23

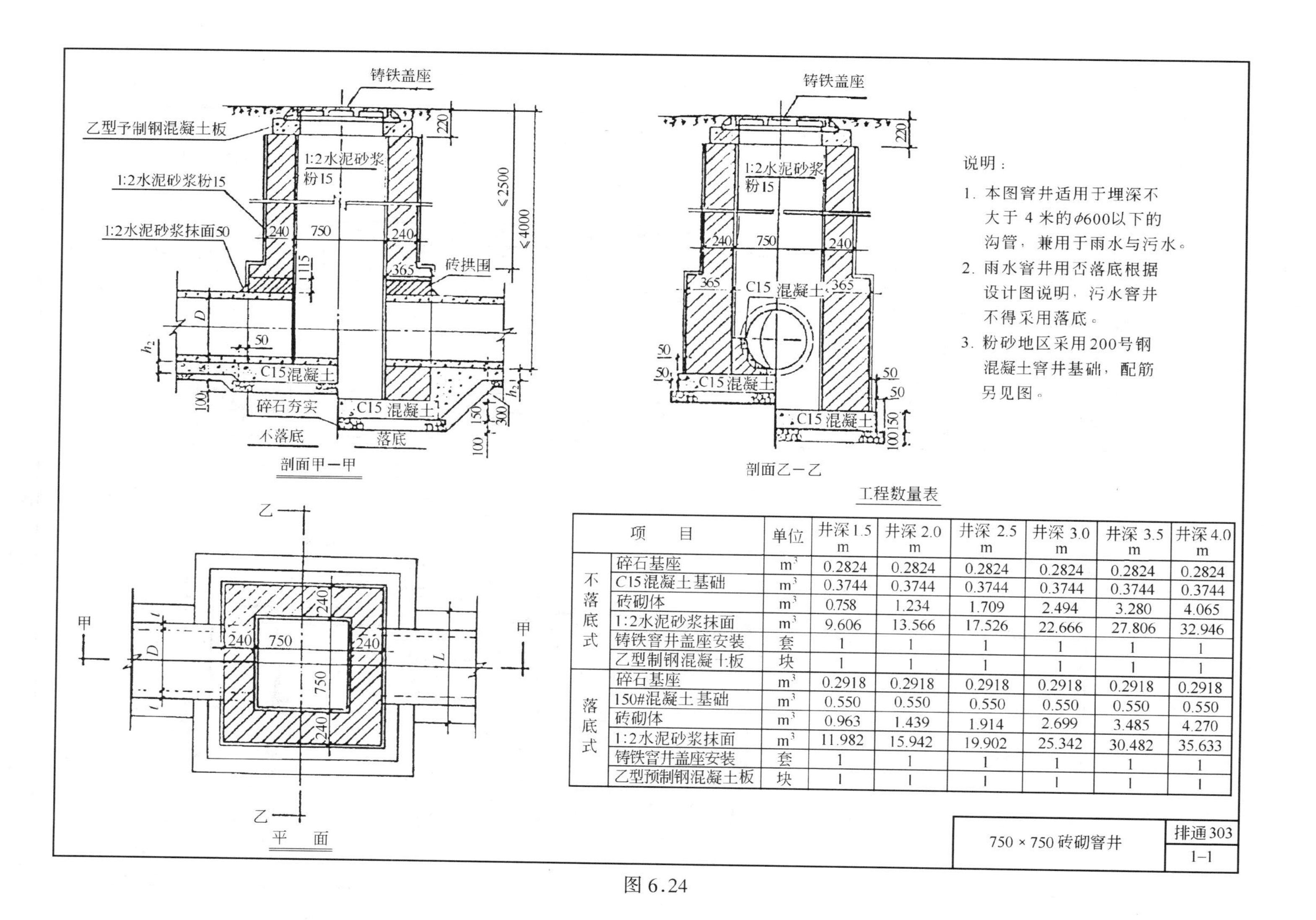

说明：

1. 本图窨井适用于埋深不大于 4 米的ϕ600以下的沟管，兼用于雨水与污水。
2. 雨水窨井用否落底根据设计图说明，污水窨井不得采用落底。
3. 粉砂地区采用200号钢混凝土窨井基础，配筋另见图。

工程数量表

	项　目	单位	井深1.5 m	井深2.0 m	井深2.5 m	井深3.0 m	井深3.5 m	井深4.0 m
不落底式	碎石基座	m^3	0.2824	0.2824	0.2824	0.2824	0.2824	0.2824
	C15混凝土基础	m^3	0.3744	0.3744	0.3744	0.3744	0.3744	0.3744
	砖砌体	m^3	0.758	1.234	1.709	2.494	3.280	4.065
	1:2水泥砂浆抹面	m^3	9.606	13.566	17.526	22.666	27.806	32.946
	铸铁窨井盖座安装	套	1	1	1	1	1	1
	乙型制钢混凝土板	块	1	1	1	1	1	1
落底式	碎石基座	m^3	0.2918	0.2918	0.2918	0.2918	0.2918	0.2918
	150#混凝土基础	m^3	0.550	0.550	0.550	0.550	0.550	0.550
	砖砌体	m^3	0.963	1.439	1.914	2.699	3.485	4.270
	1:2水泥砂浆抹面	m^3	11.982	15.942	19.902	25.342	30.482	35.633
	铸铁窨井盖座安装	套	1	1	1	1	1	1
	乙型预制钢混凝土板	块	1	1	1	1	1	1

750 × 750 砖砌窨井	排通303
	1–1

图 6.24

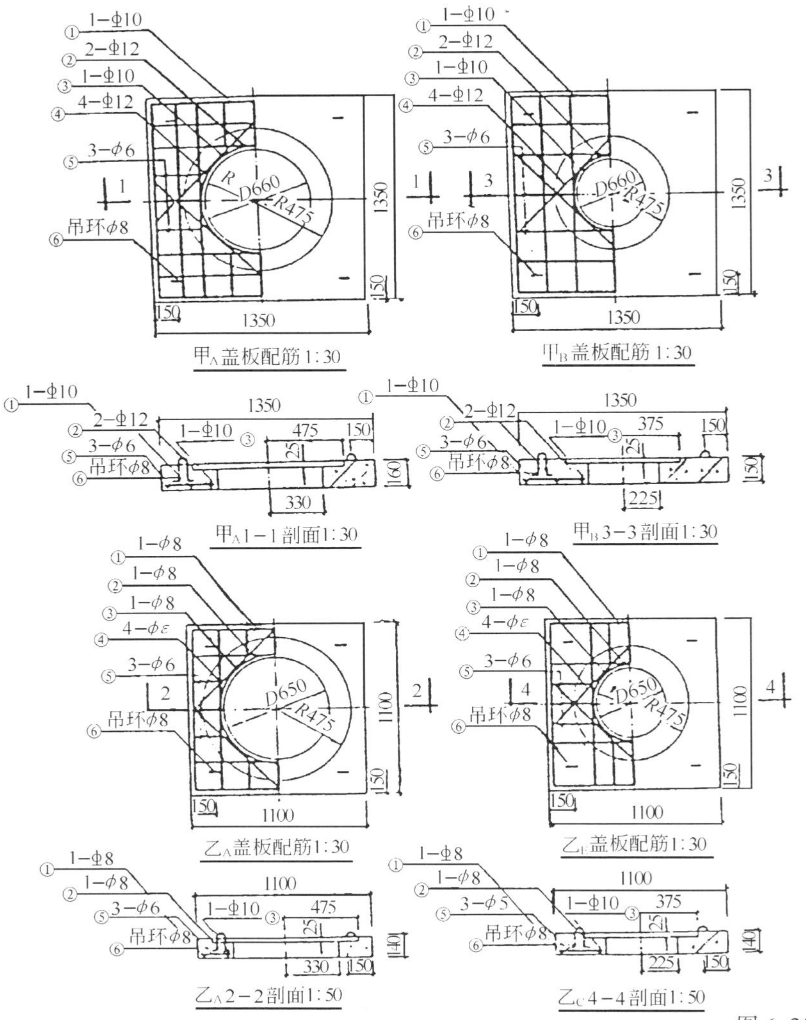

甲A盖板配筋1:30
甲B盖板配筋1:30
甲A1-1剖面1:30
甲B3-3剖面1:30
乙A盖板配筋1:30
乙B盖板配筋1:30
乙A2-2剖面1:50
乙C4-4剖面1:50
1-Φ10
2-Φ12
4-Φ12
3-φ6
吊环φ8
1-φ8
D660
D650
R475
1350
1100

配 筋 表

编号	盖板型号		配用铝筋 直径	每根铝筋长 cm		模数	总长 m		总重 kg	
1	甲A	甲B	Φ 10	530		1	5.30		3.27	
	乙A	乙B	Φ 8	428		1	4.28		1.69	
2	甲A	甲B	Φ 12	130		8	10.40		9.23	
	乙A	乙B	Φ 8	105		4	4.20		1.66	
3	甲A	甲B	Φ 10	236	170	1	2.56	1.70	1.46	1.05
	乙A	乙B	Φ 8	234	158	1	2.34	1.68	0.92	0.66
4	甲A	甲B	Φ 12	112	133	4	4.48	5.32	3.98	4.72
	乙A	乙B	Φ 8	77	98	4	3.08	3.92	1.22	1.55
5	甲A	甲B	φ6	31	41	12	3.72	4.92	0.86	1.09
	乙A	乙B	φ6	18	29		2.16	3.48	0.43	0.77
6	甲A	甲B	φ8	65		4	2.60		1.05	
	乙A	乙B	φ8	61			2.44		0.96	

工程量计算表 型号	C20混凝土(m^3)	钢筋用量(kg)	每块重(kg)
甲A	0.228	19.83	570
甲B	0.2591	20.39	648
乙A	0.112	6.93	260
乙B	0.140	7.29	350

说明:

1. 甲 A 板用于 1000×1000～1100×2900 雨水窨井,甲 B 板用于 1000×1000～1100×2900 污水窨井。乙 A 板用于 600×600～750×750 雨水窨井,乙 B 板用于 600×600～750×750 污水窨井。
2. 材料:混凝土 200 号,钢筋Ⅰ级钢以表示,Ⅱ级钢以表示。
3. 主筋净保护层为 20mm。
4. 预制钢筋混凝土板在安装前必须在井墙预先做 1:2 水泥砂浆厚 25mm,四周再用 1:2 砂浆窝牢。
5. 铸铁盖座在安放前先在凹槽内做 1:2 水泥砂浆 15mm,符标高校正后,用 200 号细石混凝土将铸铁座窝牢。

图 6.25

沟槽深度定额取定表 表 6.22

实际深度(m)	≤1.25	1.26～1.75	1.76～2.25	2.26～2.75	2.76～3.00	3.01～3.25
定额深度(m)	1.00	1.50	2.00	2.50	≤3.00	>3.00
实际深度(m)	3.26～3.75	3.76～4.00	4.01～4.25	4.26～4.75	4.76～5.25	5.26～5.75
定额深度(m)	3.50	≤4.00	>4.00	4.50	5.00	5.50
实际深度(m)	5.75～6.00	6.01～6.25	6.26～6.75	6.76～7.25	7.26～7.75	7.76～8.25
定额深度(m)	≤6.00	>6.00	6.50	7.00	7.50	≤8.00

窨井深度定额取定表 表 6.23

实际深度(m)	1.25	1.26～1.75	1.76～2.25	2.26～2.75	2.76～3.25
定额深度(m)	1.00	1.50	2.00	2.50	3.00
实际深度(m)	3.26～3.75	3.76～4.25	4.26～4.75	4.76～5.25	5.26～5.75
定额深度(m)	3.50	4.00	4.50	5.00	5.50
实际深度(m)	5.75～6.25	6.26～6.75	6.76～7.25	7.26～7.75	7.76～8.25
定额深度(m)	6.00	6.50	7.00	7.50	8.00

第三步:列出分部分项工程项目,并计算其相应工程量

根据排水管道施工顺序,参照《上海市市政工程预算定额》中的有关项目,列出分部分项工程项目,并计算其工程量。

在计算时,要注意有关工程量计算规则及有关册、章说明中的内容。

本单位工程开槽埋管及窨井砌筑有关项目名称及工程量计算过程见表 6.24、6.25。

开槽埋管工程数量计算表

表 6.24

项次	项 目 及 说 明	计 算 说 明	单位	数 量
1	计算挖沟槽土方及窨井土方		m^3	1460.40
	(1) 750×750 窨井坑尺寸	窨井外壁尺寸+工作面宽度 (0.75+0.365×2+0.05×4)+0.7×2 =3.08m		
	(2) 沟槽挖土方:(经零路污水管 Φ450 沟槽)	长×宽×沟槽平均深		
	1) 109#～110#	(35.38+3.08÷2)×1.75×3.39=219.03m^3		
	2) 110#～111#	43.62×1.75×3.44=262.59m^3		
	3) 111#～112#	36×1.75×3.52=221.76m^3		
	4) 112#～113#	35×1.75×3.65=223.56m^3		

续表

项次	项目及说明	计算说明	单位	数量
	5) 113#～114#	35×1.75×3.68＝225.40m³		
	6) 114#～115#	(35＋3.08÷2)×1.75×3.73＝238.52m³		
		小计:1390.86m³		
	(3) 窨井加宽加深挖方数 1390.86×5%＝69.54m³	按沟槽土方5%计		
		合计:1390.86＋69.54＝1460.40m³		
2	湿土排水	按原地面1m以下的土方量计	m³	1050.49
	(1) 沟槽湿土排水			
	1) 109#～110#	(35.38＋3.08÷2)×1.75×2.39 ＝154.42m³		
	2) 110#～111#	43.62×1.75×2.44＝186.26m³		
	3) 111#～112#	36×1.75×2.52＝158.76m³		
	4) 12#～113#	35×1.75×2.65＝162.31m³		
	5) 113#～114#	35×1.75×2.68＝164.15m³		
	6) 114#～115#	(35＋3.08÷2)×1.75×2.73＝174.57m³		
		小计:1000.47m³		
	(2)窨井加宽加深部分湿土排水	按沟槽湿土排水的5%计 则1000.47×5%＝50.02m³		
		合计:1000.47＋50.02＝1050.49 m³		
3	筑拆集水井	每40m设置一只集水井		
	(1) 沟槽总长	(35.38＋3.08÷2＋43.62＋36＋35＋35＋35＋3.08÷2)＝223.08m 223.08÷40＝5.58	只	6
	(2) 集水井数	取6只		
4	沟槽支撑	由于沟槽深度大于3m,所以选用槽型钢板桩进行沟槽支撑		
	(1)打沟槽钢板桩 (桩长4.0～6.0m)	223.08×2＝446.16m	m	446.16
	(2) 沟槽钢板桩 (桩长4.0～6.0m)	223.08×2＝446.16m	m	446.16
	(3) 安拆钢板桩支撑 (沟槽宽度3.0m以内)	223.08m	m	223.08
	(4) 槽型钢板桩使用数量	(1543×223.08×2)÷100＝6884.25t·d	t·d	6884.25
	(5) 槽型钢板桩支撑使用数量	(145×223.08)÷100＝323.47t·d	t·d	323.47
5	管道碎石垫层	管道净长度×通用图中Φ450每米碎石用量	m³	29.56
	(1) 管道净长度	管道毛长度－窨井外壁尺寸 (其中:750×750窨井外壁尺寸为0.75＋0.365×2＝1.48m)		
	1) 109#～110# 管道净长度	35.38－1.48＝33.90m		

续表

项次	项目及说明	计算说明	单位	数量
	2) 110#～111#　管道净长度	43.62－1.48＝42.14m		
	3) 111#～112#　管道净长度	36－1.48＝34.52m		
	4) 112#～113#　管道净长度	35－1.48＝33.52m		
	5) 113#～114#　管道净长度	35－1.48＝33.52m		
	6) 114#～115#　管道净长度	35－1.48＝33.52m		
		小计:211.12m		
	(2) 管道碎石用量	211.12×0.14＝29.56m^3		
6	管道混凝土基座			
	(1) 混凝土基座	管道净长度×通用图中 Φ450 每米混凝土用量	m^3	31.88
		211.12×0.151＝31.88m^3		
	(2) 模扳	2×(h_2＋h_3)×(管道毛长度＋两端窨井混凝土基座长) ＝2×(0.09＋0.192)×[220＋(0.75＋0.365×2＋0.05×2)] ＝2×0.282×221.58＝124.97m^2	m^2	124.97
7	管道铺设长度	管道毛长度－窨井内径	m	215.50
		(其中:750×750 窨井内径为 0.75m)		
	(1) 109#～110#	35.38－0.75＝34.63m		
	(2) 110#～111#	43.62－0.75＝42.87m		
	(3) 111#～112#	36－0.75＝35.25m		
	(4) 112#～113#	35－0.75＝34.25m		
	(5) 113#～114#	35－0.75＝34.25m		
	(6) 114#～115#	35－0.75＝34.25m		
		合计:215.50m		
8	管道接口	每段管道铺设长度÷Φ450 单位管长	只	176
		(其中:Φ450 单位管长为 1.2m/节)		
	(1) 109#～110#	(35.38－0.75)÷1.2－1＝27.86　取 28 只		
	(2) 110#～111#	(43.62－0.75)÷1.2－1＝34.73　取 35 只		
	(3) 111#～112#	(36－0.75)÷1.2－1＝28.37　取 29 只		
	(4) 112#～113#	(35－0.75)÷1.2－1＝27.54　取 28 只		
	(5) 113#～114#	(35－0.75)÷1.2－1＝27.54　取 28 只		
	(6) 114#～115#	(35－0.75)÷1.2－1＝27.54　取 28 只		
		合计:176 只		
9	管道磅水	污水管道每段均需磅水	段	6
		则 Φ450 管道共 6 段需进行磅水		

续表

项次	项目及说明	计算说明	单位	数量
10	沟槽回填土方	挖土数－余土数 余土数＝管道碎石体积＋管道混凝土基座体积＋管子外形体积＋窨井外形体积	m^3	1282.76
	其中			
	(1) 挖土数	$1460.40m^3$		
	(2) 余土数			
	1) 管道碎石垫层的体积	$29.56m^3$		
	2) 管道混凝土座体积	$31.88m^3$		
	3) 管子外形体积	$V_{管}=\pi/4\cdot D_{外}^2\times$管道净长度 $=\pi/4\times(0.45+0.062\times2)^2\times211.12$ $=54.60m^3$		
	4) 750×750 窨井外形体积			
	a. 0.75×0.75(H＝3.50m) 不落底窨井	$[(0.75+0.365\times2+0.015\times2)^2\times3.5+0.2824+0.3744]\times6$ $=51.82m^3$		
	b. 0.75×0.75(*H*＝4.0m) 不落底窨井	$[(0.75+0.365\times2+0.015\times2)^2\times4+0.2824+0.3744]\times1$ $=9.78\ m^3$		
		余土数小计：$177.64m^3$		
	则沟槽回填土数：	$1460.40-177.64=1282.76m^3$		
11	挖土场内运输土方数	因场内无堆土条件 则:(挖土数－堆土数)×60% $=(1460.4-0)\times60\%=876.24m^3$	m^3	876.24
12	填土场内运输	挖土场内运输土方数－余土数 $=876.24-177.64$ $=698.6m^3$	m^3	698.6
13	余土外运	177.64×1.8＝319.75t	t	319.75
14	堆料场地	根据定额说明	m^2	400

窨井砌筑工程数量计算表 **表 6.25**

项次	窨井规格 / 项目	750×750×3.5 不落底窨井(6座)	750×750×4.0 不落底窨井(1座)	合计
1	碎石垫层(m^3)	0.2824×6	0.2824×1	1.98
2	混凝土基础(m^3)	0.3744×6	0.3744×1	2.62
3	砖砌体(m^3)	3.280×6	4.065×1	23.75
4	1:2 砂浆抹面(m^2)	27.806×6	32.946×1	199.78

续表

项次	窨井规格 项目	750×750×3.5 不落底窨井(6座)	750×750×4.0 不落底窨井(1座)	合计
5	$乙_B$型钢筋混凝土板预制(m^3)	0.140×6	0.140×1	0.98
6	$乙_B$型钢筋混凝土板钢筋(t)	0.00729×6	0.00729×1	0.051
7	$乙_B$型钢筋混凝土板安装(m^3)	0.140×6	0.140×1	0.98
8	铸铁盖座(套)	1×6	1×1	7

接下去可以利用电脑及相应市政预算软件进行编制(此处利用上海市兴安软件公司的造价之星2000版),其接下去步骤为:

第四步:将定额编号及相应工程项目的工程量分别输入电脑,形成工料机汇总表。

第五步:在工料机汇总表内载入人工、各类材料及各类机械台班的市场单价(一般上海定额站会每月发布人工、各类材料及各类机械台班的单价,可以在电脑中直接引入或进行部分修改)从而会自动生成人工、各类材料及各类机械台班的合价。(见表6.26)

第六步:第四步之后,电脑会将人、材、机的各个单价自动分配给各个分部分项工程,从而形成此工程项目的预算单价,将各工程项目的合价累计就得到直接费。(见表6.27)

注意:此步与单价法有点类似,但也有区别,其最大的区别在于先将人工、各类材料、各种机械台班单价导入到工料机汇总表内,然后电脑自动将人、材、机各个单价分配到每个涉及到的工程项目内形成该项目的预算单价。(即人、材、机的单价是引入市场价的概念,可以随时变动,所以,用此方法编制预算一般也就不存在人、材、机的外差问题)

第七步:根据市政工程施工费用计算顺序表,求得工程施工预算费用(见表6.28)

注意:施工措施费是据实际情况或合同约定在电脑中直接输入所需费用。(见表6.29)

第八步:写编制说明

此步简略。

第九步:校核、签字、盖章、装订

此步简略。

至此,单位工程施工图预算编制完毕。

说明:从第三步至第六步利用电脑及相应市政预算软件编制施工图预算的详细方法可见第6章第5节内容。

工料机表

工程名称:经零路下水道工程 **表6.26**

编码	名称	规格	单位	预算价	数量	合价
100100	综合人工		工日	30.50	1,483.31	45,240.91
205010	成材		m^3	1247.45	0.92	1,151.11
205030	木模成材		m^3	1306.61	0.55	713.11
206010	ϕ10以内钢筋		t	2299.26	0.05	117.84
207110	混凝土重型挤压管	ϕ450×1200	m	96.24	218.22	21,001.97

续表

编　码	名　称	规　格	单　位	预算价	数　量	合　价
208300	铸铁窨井雨污水盖座(市政90型)		套	477.10	7.00	3,339.70
209010	黄砂(中粗)		t	59.08	0.41	24.10
209080	碎石(5～70mm)		t	52.89	58.31	3,083.91
209100	道渣(50～70mm)		t	42.89	74.92	3,213.19
209150	统一砖		千块	284.45	13.12	3,732.91
212010	圆钉		kg	5.26	25.48	134.04
212190	镀锌铁丝		kg	5.53	33.71	186.40
215010	钢模板		kg	3.85	78.01	300.32
215040	钢模零配件		kg	4.87	28.84	140.47
215120	槽形钢板桩		t	3016.28	0.59	1,768.35
215240	铁撑柱		kg	6.49	157.28	1,020.76
217040	草袋		只	1.63	95.91	156.34
217380	水		m^3	1.60	83.30	133.28
217510	竹箩		只	11.00	6.00	66.00
219010	32.5级水泥		kg	0.334	23,132.28	7,737.29
219040	黄砂(中粗)		kg	0.059	58,116.14	3,433.50
219060	碎石(5～20mm)		kg	0.054	64,989.11	3,526.96
219070	碎石(5～40mm)		kg	0.051	1,269.24	65.11
219130	水		m^3	1.60	14.91	23.86
X0045	其他材料费				34.37	34.37
301050	1m^3 轮胎式装载机		台班	419.93	3.28	1,378.81
301200	0.2～0.4m^3 电动履带式挖土机		台班	225.81	58.12	13,124.96
301240	轻型内燃光轮压路机		台班	219.81	0.80	175.85
301290	ϕ265 内燃夯实机		台班	25.00	47.59	1,189.76
302010	2.5t 履带式柴油打桩机		台班	1141.98	0.50	570.99
303010	5t 履带式电动起重机		台班	190.07	12.40	2,356.92
303130	5t 汽车式起重机		台班	371.76	0.36	134.38
303150	12t 汽车式起重机		台班	644.60	5.00	3,223.00
304010	4t 载重汽车		台班	257.00	0.42	108.96
304060	4t 自卸汽车		台班	315.06	34.02	10,717.25

续表

编码	名称	规格	单位	预算价	数量	合价	百分比
100100	综合人工		工日	31.000	2,558.73	79,320.65	100.00
205010	成材		m^3	1247.000	1.31	1,631.95	2.33
205030	木模成材		m^3	1307.000	0.55	713.86	1.02
206010	ϕ以10内钢筋		t	2299.000	0.05	117.82	0.17
207110	混凝土重型挤压管	$\phi450\times1200$	m	96.000	218.23	20,949.60	29.90
208300	铸铁窨井雨污水盖座(市政90型)		套	477.000	7.00	3,339.00	4.77
209010	黄砂(中粗)		t	59.000	35.19	2,075.96	2.96
209080	碎石(5~70mm)		t	53.000	58.31	3,090.32	4.41
209100	道碴(50~70mm)		t	43.000	74.92	3,221.43	4.60
209150	统一砖		千块	284.000	13.12	3,727.00	5.32
212010	圆钉		kg	5.000	25.48	127.42	0.18
212190	镀锌铁丝		kg	6.000	33.71	202.25	0.29
215010	钢模板		kg	4.000	78.01	312.03	0.45
215040	钢模零配件		kg	5.000	28.84	144.22	0.21
215120	槽形钢板桩		t	3016.000	4.45	13,410.47	19.14
215240	铁撑柱		kg	6.000	157.28	943.69	1.35
215270	桩帽		kg	1.000	193.19	193.19	0.28
217040	草袋		只	2.000	95.91	191.83	0.27
217380	水		m^3	2.000	83.30	166.59	0.24
217510	竹箩		只	11.000	6.00	66.00	0.09
219010	32.5级水泥		kg	0.334	23,132.28	7,726.18	11.03
219040	黄砂(中粗)		kg	0.059	58,116.14	3,428.85	4.89
219060	碎石(5~20mm)		kg	0.054	64,989.11	3,509.41	5.01
219070	碎石(5~40mm)		kg	0.051	1,269.24	64.73	0.09
219130	水		m^3	2.000	14.91	29.82	0.04
X0045	其他材料费				681.21	681.21	0.97
301050	$1m^3$轮胎式装载机		台班	420.000	3.28	1,379.04	1.96
301200	0.2~0.4m^3电动履带式挖土机		台班	226.000	58.12	13,136.01	18.71
301240	轻型内燃光轮压路机		台班	220.000	0.80	176.00	0.25
301290	ϕ265内燃夯实机		台班	25.000	47.59	1,189.76	1.69
302010	2.5t履带式柴油打桩机		台班	1142.000	0.50	571.00	0.81
302060	0.6t轨道式柴油打桩机		台班	391.000	41.86	16,365.37	23.31
302150	简易拔桩架		台班	162.000	53.44	8,657.38	12.33

续表

编码	名称	规格	单位	预算价	数量	合价	百分比
303010	5t履带式电动起重机		台班	190.000	12.40	2,356.05	3.36
303130	5t汽车式起重机		台班	372.000	0.36	134.47	0.19
303150	12t汽车式起重机		台班	645.000	5.00	3,225.00	4.59
304010	4t载重汽车		台班	257.000	0.42	108.96	0.16
304060	4t自卸汽车		台班	315.000	34.02	10,715.21	15.26
304110	1t机动翻斗车		台班	123.000	3.56	438.28	0.62
306040	400L双锥反转出料搅拌机		台班	82.000	3.08	252.79	0.36
306080	200L灰浆搅拌机		台班	72.000	0.18	12.67	0.02
306220	平板式混凝土振动器		台班	13.000	6.76	87.90	0.13
306230	插入式混凝土振捣器		台班	11.000	4.73	51.99	0.07
307010	钢筋调直机		台班	40.000	0.03	1.31	
307020	钢筋切断机		台班	42.000	0.03	1.37	
307170	ϕ1000木工圆锯机		台班	62.000	0.13	7.90	0.01
307200	木工平刨床(宽度450mm)		台班	19.000	0.29	5.46	0.01
308010	ϕ50电动单级离心清水泵		台班	79.000	126.06	9,958.65	14.18
308240	ϕ50潜水泵		台班	68.000	2.70	183.60	0.26
JX2030	其他机械费				1,194.67	1,194.67	1.70

预 算 书

工程名称:经零路下水道工程　　　　表6.27

		编号	名称	单位	单价	工程量	合价
			开槽埋管(PH—48)				
1	市	S5—1—8	机械挖沟槽土方(深≤6m,装车)	m^3	16.08	1,460.40	23,476
2	市	S1—1—9	湿土排水	m^3	11.43	1,050.49	12,004
3	市	S1—1—11	筑拆竹箩滤井	座	30.54	6.00	183
4	市	S4—1—22	组拆履带式柴油打桩机(锤重≤2.5t)	架·次	4,412.56	1.00	4,413
5	市	S5—1—13	打沟槽钢板桩(长4.00~6.00m,单面)	100m	10,773.28	4.46	48,066

续表

		编　号	名　　称	单　位	单　价	工程量	合　　价
6	市	S5—1—18	拔沟槽钢板桩(长4.00~6.00m,单面)	100m	5,940.62	4.46	26,505
7	市	S5—1—23	安拆钢板桩支撑(槽宽≤3.0m,深3.01~4.00m)	100m	3,849.82	2.23	8,585
8	临	章说明	钢板桩使用费	t·d	30.00	6,884.25	206,528
9	临	章说明	钢板桩支撑使用费	t·d	20.00	323.47	6,469
10	市	S5—1—41	管道碎石垫层	m^3	118.33	29.56	3,498
11	市	S5—1—43	C20管道基座混凝土 现浇混凝土(5~20mm)C20	m^3	345.81	31.88	11,024
12	市	S5—1—45	管道基座模板	m^2	20.74	124.97	2,592
13	市	S5—1—49	铺设Φ450混凝土管	100m	10,250.25	2.15	22,038
14	市	S5—1—83	Φ450水泥砂浆接口　水泥砂浆1:2	只	5.36	176.00	944
15	市	S5—1—106	Φ450管道闭水试验 水泥砂浆M10	段	207.49	6.00	1,245
16	市	S5—1—36	沟槽夯填土	m^3	10.69	1,282.76	13,712
17	市	S1—1—36	挖土方场内运输(运土1km以内)	m^3	7.78	876.24	6,820
18	市	S1—1—37	填土方场内运输(装运土1km以内)	m^3	9.99	698.60	6,981
19	市	S1—4—20	堆料场地 现浇混凝土(5~20mm)C15	m^2	33.15	400.00	13,258
20	临	补	余土外运	t	30.00	319.75	9,593
			小计				427,933
			窨井				
21	市	S5—1—41	管道碎石垫层	m^3	118.33	1.98	234
22	市	S5—1—43	C20管道基座混凝土 现浇混凝土(5~20mm)C20	m^3	345.81	2.62	906
23	市	S5—3—2	砖砌窨井(深≤4m)水泥砂浆M10	m^3	283.38	23.75	6,730
24	市	S5—3—6	窨井水泥砂浆抹面 水泥砂浆1:2	m^2	10.37	199.78	2,071
25	市	S5—3—14	C20预制盖板混凝土 预制混凝土(5~40mm)C20	m^3	452.91	0.98	444
26	市	S5—3—15	预制盖板钢筋	t	2,852.68	0.05	143
27	市	S5—3—16	安装钢筋混凝土盖板($0.5m^3$以内) 水泥砂浆1:2	m^2	120.84	0.98	118
28	市	S5—3—18	安装铸铁盖座水泥砂浆1:2	套	515.18	7.00	3,606
			小计				14,252
			直接费合计				442,186

施工费用计算顺序表

工程名称:经零路下水道工程

表 6.28

	名　称	表达式	金　额
	费用表 1	所有分部	
1	定额直接费	直接费合计	442,186
2	大型周材运输费	[1]×0.5%	2,211
3	土方泥浆外运费	土方泥浆外运费	
4	直接费	[1]+[2]+[3]	444,397
5	综合费	[4]×10%	44,440
6	施工措施费	施工措施费	50,000
7	其他费用	[4]×0.09%+([4]+[5]+[6])×0.15%	1,208
8	税前补差	税前补差	
9	税金	([4]+[5]+[6]+[7]+[8])×3.41%	18,416
10	甲供材料	甲供材料	
11	税后补差	税后补差	
12	总造价	[4]+[5]+[6]+[7]+[8]+[9]+[10]+[11]	558,460

施 工 措 施 费

工程名称:经零路下水道工程

表 6.29

项 目 名 称	单　价	数　量	费　用
代办建设单位费用	5,000.00	1.00	5,000
现场安全施工增加费及措施费	20,000.00	1.00	20,000
特殊条件下施工技术措施费	10,000.00	1.00	10,000
工程保险费	15,000.00	1.00	15,000
合　计			50,000

第7章　工程预(概)算管理

预(概)算的管理工作,包括工程预概算的审查、工程价款的结算和竣工结算的编制等。预算编制后,随着工程施工的进展,预算管理工作也要按期进行。

预算经过审定,作为工程结算的依据。如有工程变更和材料代用等,由施工单位根据变更核定单和材料核定单等,编制变更补充预算,经建设单位签证后,对原预算进行调整。

加强预算管理工作,健全预算工作制度,提高预算质量,对促进企业的经济管理,降低工程成本,提高工程建设投资效果,都具有重要意义。

第1节　设计概算审查*

7.1.1　审查的意义

1. 有助于落实工程建设计划,合理确定工程造价,提高经济效益

工程建设计划是根据工程预(概)算编制的。如果预(概)算编制不准确,偏差较大,而使投资得不到落实,会影响投资的合理分配和项目建设的发展速度。

2. 有助于建设材料和物资的保证供应

建设单位和施工单位的备料计划,是根据预(概)算确定的,如果预(概)算编制不准确,就会出现备料过剩或储料不足的现象,从而影响工程施工正常进行。加强对预(概)算审查,有利于改进材料、物质供应工作,保证供应。

3. 有助于施工单位端正经营思想,加强经济核算,提高经营管理水平

建筑工程预(概)算是确定工程造价的主要依据,预(概)算编制中如漏项或低套少算,将直接影响施工单位的经营收入;但若有重项或高套多算,又会使施工单位轻易地取得较多的经营收入,而忽视管理水平的再提高并掩盖浪费现象。加强预(概)算的审查,能堵塞漏洞,促使施工单位端正经营方向,加强经济核算,对提高经营管理水平有很大的作用。

4. 有助于搞好财务拨款

工程拨款和结算,必须以预(概)算为依据。如果没有准确的预(概)算,就不能有效地实现对财务拨款的监督,也不能正确地组织工程项目的经济活动。对预(概)算进行审查是核实工程造价的重要环节和手段。

7.1.2　审查的内容

1. 审查概算编制依据

审查概算编制采用的概算定额或概算指标的结构特征和工程量,是否与初步设计相符;材料、设备的价格和各项取费标准是否遵守国家或地区的规定。

2. 审查设计文件

审查设计文件是指审查设计文件所包括的设计内容是否完整,设计项目是否遗漏或多列,工程项目是否按照设计要求确定;审查总图布置是否紧凑合理,是否符合实际需要;审查

总图占地面积是否与规划指标相符，用地有无多征、少征情况等。

3. 审查概算编制作风

审查概算编制中是否实事求是，有无弄虚作假，或高估冒算，造价是否过高或留有“活口”。

4. 审查概算编制方法、项目工程量和单价

审查概算编制方法及计算表、工程量计算方法和采用定额计价（指采用综合定额和基价计价的办法）或工程量清单计价（指采用工程量清单和综合单价计价的办法）是否正确，工程项目是否漏项或重项。

5. 审查材料价差

采用定额计价时，审查时应注意实际（市场）价格与定额预算价格之间的价差。

6. 审查各项费用

审查概算所列项目费用是否准确齐全，概算投资是否是工程项目从筹建开始到竣工交付为止的全部建设费用。审查其他各项费用（如土地征购费、障碍物清除费、青苗赔偿费、施工机构搬迁费、大型机械进退场费等）的计算是否符合国家和地区的有关规定。不属工程建设范围的费用不得列入，无规定者要根据情况核实后，方可列入。

7. 审查造价计算程序

注意设计概算造价的计算程序是否符合当地现行的规定。

8. 审查概算单位和技术经济指标

审查概算中的单位造价或概算指标的单位造价，将其与已建工程类似预算的单位造价或国家颁发的控制指标进行比较，检查是否符合。同时，审查概算技术经济指标有无错误，是否合理或超过国家控制数字。通常可与同类工程的技术经济指标作对比，查找分析高低的原因。

9. 审查填写项目

审查有关建设单位、工程名称、建设规模、建筑标准、概算造价以及编制日期等项目，是否填写完整和清楚，是否符合设计规定。

10. 审查投资的经济效果

对投资的经济效果要作综合性的审查评价，既要审查宏观的社会经济效益，又要计算微观的项目经济效果，还要审查研究在建设过程中如何避免损失浪费和促进提前发挥投资效果，以及配套项目之间同步建设等问题。要对建设周期长短、投资资金的回收和盈利能力等各种因素作全面的考虑衡量，要避免盲目建设。

7.1.3 审查的方式

根据国家有关规定，在报批初步设计的同时要报批设计概算。因此，审查设计概算必须与审查初步设计同时进行。在一般情况下，应当由建设单位的主管部门，组织建设单位、设计单位等有关部门，采用会审的方式，联合进行审查。这样，即审查设计，又审查概算，对审查中出现的设计和概算的修改，应通过主管部门的批复文件予以认定。

会审时，可以先由会审单位分头审查，然后集中起来研究定案；也可以先由会审单位组成专门审查班子，根据参与审查人员的业务专长，划分小组，拆分概算费用，分头进行审查，然后集中起来讨论定案。

7.1.4 审查的步骤

审查设计概算是一项复杂而细致的技术经济工作，需要具有复合型知识的人才，既要懂得有关的专业生产技术知识，又要懂得工程技术经济方面的知识，还要掌握投资经济管理，金融业务等多种学科的知识，才能在实际工作中应付自如。但是，目前我国这种复合型的管理人才十分缺乏，这就需要我们依靠各行业的专家和工程技术人员、管理人员，深入调查研究，掌握大量的第一手资料，才能使概算更加切合实际。

1. 掌握数据和收集资料

根据批准的项目可行性研究报告，了解建设项目的建设规模、设计能力、工艺流程、自身建设条件及外部配合条件等。在审查前弄清设计概算编制的依据、组成内容和编制方法，收集概算定额、概算指标、综合预算定额、现行费用标准和其他有关文件资料等。

2. 调查研究，了解情况

当对上述数据和资料有疑问时(包括随着建筑技术的发展而出现的新情况、新问题)必须做必要的调查研究。这既可解决资料、数据中所存在的疑问，又可了解同类建设项目的建设规模、工艺流程，设计是否经济合理，概算采用的定额、指标、费用标准是否符合现行规定，有无扩大规模，多估投资或预留缺口等情况，以便及时掌握第一手资料，有利于审查。

3. 分析技术经济指标

在调查研究、掌握数据资料的基础上，利用概算定额、概算指标或有关的其他技术经济指标，与已建同类型设计概算进行对比分析(如设计概算的建设条件、投资比例、造价指标、费用构成等方面，与已建同类工程的概算作分析对比)，从而找出差距，提供审查线索。

4. 进行审查

根据工程项目投资规模大小，组成会审小组进行“会审”定案，或分头“单审”，再由主管部门定案。

5. 整理资料

对已通过审查的工程项目设计概算，要进行认真整理，以便积累有关数据及技术经济指标资料，为今后修订概算定额、概算指标和审查同类型工程设计概算，提供有效的参考数据。

7.1.5 审查的方法

审查设计概算时，应根据工程项目的投资规模、工程类型性质、结构复杂程度和概算编制质量，来确定审查方法。为了保证审查质量和加快审查速度，审查方法要选择恰当。

1. 对概算单价和取费标准进行逐项审查法

在概算表中，对各分部分项工程的概算单价和取费标准进行逐项地审查，审查其选用是否恰当。

2. 对概算单价、工程量和取费标准进行全面审查法

在概算表中，对各分部分项工程的概算单价、工程量和取费标准进行全面审查，如发现问题，及时做出记录，要求进行修正。

3. 重点审查法

对某些概算价值较大，工程量数值大而计算又复杂，或概算单价存在调整换算的分部分项工程，应进行全面的审查，其他一般的分项工程就不必审查。

4. 参考有关技术经济指标的简略审查法

参照已建类似工程的有关技术经济指标，对各分项工程核对比较，如发现有超过指标幅

度较多时,则应对其进行重点审查。

5. 利用国家规定的造价指标审查法

审查概算的单位造价是否超过国家规定的造价指标,如果单位造价不超过国家规定的造价指标,则其工程量可不必进行审查,仅只审查分项工程的概算单价、有关取费标准和计算数字是否准确。如果单位造价超过国家规定的造价指标,则可用抽查法进行审查。市政工程中,通常以每 100m, $1000m^2$ 或“座”作为单位造价的计量单位,如道路工程一般以 $1000m^2$,排水管道以 100m,桥涵、泵站以“座”为单位,费用一般以万元计算。

第2节 施工图预算审查

7.2.1 审查的主要内容

审查施工图预算,是落实工程造价的一个有力的措施,是建设单位与施工单位进行工程拨款和工程结算的准备工作。因此,审查工作必须认真细致,严格执行国家的有关规定,促使不断提高施工图预算的编制质量,核实工程造价,落实投资计划。

1. 审查工程量

(1) 审查项目是否齐全,有否遗漏或重复计算

综合预算定额是在预算定额基础上扩大、综合、简化而成的,因此要了解综合预算定额的工作内容,防止遗漏或重复计算工程项目。如:

1) 坡开挖不得再计算挡土板,如上层放坡,下层支撑则按实际支撑面积计算。

2) 道铺设均考虑了沟槽边堆土影响因素,使用时不论沟槽边有无堆土,均不作调整。

3) 凝土管道基础子目未包括基础以下的处理费,如实际施工中有发生,可另行计算。

4) 打灌注桩混凝土桩,由于施工实际混凝土扩散量和打入桩长与预算和定额量不符,因此,结算时应按实际桩混凝土工程量进行调整。

5) 构件安装只包括安装机械的回转半径因素,均不包括场内、场外运输,场内场外运输按实际发生另行计算。

(2) 要抓重点审查

由于市政工程种类繁多,有道路、桥涵、护岸、给排水等工程,各种工程又有各种不同的型式,结构复杂,涉及面广,所以计算方法也各有不同,对一些造价大的,易出差错的分项工程要有重点地认真复核。

对市政工程施工图预算中的工程量,可根据编制单位的工程量计算表,并对照施工图纸尺寸进行审查。主要审查其工程是否有漏算、重复和错算。审查工程量的项目时,要抓住那些占预算价值比例较大的重点项目进行。例如对土石方工程,打桩工程,钢筋工程,混凝土工程等分部工程,应作详细核对。同时要注意各分项工程或构配件的名称、规格、计量单位和数量是否与设计要求及施工规定相符合,小数点有没有点错位置等。审查工程量,要求审查人员必须熟悉设计图纸、预算定额和工程量计算规则。

(3) 要有针对性的审查

针对具体的工程内容,进行有针对性的审查。例如:

1) 挖地槽土方先根据基础埋深和土质情况,审查槽壁是否需要放坡,坡度系数是否符合规定;其次审查计算基槽长度是否符合规定,是否重叠多算。

2）定额内已包括的就不得再另行重算。比如：钢筋混凝土工程，定额中的模板分别按木模及工具式钢模计算，模板不得因实际使用不同而换算。

工程量审查，可以采用抽查法：一种是对主要分部分项工程进行审查，而一般的分项工程就可以免审；另一种是参照技术经济指标，对各分项工程量进行核对。发现超指标幅度较多时，应进行重点审查；当出现与指标幅度相近时，可免予审查。

2. 审查预算单价

（1）审查预算单价中单位是否正确。应着重审查预算书上所列的工程名称、种类、规格、计量单位，与综合预算定额上所列的内容是否一致。如果一致时才能套用，否则错套单价，就会影响直接费的准确度。

（2）审查换算单价。综合预算定额规定允许换算部分的分项工程单价，应根据定额中的分部分项说明、附注和有关规定进行换算；综合预算定额规定不允许换算部分的分项工程单价，则不得强调工程特殊或其他原因，而任意加以换算。

（3）审查补充单价。对于某些采用新结构、新技术、新材料的工程，在定额中确实缺少这些项目而编制补充单价的，应审查其分项工程的项目和工程量是否属实，补充的单价是否合理与准确，补充单价的工料分析是根据工程测算数据还是估算数据确定的。

（4）审查工程量清单计价的单价。对于采用工程量清单和综合单价计价办法的工程，应审查其子目综合单价分析表中的工、料、机、管理费和利润是否合理，是否反映当前建筑市场的价格。

3. 审查直接费

决定直接费用的主要因素，是各分部分项工程量及相应的预算单价。因此，审查直接费，也就是审查直接部分的整个预算表，即根据已经过审查的分项工程量和预算单价，审查单价套用是否准确，有否套错和应换算的单价是否已换算，以及换算是否正确等。直接费是各项应取费用的计算基础，务必细心、认真，逐项地计算。审查时应注意：

（1）预算表上所列的各分项工程名称、内容、做法、规格及计量单位，与综合预算定额中所规定的内容是否相符。

（2）在预算表中是否有错列的项目，从而出现重复多算的情况；或因漏列项目，而少算直接费的情况。

4. 审查间接费

根据施工单位的企业性质、工程规模和承包方式不同，主要审查以下内容：

（1）各种费用的计算基础是否符合规定。

（2）各种费用的费率，是否按规定的工程类别计算。

（3）利润是否按指导性标准计取。

（4）各种间接费用项目是否正确合理，不该计算的是否计算了。

（5）单项取费与综合取费有无重复计算情况。

（6）措施项目费、行政事业性收费、社会保险费等计算是否合理。

5. 审查工料分析

（1）审查各分部分项工程的单位用工、用料是否符合定额规定。

（2）审查单位工程总用工、用料是否正确，总用工量与总人工费是否一致。

（3）审查应该换算或调整的材料是否换算或调整，其方法是否正确。

6. 审查人工、材料、施工机械的价差计算

采用定额计价办法时，由于人工、材料和机械台班单价，会随市场价格的波动而变化，对使用定额单价而编制预算，需要另行调整价差。审查时应注意：

(1) 人工费调整方法是否符合规定，当地规定的现行工资单价与定额工资单价相差为多少。

(2) 材料价差调整方法是否符合规定，所采用的实际价格（或指导价）是否符合当地市场行情或规定；材料的产地、名称、品种、规格、等级是否与价格相符；材料用量是否正确等。

(3) 机械台班费调整方法是否符合规定，预算中考虑的进场的大型机械名称、品牌规格、施工能力是否合理；是否正确地选用系数法综合调整或按单项机械逐一调整。

7. 审查税金

税金是以按建筑工程造价计算程序计算出的不含税工程造价作为计算基础。审查时应注意：

(1) 计算基础是否完整。

(2) 纳税人所在地的地点确定是否正确。

(3) 税金率选用是否正确。（按纳税人所在地而定）

7.2.2 审查的方式

1. 会审

由建设单位或建设单位的主管部门，组织施工单位、设计单位等有关单位共同进行审查。这种会审方式由于有多方代表参加，易于发现问题，并可通过广泛讨论取得一致意见，审查进度快、质量高。

2. 单审

对于无条件组织会审的，由建设单位或委托工程造价咨询单位单独进行审查。

7.2.3 审查的方法

施工图预算的审查，应根据工程规模大小、结构复杂程度和施工条件不同等因素，来确定审查深度和方法。对大中型建设项目和结构比较复杂的建设项目，要采用全面审查的方法；对一般性的建设项目，要区分不同情况，采用重点审查和一般审查相结合的方法。

1. 全面审查法

按照设计图纸的要求，结合综合预算定额分项工程项目的具体规定，逐项全部地进行审查。其过程是从工程量计算、单位套用，直到计算各项费用，求出预算造价。

全面审查的优点是全面、细致、差错少、质量高，但工作量较大。这种方法适用于设计较简单、工程量较少的工程，或是因编制预算技术力量薄弱的施工单位承包的工程。

2. 重点审查法

相对于全面审查法而言，只审查预算书中的重点项目，其他项目不审查。所谓重点项目，是指那些工程量大、单价高、对预算造价有较大影响的项目。市政工程属于何种工程结构，就重点审查以这种工程结构内容为主的有关分部工程的各分项的工程量及单价。如桥涵工程，则下部结构工程分部和上部结构工程分部的工程量一定较大，占造价比例也大，应首先予以审查。但审查时也要根据具体情况灵活掌握。

对各种预算中应计取的费用和取费标准，也应重点审查。因工程及其现场条件的特殊性、承包方式和合同条件的特殊性、预算费用项目复杂、往往容易出现差错。

重点审查的优点是对工程造价有影响的项目能得到有效的审查,使预算中可能存在的主要问题得以纠正,但未经审查的次要项目中可能存在的错误得不到纠正。

3. 经验审查法

根据以前的实践经验,审查容易发生差错的那一部分工程项目。例如:

(1) 漏算项目。平整场地和余土外运这两个项目,由于施工图中不能表示出来,因此有些施工单位编制的施工图预算,容易漏算,应予以核增。

(2) 单价偏高。基槽挖土中套用预算单价往往偏高,审查中应按挖槽后实际土壤类别调整。

(3) 多算工程量。混凝土管道铺设,按井中至井中的中心线长度计算,并扣除各类检查井所占长度。管道基础垫层铺筑,按扣除检查井后实铺长度计算。否则,会多算了工程量。

(4) 少算工程量。挖土方工程中,放坡挖土交接处产生的重复工程量不扣除。否则,会少算了工程量。

(5) 既多算、又少算工程量。钻孔灌注桩工程,如按定额计价办法计算时,钻(冲)孔桩预算工程量按设计桩长×设计断面面积计算。结算工程量按结算桩体积×1.2系数与实际混凝土出槽量对比,增加或减少的混凝土量按综合预算定额混凝土配合比表单价补退。否则,可能会多算或少算工程量。

4. 分解对比审查法

指一些市政工程,如果其用途、结构和标准都一样,在一个地区或一个城市内,其预算造价也应该基本相同,特别是采用标准设计更是如此。虽然其建造地点和运输条件可能不同,但总可以利用对比方法,计算出它们之间的预算价值差别,以进一步对比审查整个单位工程施工图预算。即把一个单位工程直接费和间接费进行分解,然后再把直接费按整个单位工程和分项工程进行分析,分别与审查的标准图施工图预算进行对比的方法。如果出入不大,就可以认为本工程预算编制质量合格,不必再作审查;如果出入较大,即高于或低于已审定的标准设计图施工图预算时的10%时,就需要通过边对比、边分解审查,那里出入大就进一步审查那一部分。

分解对比审查法的优点是简单易行,速度快,适用于规模小、结构简单的市政工程。缺点是对于工程结构、标准和用途等都相同,但由于建设地点、计算类别和施工企业性质不同,则其有关费用计算标准等都会有所不同,最终必将导致工程预算造价不同。

(1) 分解对比审查法的适用情况

1) 新建工程和拟建工程采用同一施工图,但基础部分和现场施工条件不同。可按相同部分,采用对比审查法。

2) 两个工程的设计相同,但两个工程各分部分项的工程量之比基本是一致的。可按分项工程量的比例,审查新建工程各分项工程量,或用两个工程的单方造价进行对比审查。

3) 两个工程道路或管道长度相同,但设计图纸不完全相同。可将相同部分的工程量进行对照审查,将不同部分的分项工程量按图纸计算。

(2) 分解对比的内容

1) 综合技术经济指标。主要有:单方造价;单位工程各分部直接费与工程总造价的比例;单位工程人工费、材料费、机械费及其他费用占工程总造价的比例等。

2) 单位工程的工程量综合指标。

3) 单位工程的材料消耗量综合指标。

5. 分组计算审查法

此法是将预算书中有关项目划分成若干组,利用同组中一个数据来审查有关分项工程量。其方法是:首先将若干个分部分项工程,按相邻且有一定内在联系的项目进行编组;然后利用同组中分项工程间具有相同或近似计算的基数关系,审查一个分项工程量,就能判断出其他几个分项工程量的准确度。即采用统筹法计算工程量的原理。

第3节　工程价款结算*

工程价款结算,是指施工单位将已完成的部分工程,向建设单位结算工程价款,其目的是用以补偿施工过程中的资金和物资的耗用,保证工程施工的顺利进行。

由于市政工程施工周期长,如果待工程竣工后再结算价款,显然会使施工单位的资金发生困难。施工单位在工程施工过程中消耗的生产资料和支付的工人工资所需要的周转资金,必须要通过向建设单位预收备料款和结算工程款的形式,定期予以补充和补偿。

7.3.1　工程备料款的结算

1. 预付备料款的拨付

预付备料款在施工合同签订后拨付。甲方应按施工合同条款的约定时间和数额,及时向乙方支付工程预付备料款,开工后按合同条款约定的扣款办法陆续扣回。甲方如不按协议支付工程预付备料款,则按合同条款约定的办法处理。拨付备料款的安排要适应承包的方式,并在施工合同中明确约定,做到款物结合,防止重复占用资金。建筑工程承包有以下三种方式:

(1) 包工包全部材料工程:当预付备料款数额确定后,由建设单位通过其开户银行,将备料款一次性或按施工合同规定分次付给施工单位。

(2) 包工包地方材料工程:当供应材料范围和数额确定后,建设单位应及时向施工单位结算。

(3) 包工不包料工程:建设单位不需要向施工单位预付备料款。

2. 预付备料款额度的确定

预付备料款额度,应当不超过当年市政工程工作量的25%。

3. 预付备料款的扣回

建设单位拨付给施工单位的备料款,属于预付性款项。因此,随着施工工程进展情况,应以抵充工程价款的方式陆续扣回。

预付备料款扣回有多种方法,常用以下两种办法:

(1) 采用固定的比例扣回备料款。如有的地区规定,当工程施工进度达60%以后,既开始抵扣备料款。扣回的比例,是按每次完成10%进度后,即扣预付备料款总额的25%。

(2) 采用工程竣工前一次抵扣备料款。工程施工前一次性拨付备料款,而在施工过程中不分次抵扣。当已付工程进度款与预付备料款之和达到施工合同总价的95%时,便停付工程进度款,待工程竣工验收后一并结算。

7.3.2　工程进度款的结算

工程进度款的结算,应根据甲乙双方在合同条款约定的时间、方式和经甲方代表确认的已完工程量、构成合同价款相应的单价及有关计价依据计算、支付工程款。甲方如不按合同约定支付工程款,则按合同条款的约定承担相应责任。常有以下两种结算方法:

1. 按月结算

对在建施工工程,每月由施工单位提出已完工程月报表及其工程款结算单,一并送交建设单位,办理已完工程的工程款结算,具体做法又分以下两种:

(1) 月中预支部分工程款,月终一次结算。月中预支部分工程款,按当月施工计划工作量的50%支付。施工单位根据施工图预算和月度施工作业计划,填列"工程款预支帐单",送交建设单位审查签证同意后,办理预支拨款;待至月终时,施工单位根据已完成工程的实际统计进度,编制"工程款结算帐单",送交建设单位签证同意后,办理月终结算。施工单位在月终办理工程价款结算时,应将月中预支的部分工程款额抵作工程价款。

(2) 月中不预支部分工程款,月终一次结算。此种结算办法与第一种做法的月终结算手续相同。

2. 分段结算

按市政工程施工形象进度,将工程划分为几个段落进行结算。工程按进度计划规定的段落完成后,立即进行结算,所以它是一种不定期的结算方法。具体做法有以下几种:

(1) 按段落预支,段落完工后结算。这种方法是根据市政工程的特性,将在建的市政工程划分为几个施工段落,然后测算确定出每个施工段落的造价占整个单位工程预算造价的金额比重,作为每次预支金额。施工单位据此填写"工程款预支帐单",送交建设单位签证同意后办理结算。

(2) 按段落分次预支,完工后一次结算。这种方法与前一种方法比较,其相同点均是按段落预支,不同点是不按段落结算,而是完工后一次结算。

(3) 分次预支,竣工一次结算。分次预支,每次预支金额数,也应与施工工程的进度大体一致。此种结算方法的优点是可以简化结算手续,适用于投资少、工期短、技术简单的工程。

7.3.3 工程价款结算的审查要求

审查工程结算,应掌握预算审查方法,还应经常深入施工现场,了解实际情况,加强与各有关部门的联系,才能做好审查工作。

1. 深入施工现场,了解情况

(1) 深入现场,了解实际施工条件和施工方法。例如:有的工程预算书中的土方类别,不按实际情况确定,而均以三类土列入。开工后若深入现场了解,根据预算定额中规定的土壤分类鉴别方法,发现可能出入较大,则应实事求是地调整原编预算,并据此结算。又例如:有的工程预算书中的土方按机械开挖计算,但实际施工时却为人工挖方。显然,按两种施工法施工的工程量及计算出来的预算造价是不同的。若深入现场,了解到这种情况,可提出调整原编预算,并据此结算。

(2) 深入现场,实地测量。对预算编制时图纸不全的工程以及施工合同规定实行计算支付的工程,应到现场参加测量,以取得结算审查或调整预算的依据。

(3) 深入现场,了解补充单价情况。预算中如有补充单价时,除审查预算书中所附补充单价资料的计算是否符合规定外,还应深入施工现场,了解所提供资料的准确性,如资料中所提供主要材料的名称、规格、型号、数量是否与实际情况符合,所需人工工日数或机械台班量是否与实际情况相差不大等;若与补充单价中的资料不符或相差较大,则应调整补充单价。

(4) 深入现场,了解是否有甩项工程。预算中列有施工图中没有表示的某些分项工程项目、如渣土清理和外运等,应审查是否已按预算中所列的项目完成了。

2. 加强各有关方面的联系,共同搞好审查工作

(1) 参与技术交底和工程验收。结算审查人员应与有关人员经常取得联系,并得到支持,能及时参加技术交底和工程验收等活动。

(2) 参与办理设计变更和经济洽商,了解影响预算增减的情况,分析其对投资的影响,是否已突破批准的投资额,以便及时汇报有关主管部门采取解决措施。

(3) 参与制定材料采购计划。一般包工包料工程,大部分材料由施工单位承包供应,但仍有部分材料和设备,由建设单位采购供应到工地,并按施工合同规定进行结算。审查人员应结合审查过的预算,与材料采购人员一起制定采购计划,以避免出现因材料或设备的品种、规格、数量与实际需要不符,影响施工工期或造成积压浪费。如果这种合作制定的供料计划,经过实践后发现有差异,应检查分析原因,必要时应重新审查原预算书中的工程量,这也就是检验了预算的质量。

(4) 加强与财务部门的联系。施工合同签订后,建设单位应根据合同的规定,预付给施工单位一部分备料款;工程开工后,施工单位根据工程进度,提出"工程价款结算单",向建设单位结算工程价款。结算审查人员应将审查过的结算资料转交给财务部门,并将审查中的主要问题向财务人员说明,以便财务部门核实预支备料款或预支工程款。

7.3.4 工程签证

预算造价(合同造价)确定后,施工过程中如有工程变更和材料代用,则由施工单位根据变更核定单和材料代用单来编制变更补充预算,经建设单位签证,对原预算进行调整。为明确建设单位和施工单位的经济关系和责任,凡施工中发生一切合同预算未包括的工程项目和费用,必须及时根据施工合同规定办理签证,以免事后发生补签和结算困难。

1. 追加合同价款签证

指在施工过程中发生的,经建设单位确认后按计算合同价款的方法增加合同价款的签证。主要内容如下:

(1) 设计变更增减费用。建设单位、设计单位和授权部门签发设计变更单,施工单位应及时编制增减预算,确定变更工程价款,向建设单位办理结算。

(2) 材料代用增减费用。因材料数量不足或规格不符,应由施工单位的材料部门提出经技术部门决定的材料代用单,经设计单位、建设单位签证后,施工单位应及时编制增减预算,向建设单位办理结算。

(3) 设计原因造成的返工、加固和拆除所发生的费用。可按实结算确定。

(4) 技术措施费。施工时采取施工合同中没有包括的技术措施及因施工条件变化所采取的措施费用,应及时与建设单位办理签证手续。

(5) 材料价差。从预算编制期至结算期,因材料价格的变化,导致材料价格的差值。

2. 费用签证

指建设单位在合同价款之外需要直接支付开支的签证,主要内容如下:

(1) 图纸资料延期交付,造成的窝工损失。

(2) 停水、停电、材料计划供应变更,设计变更造成停工、窝工的损失。

(3) 停建、缓建和设计变更造成材料积压或不足的损失。

(4) 因停水、停电、设计变更造成机械停置的损失。

(5) 其他费用。包括建设单位不按时提供各种许可证,不按期提供建设场地,不按期拨款的利息或罚金的损失,计划变更引起临时工招募或遣散等费用。

3. 变更价款的计算

对于施工过程不可避免的设计变更、现场洽商变更等连同变更价款的计算,应建立保证有关资料完整、及时、合理的制度。

(1) 中标价或审定的施工图预算中已有与变更工程相同的单价,应按已有的单价计算;

(2) 中标价或审定的施工图预算中没有与变更工程相同的单价时,应按定额相类似项目确定变更价格;

(3) 中标价或审定的施工图预算或定额分项没有适用和类似的单价时,应由乙方编制一次性补充定额单价送甲方代表审定并报当地工程造价管理机构备案。乙方提出和甲方确认变更价款的时间按合同条款约定,如双方对变更价款不能达成协议则按合同条款约定的办法处理。

7.3.5 建设单位供应建筑材料的结算

1. 建设单位供应材料的方式

工程承包方式不同,材料的供应方法也有所不同。一般有以下三种供料方式:

(1) 建设单位只供应工程用料中的主要材料,其余材料由施工单位负责采购供应。主要材料,如钢材、木材和水泥等三大材料,其数量按预算定额消耗量计算,由建设单位供应到施工单位的指定地点,施工单位只负责供应和采购其他材料如地方材料。这种承包方式属于一般的包工包料。

(2) 建设单位不供应工程用料,全部工程用料由施工单位负责采购供应。由施工单位供应的全部工程用料,在工程竣工后,可以根据施工合同协议商定价格或按市场价格结算。这种承包方式是属于另一种形式的包工包料。

(3) 建设单位供应全部工程用料,施工单位只负责提供劳动力、周转性材料和机械设备等。全部工程用料由建设单位供应到施工单位的加工厂或现场指定的地点,由施工单位提供劳动力、周转性材料和机械设备等来组织工程施工。工程施工时所需的各种用料,由建设单位根据预算用量限额供应。这种承包方式属于包工不包料。

2. 建设单位供应材料的结算方法

建筑工程若采取包工包料方式,建设单位只供应三大材料,其他材料由施工单位组织采购供应,则在工程竣工结算时,施工单位对由建设单位供应的三材,应按规定退款给建设单位。

(1) 建设单位供应钢材的结算

由建设单位供应的钢材,当交货条件、品种规格不同时,其结算价格也不同。

1) 需要考虑加工因素

结算价格 = 预算价格 - 加工费 - 代办运费 - 部分采购保管费 (7.1)

2) 不需要考虑加工因素

结算价格 = 预算价格 - 代办运费 - 部分采购保管费 (7.2)

(2) 建设单位供应木材的结算

由建设单位供应木材，当向施工单位办理结算时，每立方米的结算价格为：

1) 按每立方米成材计算

结算价格 = 成材预算价格 − 代办运费 − 加工费/出材率 − 部分采购保管费　(7.3)

2) 按每立方米圆材计算

结算价格 =（成材预算价格 − 代办运费 − 部分采购保管费）× 出材率 − 加工费　(7.4)

建设单位向施工单位供应木材有两种方式：一种是由建设单位供应实物，到施工单位指定的地点；另一种方式是建设单位提供提货单，由施工单位到市内供货地点提货，并代办市内运货。不同供应方式在结算时，对材料预算价格中的采购保管费的扣除有不同的处理。

(3) 建设单位供应水泥的结算

由建设单位供应水泥，当向施工单位办理结算时，每吨结算价格为：

结算价格 = 预算价格 − 运输费 − 部分采购保管费 + 水泥袋回收值　(7.5)

上式中，水泥预算价格不论水泥是袋装或散装，均按综合计算确定。

7.3.6 工程造价动态结算

动态结算是指把各种动态的因素渗透到结算过程中，使结算价大体能反映实际的消耗费用。编制标底、投标报价和编制施工图预算时，采用的要素价格应当反映当时市场价格水平，若采用现行预算定额基价计价应充分考虑基价的基础单价与当时市场价格的价差。工程结算时是否实行动态结算，选用什么方法调整价差，应根据施工合同规定执行。

1. 工程造价价差及造价调整概念

造价价差是指工程所需要的人工、材料、设备等费用，因价格变动而对造价产生的相应变化值。

造价调整是指在预算编制期至结算期内，因人工、材料、设备等价格的增减变化，对原预算根据已签订的施工合同规定对工程造价允许调整的范围进行调整。

2. 材差结算办法

造价价差主要反映为材料价差，其结算办法如下：

(1) 水泥、钢材、木材、沥青、玻璃、油毡、砖、瓦、灰、砂、石、预拌水泥混凝土、预拌沥青混凝土、混凝土预制管、井环、井盖、平石、侧石等材料

编制预算或合同造价时以当时颁布的指导价为编制依据，结算时按合同工期内颁发的指导价调整价差。

对规模大、工期长的工程，可采取分段的办法确定材料结算价格，以便于按阶段结算；对规模小、工期短的工程，可由双方商定风险系数后一次包死，结算时不再调整价差。

(2) 装饰面砖、大理石、花岗岩、地砖等材料

编制预算或合同造价时以当时颁布的指导价为编制依据，结算时按订货合同加运杂费、采购保管费之和作为调整价差。

(3) 高级装修、装潢材料、新型防水材料、特种材料、特种油漆等高级材料

编制预算或合同造价时，可按市场调查价作暂定价，结算时按采购价加运杂费、采购保管费之和作为调整价差。

(4) 铅丝、圆钉、电焊条、电、煤、燃料等辅助材料及定额中的“其他材料”等以定额基价或材料费为计算基础的系数进行调整。

3. 动态结算方法

常用的动态结算方法有按实际价格结算、按调价文件结算、按调价系数结算等三种。

(1) 按实际价格结算

是指某些工程的施工合同规定对施工单位供应的主要材料价格按实际价格结算的方法。但对这种结算方法应在施工合同中规定建设单位有权要求施工单位选择更廉价的供应来源和有权核价。按实际价格结算法应注意以下要点:

1) 材料消耗量的确定应以预算用量为准

① 钢材。用量应按设计图纸计算重量,套相应单项定额求得总耗用量。

② 水泥。如果水泥制品的制作、水泥标号与定额规定完全一致时,水泥用量按定额消耗量标准计算;如果与定额规定不完全一致时,则应按定额规定进行调整。

③ 其他特殊材料。一般按图纸用量与定额规定的损耗率标准计算的损耗量之和计算。

2) 按实结算部分材料实际价格的确定

建材的实际价格应按各地区公布的同期内的材料市场平均价格为标准计算。如果施工单位能够出具材料购买发票,且经核实是真实的,则按发票价,再考虑运杂费、采购保管费测定实际价。如果发票价格与同质同料的市场平均价格差别悬殊,且无特殊原因的,则不认可发票价。

3) 材料购买的时间性

材料购买时间应按工程施工进度要求,确定与之相适应的市场价格标准。若材料购买时间与施工进度时间偏差较大,导致材料购买的真实价格与施工时的市场价格不一致,也应按施工时的市场价格为依据进行结算。

(2) 按调价文件结算

是指施工合同双方采用当时的预算价格承包,施工合同期内按照工程造价管理部门调价文件规定的材料指导价格,对在结算期内已完工程材料用量乘以价差,进行调整的方法。其计算公式为:

$$各项材料用量 = \Sigma 结算期内已完工程的工程量 \times 定额用量 \quad (7.6)$$

$$调价值 = \Sigma 各项材料用量 \times (结算期预算指导价 - 原预算价格) \quad (7.7)$$

(3) 按调价系数结算

是指施工合同双方采用当时的预算价格承包,在合理工期内按照工程造价管理部门规定的调价系数(以定额直接费或定额材料费为计算基础),对原合同造价在预算价格的基础上,调整由于实际人工费、材料费、机械费等费用上涨及工程变更等因素造成的价差。其计算公式为

$$结算期定额直接费 = \Sigma 结算期已完成工程量 \times 预算单价 \quad (7.8)$$

$$调价值 = 结算期定额直接费 \times 调价系数 \quad (7.9)$$

第4节 竣工结算与竣工决算

7.4.1 竣工结算

1. 竣工结算概念

一个单位工程或单项工程,施工过程中由于设计图纸产生了一些变化,与原施工图预算

比较有增加或减少的地方，这些变化将影响工程的最终造价。在单位工程竣工并经验收合格后，将有增减变化的内容，按照编制施工图预算的方法与规定，对原施工图预算进行相应的调整，而编制的确定工程实际造价并作为最终结算工程价款的经济文件，称为竣工结算。竣工结算一般由施工单位编制，经建设单位审查无误，由施工单位和建设单位共同办理竣工结算确认手续。

竣工结算并不是按照变更设计后的施工图纸和各种变更原始资料，重新编制一次施工图预算，而是根据变动哪一部分就修改哪一部分的原则进行，即竣工结算仍是以原施工图预算为基础，增减部分内容而已。只有当设计变更较大，导致整个单位建筑工程的工程量全部或大部分变更时，这时竣工结算才需要按照施工图预算的办法，重新进行一次施工图预算的编制。显然出现这种设计变更或修改情况是比较少见的。

工程施工中设计图纸产生的变化，主要是由于施工中遇到需要处理的问题(如基础工程施工中遇软弱土层、洞穴、古墓等的处理)；工程开工后，建设单位提出要求改变某些施工做法或增减某些工程项目；施工单位在施工中要求改变某些设计做法(如某种建筑材料的缺乏，需要更改或代换材料的规格型号)等等原因而引起的。

单位工程完工后，施工单位在向建设单位移交有关技术资料和竣工图纸办理交工验收时，必须同时编制竣工结算，作为办理财务价款结算之依据。

2. 竣工结算的作用

(1) 竣工结算是施工单位与建设单位结清工程价款的依据施工单位有了竣工结算就可向建设单位结清工程价款，以完结建设单位与施工单位之间的合同关系和经济责任。

(2) 竣工结算是施工单位考核工程成本，进行经济核算的依据

施工单位统计年竣工建筑工程，计算年完成产值，进行经济核算，考核工程成本时，都必须以竣工结算所提供的数据为依据。

(3) 竣工结算是施工单位总结和衡量企业管理水平的依据

通过竣工结算与施工图预算的对比，能发现竣工结算比施工图预算超支或节约的情况，可进一步检查和分析造成这些情况的原因。因此，建设单位、设计单位和施工单位，可以通过竣工结算，总结工作经验和教训，找出不合理设计和施工浪费的原因，逐步提高设计质量和施工管理水平。

3. 竣工结算的编制方式

工程承包方式不同，竣工结算编制方式也不同，通常有以下几种。

(1) 施工图预算加签证结算方式

这种结算方式是把原指标的预算书作为工程竣工结算的主要依据。在原施工图预算中未包括的、在施工过程中发生的由于设计变更、进度变更、施工条件变更以及原指标文件和工程量清单中未包括的“新增工程”等。经设计、建设单位、监理单位签订后，与原施工图预算一起构成竣工结算文件，交付建设单位经审计后办理竣工结算价款。

(2) 预算包干结算形式

这种结算方式是施工图预算加系数包干结算。在签订合同条款时，预算外的包干范围一定要明确，包干系数也应由施工单位、建设单位等有关单位共同协商审定，避免在以后的工作中出现扯皮现象。

(3) 单位造价包干的结算形式

单位造价包干的结算形式是双方根据一些以往工程的概算指标等工程资料事先协商按单位造价指标包干，然后按各市政工程的基本单位指标汇计总造价，确定应付的工程价款。

(4) 招、投标结算方式

招标单位与投标单位按照中标报价、承包方式、范围、工期、质量、付款及结算办法、奖惩规定等内容签订承包合同，合同规定的工程造价就是结算造价。工程造价结算时，奖惩费用、包干范围外增加的工程项目另行计算。

4. 竣工结算的编制依据

(1) 施工图预算。指由施工单位、建设单位双方协商一致，并经有关部门审定的施工图预算。

(2) 图纸会审纪要。指图纸会审会议中对设计方面有关变更内容的决定。

(3) 设计变更通知单。必须是在施工过程中，由设计单位提出的设计变更通知单，或结合工程的实际情况需要，由建设单位提出设计修改要求后，经设计单位同意的设计修改通知单。

(4) 施工签证单或施工记录。凡施工图预算未包括，而在施工过程中实际发生的工程项目如(原有房屋拆除、树木草根清除、古墓处理、淤泥垃圾土挖除换土、地下水排除、因图纸修改造成返工等)，要按实际耗用的工料，由施工单位做出施工记录或填写签证单，经建设单位签字盖章后方为有效。

(5) 工程停工报告。在施工过程中，因材料供应不上或因改变设计，施工计划变动，工程下马等原因，导致工程不能继续施工时，其停工时间在1天以上者，均应由施工员填写停工报告。

(6) 材料代换与价差。材料代换与价差，必须要有经过建设单位同意认可的原始记录方为有效。

(7) 工程合同。施工合同规定了工程项目范围、造价数额、施工工期、质量要求、施工措施、双方责任、奖罚办法等内容。

(8) 市政工程竣工图。

(9) 工程竣工报告和竣工验收单。

(10) 现行《全国统一市政工程预算定额》及《地区材料预算价格》或《地区市政工程预算定额》;《全国统一施工机械台班费用定额》;《地区市政工程费用定额》等有关定额、费用调整的补充项目。

5. 竣工结算编制的内容

竣工结算按单位工程编制。一般内容如下：

(1) 竣工结算书封面。封面形式与施工图预算书封面相同，要求填写工程名称、结构类型、建筑面积、造价等内容。

(2) 编制说明。主要说明施工合同有关规定、有关文件和变更内容等。

(3) 结算造价汇总计算表。竣工结算表形式与施工图预算表相同。

(4) 汇总表的附表。包括：工程增减变更计算表、材料价差计算表、建设单位供料计算表等内容。

(5) 工程竣工资料。包括竣工图、各类签证、核定单、工程量增补单、设计变更通知单等。

6. 竣工结算的编制方法

竣工结算以施工图预算为基础编制的情况下，通常有以下三种编制方法：

(1) 原施工图预算增减变更合并法。

(2) 分部分项工程重列法。

(3) 跨年工程竣工结算造价综合法。

7. 竣工结算的编制步骤

(1) 收集整理原始资料。

(2) 了解工程施工和材料供应情况。

(3) 调整计算工程量。

(4) 选套预算定额单价，计算竣工结算费用。

单位工程竣工结算的直接费，一般由下列三部分内容组成：

1) 原施工图预算直接费；

2) 调增部分直接费 = Σ 调增部分的工程量 × 相应预算单价；

3) 调减部分直接费 = Σ 调减部分的工程量 × 相应预算单价。

单位工程竣工结算总直接费

= 原施工图预算直接费 + 调增部分直接费 − 调减部分直接费　　(7.10)

单位工程(土建)竣工结算总造价

= 竣工结算总直接费 + 竣工结算综合间接费 + 材料价差 + 税金　　(7.11)

8. 竣工结算的审核

(1) 审核施工合同。

(2) 审核设计变更。

(3) 审核施工进度。

通过上述审核过程后的竣工结算造价，达成由建设单位、施工单位和审核单位三方认可的审定数额，此数额即是建设单位支付施工单位工程款的最终标准。

7.4.2 竣工决算

1. 竣工决算的概念

一个建设项目或单项工程完工后，在办理所有竣工项目验收之前，对所有财产和物资进行一次财务清理，计算包括从开始筹建起到该建设项目或单项工程投产或使用止全过程中所实际支出的一切费用总和，称为竣工决算。竣工决算包括竣工结算工程造价、设备购置费、勘察设计费、征地拆迁费和其他一切全部建设费用的总和。

竣工决算全面反映一个建设项目或单项工程，在建设全过程中各项资金的实际使用情况及设计概算的执行结果。它是竣工报告的主要组成部分，也是工程建设程序的最后一环。竣工决算由建设单位编制。

2. 竣工决算的作用

(1) 作为核定新增资产价值的依据。工程移交后，生产企业用以正确计算固定资产折旧费，合理计算生产成本和利润。

(2) 作为考核建设成本和分析投资的效果。

(3) 作为今后工程建设的经验积累和决算资料。

3. 竣工决算的内容

竣工决算由竣工决算报告说明书、竣工决算报表、竣工工程平面示意图、工程造价比较分析等四部分组成。

(1) 竣工决算报告说明书

竣工决算报告说明书主要包括以下内容:

1) 工程总的评价 包括:①进度;②质量;③安全;④造价。

2) 各项财务和技术经济指标的分析 包括:①概算执行情况分析;②新增生产能力的效益分析;③建设投资包干情况的分析;④财务分析。

(2) 竣工决算报表

1) 建设项目竣工工程概况表。主要是说明建设项目名称、设计及施工单位、建设地址、占地面积、新增生产能力、建设时间、完成主要工程量、工程质量评定等级、未完工程尚需投资额等。

2) 建设项目竣工财务决算表。包括下列六项表格:①建设项目竣工财务决算明细表;②建设项目竣工财务决算总表;③交付使用固定资产明细表;④交付使用流动资产明细表;⑤递延资产明细表;⑥无形资产明细表。

3) 概算执行情况分析及编制说明。

4) 待摊投资明细表。

5) 投资包干执行情况表及编制说明。

(3) 工程造价比较分析

概算是考核建设工程造价的依据。分析时可将竣工决算报告表中所提供的实际数据和相关资料及批准的概算、预算指标进行对比,以确定竣工项目造价是节约还是超支。

为考核概算执行情况,正确核实建设工程造价,财务部门首先要积累有关资料、设备、人工价差和费率的变化资料,以及设计方案变化和设计变更资料;其次要考查竣工形成的实际工程造价是节约还是超支的数额。实际工作中,主要分析以下内容:

1) 主要实物工程量。

2) 主要材料消耗量。

3) 考核建设单位管理费、建安工程间接费等的取费标准。

4. 竣工决算的编制方法

根据经审定的竣工结算,对照原概预算,重新核定各单项工程和单位工程的造价。对属于增加资产价值的其他投资,如建设单位管理费、研究试验费、勘察设计费、土地征用及拆迁补偿费、联合试运转费等,应分摊于受益工程,并随同受益工程交付使用的同时,一并计入新增资产价值。

竣工决算应反映新增资产的价值,包括新增固定资产、流动资产、无形资产和递延资产等,应根据国家有关规定进行计算。

7.4.3 "两算"对比和基本建设"三算"

1. "两算"对比

"两算"是指施工图预算和施工预算。前者反映的工程预算成本,是确定建筑企业工程收入的依据,后者反映的是工程计划成本,是建筑企业控制各项成本支出的尺度,"两算"都应在工程开工前进行编制,以便于进行"两算"对比分析,以便于采取事前措施控制超支,降低成本。

(1) “两算”对比的意义

“两算”对比是指施工图预算和施工预算的对比,在工程开工前,“两算”编制完毕后,把分层、分段、分部及单位工程中的人工、材料、机械消耗量和直接工程费进行对比。通过对比找出节约和超支原因所在,并针对具体工作提出解决措施,防止因人工、材料、机械台班及相应费用的超支导致工程成本的亏损,为编制降低成本计划额度提供依据。因此,“两算”对比对于建筑企业自觉运用经济规律、改进和加强施工组织管理,提高劳动生产率,降低工程成本,都有着重要的实际意义。

(2) “两算”对比的方法

1) 实物对比法。

2) 金额对比法。

此两种方法通常采用一种表格形式。

(3) “两算”对比的内容

“两算”对比的内容主要是施工预算中所涉及的人工、材料、机械台班耗用量、相应人工费、材料费、机械费、其他直接费、临时设施费、现场管理费的对比。因此对比内容主要有两大方面。

1) 定额直接费对比。

2) 其他直接费、临时设施费、现场管理费对比。

2. 基本建设“三算”

设计概算、施工图预算和竣工决算简称“三算”。

按照国家要求,所有建设项目,设计必须有概算,施工必须有预算,竣工必须有决算。按照这一要求,在初步设计阶段,必须编制初步设计总概算,如采用三阶段设计时,技术设计阶段必须编制修正总概算。单位工程开工前必须编制施工图预算。建设项目和单项工程竣工后,必须编制竣工决算。它们之间的关系是,概算价值不得超过施工图预算的价值。这种关系起着正确决定和控制基本建设费用,合理利用基本建设资金,提高基本建设经济效益的作用,是加强基本建设管理和经济核算的基础。

第8章 工程项目招标与投标

项目是指那些作为管理对象,按限定时间、预算和质量标准完成的一次性任务。其中工程项目是项目中最多的一类,是一个综合的概念,又包括建设项目、设计项目、施工项目,施工项目又分为建筑施工项目、市政施工项目等。

第1节 概　　述

8.1.1 工程项目招投标的概念及分类

1. 工程项目招投标的概念。工程项目招标是指招标人在发包工程项目之前,公开招标或邀请投标人,根据招标人的意图和要求提出报价,择日当场开标,以便从中择优选定得标人的一种经济活动。

工程项目投标是工程项目招标的对称概念,指具有合法资格和能力的投标人根据招标条件,经过初步研究和估算,在指定期限内填写标书,提出报价,并等候开标,决定能否中标的经济活动。

从法律意义上讲,工程项目招标一般是建设单位(或业主)就拟建的工程发布通告,用法定方式吸引工程项目的承包单位参加竞争,进而通过法定程序从中选择条件优越者来完成工程建设任务的法律行为。工程项目投标一般是经过特定审查而获得投标资格的工程项目承包单位,按照招标文件的要求,在规定的时间向招标单位填报投标书、并争取中标的法律行为。

招投标实质上是一种竞争行为,工程项目招投标是以工程设计或施工,或以工程所需的物资、设备、建筑材料等为对象,在招标人和若干个投标人之间进行的,它是商品经济发展到一定阶段的产物。在市场经济条件下,它是一种最普遍、最常见的择优方式。招标人通过招标活动来选择条件优越者,使其力争用最优的技术、最佳的质量、最低的价格和最短的周期完成工程项目任务。投标人也通过这种方式选择项目和招标人,以使自己获得更丰厚的利润。

2. 工程项目招投标的分类。工程项目招投标可分为建设项目总承包招投标、工程勘察设计招投标、工程施工项目招投标等。

建设项目总承包招投标又叫建设项目全过程招投标,在国外又称为“交钥匙”工程招投标,它是指从项目建议书开始,包括可行性研究报告、勘察设计、设备材料询价与采购、工程施工、生产准备、投料试车,直至竣工投产、交付使用全面实行招标。工程总承包单位根据建设单位(业主)所提出的工程要求,对项目建议书、可行性研究、勘察设计、设备材料询价选购、材料订货、工程施工、职工培训、试生产、竣工投产等实行全面报价投标。

工程勘察设计招投标是指招标单位就拟建工程的勘察和设计任务发布通告,依法定方式吸引勘察单位或设计单位参加竞争,经招标单位审查获得投标资格的勘察、设计单位,按照招标单位的要求，在规定时间内向招标单位填报投标书，招标单位从中择优确定中标单位完成工程勘察或设计任务。

工程施工项目招投标则是针对工程施工阶段的全部工作开展的招投标，根据工程施工项目范围的大小及专业的不同，可分为全部工程招标、单项工程招标和专业工程招标等。

8.1.2 工程项目招标承包制的意义

工程项目招标承包制是我国基本建设和固定资产投资管理体制改革的主要内容之一，也是我国建筑市场走向规范化、完善化与国际建筑市场接轨的重要举措之一。工程项目招标承包制的推行，是计划经济条件下建设任务的发包从以计划分配为主转变到以投标竞争承包为主，使我国承发包方式发生了质的变化。招标承包制的推行基本形成了由市场定价的价格机制，使工程价格更加趋于合理。招标承包制的推行能够不断降低社会平均劳动消耗水平使工程价格得到有效控制。招标承包制的推行便于供求双方更好地相互选择，使工程价格更加符合价值基础，进而更好地控制工程造价。招标承包制的推行有利于规范价格行为，是公开、公平、公正的原则得以贯彻。招标承包制的推行能够减少交易费用、节省人力、物力、财力，进而使工程造价有所降低。总之全国各地在大力推行招标投标承包制中，已经取得明显的效果，对工程项目施工企业提高经营管理水平，缩短建设周期，确保工程质量，降低工程成本，提高投资效益等，都具有十分重要的意义。

8.1.3 我国工程项目招投标制的特点、存在的主要问题及进一步完善的措施

1. 我国工程项目招投标制的特点

在向完善的社会主义市场经济过渡的过程中，我国的招投标制与世界上许多国家相比，具有一些自身的特点：

(1) 具有中国特色的招标范围和管理机构。

(2) 全国性法规和地方性法规互为补充的招标投标法规体系。

(3) 以标底为中心的投标报价体系。

(4) 以百分制为主体的评标定标办法。

(5) 逐步建立完善起来的工程交易中心。

(6) 注意扶植招标投标中介服务机构。

2. 十几年来，我国推行招投标制已取得了一定成绩，但也存在不少问题，主要有

(1) 管理体制不顺。

(2) 行政干预严重。

(3) 标底缺乏合理性，漏标现象时有发生。

(4) 投标报价缺乏规范性。

(5) 评标定标缺乏科学性。

(6) 招标投标法规建设仍不够健全，改革措施滞后。

3. 我国工程项目招投标进一步完善的措施

(1) 继续坚定不移地推行工程项目招投标制。

(2) 建立和健全招标投标法律结构体系，并采取强有力措施使这些法律法规得到切实的贯彻执行。

(3) 进一步改善招标投标活动的监督管理，强化招标投标管理机构的作用及行为规范

性，坚持常备不懈的检查监督，对违法乱纪行为给以狠狠的打击。

（4）改进招标投标工作，使之逐步符合国际通行做法，逐步减少审批环节，改进评标定标、推行招标范本、弱化标底的作用，强化监督与服务等，是我国招标投标更加合理。

（5）切实发挥有形建筑市场的交易功能，真正做到项目发包方、承包方、中介机构都纳入有形建筑市场管理，并把发包工程项目交易的监督管理都安排到这个场所公开进行，切实把好造价、质量、安全等主要关口，使建筑市场交易行为走向规范化。

（6）扶植发展招标投标代理咨询机构，培养一支素质高、专业精、服务优的专业人才队伍。

第2节　工程施工项目招标

8.2.1　工程施工项目招标的方式

我国《招标投标法》规定，招标分为公开招标和邀请招标。

1. 公开招标

公开招标，是指招标人以招标公告的形式邀请不特定的法人或者其他组织投标。即招标人通过报刊、广播或电视等公共传播媒介，发布招标公告或信息而进行的招标。它是一种无限制的竞争方式。公开招标的优点是招标人有较大的选择范围，可在众多的投标人中选定报价合理、工期较短、信誉良好的承包商，有助于打破垄断，实行公平竞争。

实行公开招标的工程，必须在有形的建筑市场或建设行政主管部门指定的报刊上发布招标公告，也可以同时在其他全国性或国外报刊上刊登招标公告。

2. 邀请招标

邀请招标，是指招标人以投标邀请书的方式邀请特定的法人或者其他组织投标。我国《招投标法》规定，招标人采用邀请招标方式的，应当向三个以上具备承担招标项目的能力、资信良好的特定法人或者其他组织发出投标邀请书。邀请招标虽然也能邀请到有经验和资信可靠的投标者投标，保证履行合同，但限制了竞争范围，可能失去技术上和报价上有竞争力的投标者。

实行邀请招标的工程，也应在有形建筑市场发布招标信息，由招标单位向符合承包条件的单位发出邀请。凡按照规定应该招标的工程不进行招标，应该公开招标的工程不公开招标的，招标单位所确定的承包单位一律无效。建设行政主管部门按照《建筑法》第八条的规定，不予颁发施工许可证；对于违反规定擅自施工的，依据建筑法第六十四条规定，追究其法律责任。

8.2.2　工程施工项目招标程序及要求

1. 工程施工项目招标文件的编制

（1）工程施工项目招标文件应包括的内容

按照国家建设部1997年第一版《建设工程施工招标文件范本》规定，施工招标文件应包括以下内容：

1）投标须知。投标须知中主要包括：总则、招标文件、投标报价说明、投标文件的编制、投标文件的递交、开标、评标、授予合同。

2）合同条件。采用国家工商行政管理局和国家建设部最新颁发的《建设工程施工合同文本》中的“合同条件”。

3）合同协议条款，包括：合同文件、双方一般责任、施工组织设计和工期、质量与验收、合同价款与支付。材料和设备供应、设计变更、竣工与结算、争议、违约和索赔。

4）合同格式，包括：合同协议书格式、银行履约保函格式、预付款保函格式。

5）技术规范，包括：工程建设地点的现场条件、现场自然条件、现场施工条件、本工程采用的技术规范。

6）图纸。

7）招标文件参考格式，包括：投标书及投标书附录、工程量清单及报价表、辅助资料表、资格审查表。

（2）根据《招标投标法》和建设部《招标文件范本》规定，施工招标文件部分内容的编写应遵循如下规定

1）说明评标原则和评标办法。

2）投标价格中，一般结构不太复杂或工期在12个月以内的工程，可以采用固定价格，考虑一定的风险系数。结构较复杂或大型工程，工期在12个月以上的，应采用调整价格。价格的调整方法及调整范围应在招标文件中明确。

3）在招标文件中应明确投标价格计算依据，主要有以下方面：工程计价类别；执行的概预算定额及费用定额；执行的人工、材料、机械设备政策性调整文件等；材料、设备计价方法及采购、运输、保管的责任；工程量清单。

4）质量标准必须达到国家施工验收规范合格标准，对于要求达到优良标准时，应计取补偿费用，补偿费用的计算方法应按国家或地方有关文件规定执行，并在招标文件中明确。

5）招标文件中的建设工期应参照国家或地方颁发的工期定额来确定，如果要求的工期比工期定额缩短20%以上（含20%）的，应计算赶工措施费。赶工措施费如何计取应在招标文件中明确。

6）由于施工单位的原因造成不能按合同工期竣工时，计取赶工措施费的须扣除，同时还应赔偿由于误工给建设单位带来的损失。其损失费的计算或规定应在招标文件中明确。

7）如果建设单位要求施工单位按合同工期提前竣工交付使用，应考虑计取提前工期奖，提前工期奖的计算办法应在招标文件中明确。

8）招标文件中应明确投标准备时间，即从开始发放招标文件之日起，至投标截止时间的期限，最短不得少于20天。

9）在招标文件中应明确投标保证金数额，一般投标保证金数额不超过投标总价的2%。投标保证金的有效期应超过投标的有效期。

10）中标单位应按规定向招标单位提交履约担保，履约担保可采用银行保函或履约担保书。履约担保比率为：银行出具的银行保函为合同价格的5%；履约担保书为合同价格的10%。

11）投标有效期的确立应视工程情况而定，结构不太复杂的中小型工程的投标有效期可定为28天以内；结构复杂的大型工程投标有效期可定为56天以内。

12）材料或设备采购、运输、保管的责任应在招标文件中明确，如建设单位提供材料或设备，应列明材料或设备名称、品种或型号、数量，及提供日期和交货地点等；还应在招标文件中明确招标单位提供的材料或设备计价和结算退款的方法。

13）关于工程量清单，招标单位按国家颁布的统一工程项目划分，统一计量单位和统一的工程量计算规则，根据施工图纸计算工程量，提供给投标单位作为投标报价的基础。结算拨付工程款时以实际工程量为依据。

14）合同协议条款的编写，招标单位在编制招标文件时，应根据《中华人民共和国合同法》、《建设工程施工合同管理办法》的规定和工程具体情况确定"招标文件合同协议条款"内容。

15）投标单位在收到招标文件后，若有问题需要澄清，应于收到招标文件后以书面形式向招标单位提出，招标单位将以书面形式或投标预备会的方式予以解答，答复将送给所有获得招标文件的投标单位。

16）招标文件的修改，招标人对已发出的招标文件进行必要的澄清或者修改的，应当在招标文件要求提交投标文件截止时间至少15日前，以书面形式通知所有招标文件收受人。该澄清或修改的内容为招标文件的组成部分。

2. 工程施工项目的招标程序

招投标是一个整体活动，涉及到业主和承包商两个方面，招标作为整体活动的一部分主要是从业主的角度揭示其工作内容，但同时又必须注意到招标与投标活动的关联性，不能将两者割裂开来。

所谓招标程序是指招标活动内容的逻辑关系，不同的招标方式，具有不同的活动内容，这里主要介绍工程施工项目公开招标的程序，共十六个环节。具体步骤见图8.1。

(1) 建设工程项目报建

根据《工程建设项目报建管理办法》的规定凡在我国境内投资兴建的工程建设项目，都必须实行报建制度，接受当地建设行政主管部门的监督管理。

建设工程项目报建，是建设单位招标活动的前提，报建范围包括：各类房屋建筑（包括新建、改建、扩建、翻修等）、土木工程（包括道路、桥梁、房屋基础打桩等）、设备安装、管道线路铺设和装修等建设工程。报建的主要内容包括：工程名称、建设地点、投资规模、资金投资额、工程规模、发包方式、计划开竣工日期和工程筹建情况等。

在建设工程项目的立项批准文件或投资计划下达后，建设单位根据《工程建设项目报建管理办法》规定的要求进行报建，并由建设行政主管部门审批。具备招标条件的可开始办理建设单位资质审查。

(2) 审查建设单位资质

即审查建设单位是否具备招标条件，不具备有关条件的建设单位，须委托具有相应资质中介机构代理招标，建设单位与中介机构签订委托代理招标的协议，并报招标管理机构备案。

(3) 招标申请

招标单位填写"建设工程施工招标申请表"，凡招标单位有上级主管部门的，须经该主管部门批准同意后，连同"工程建设项目报建登记表"报招标管理机构审批。

申请表的主要内容包括：工程名称、建设地点、招标建设规模、结构类型、招标范围、招标方式、要求施工企业等级、施工前期准备情况（土地征用、拆迁情况、勘察设计情况、施工现场条件等）、招标机构组织情况等。

(4) 资格预审文件、招标文件编制与送审

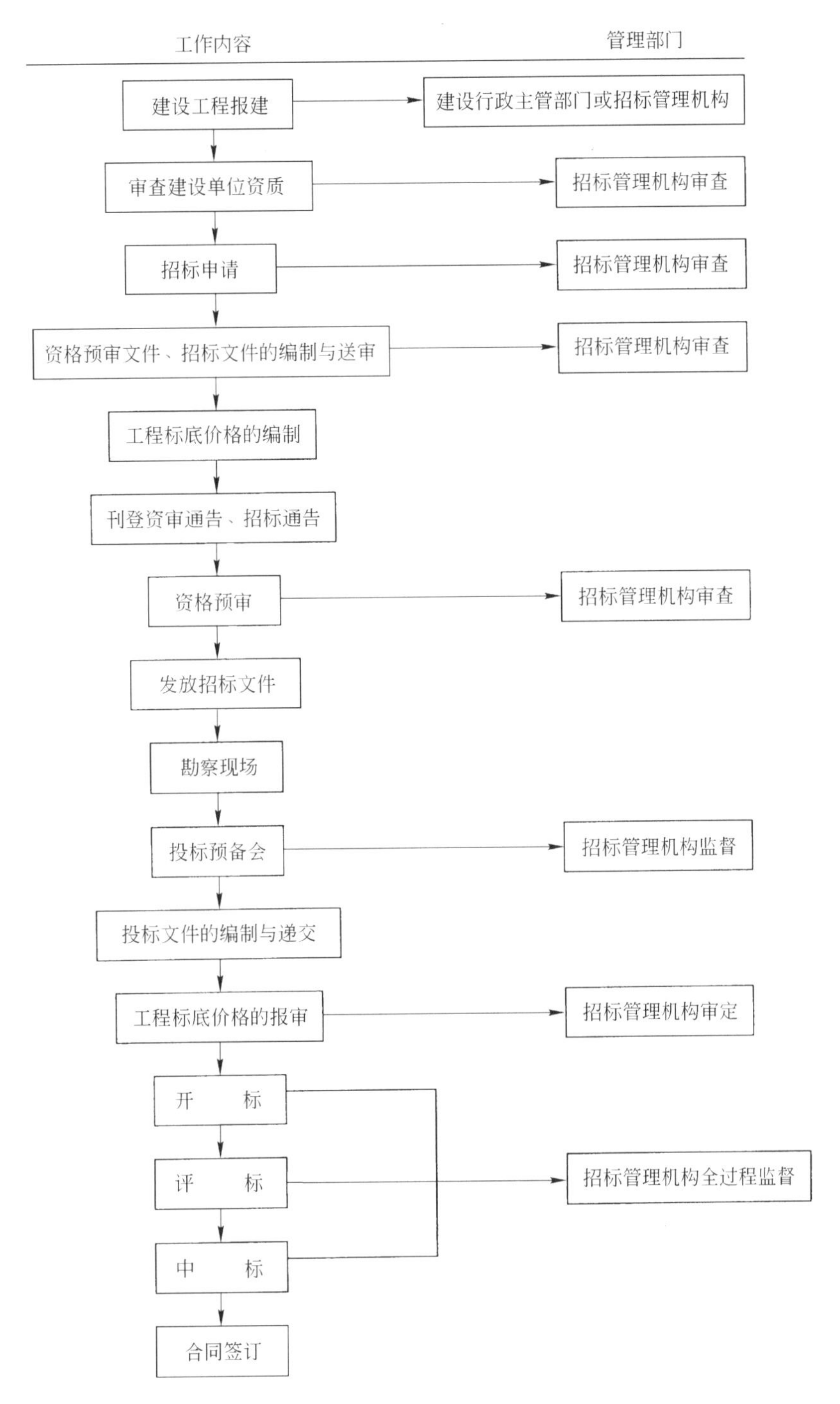

图 8.1 工程施工项目公开招标程序流程图

公开招标采用资格预审时，只有资格预审合格的施工单位才可以参加投标；不采用资格预审的公开招标应进行资格后审，即在开标后进行资格审查。

采用资格预审的招标单位须参照标准范本编写资格预审文件和招标文件，而不进行资格预审的公开招标只需编写招标文件。资格预审文件和招标文件须报招标管理机构审查，审查同意后可刊登资格预审通告、招标通告。

(5) 工程标底价格的编制

(6) 刊登资审通告、招标通告

我国《招标投标法》规定，招标人采用公开招标方式的，应发布招标公告。依法必须进行招标项目的招标公告，应当通过国家指定的报刊、信息网络或者其他媒介发布。招标公告应当载明招标人的名称和地址、招标项目的性质、数量、实施地点和时间以及获取招标文件的办法等事项。建设项目的公开招标应在建设工程交易中心发布信息，同时也可通过报刊、广播、电视等新闻媒介发布"资格预审通告"或"招标通告"。进行资格预审的，刊登"资格预审通告"。

(7) 资格预审

《招标投标法》规定，招标人可以根据招标项目本身的要求，在招标公告或者投标邀请书中，要求潜在投标人提供有关资质证明文件和业绩情况，并对潜在投标人进行资格审查；国家对投标人的资格条件有规定的，依照其规定。招标人不得以不合理的条件限制或者排斥潜在投标人，不得对潜在投标人实行歧视待遇。

国家建设部主要规定有三条：

1) 公开招标进行资格预审时，通过对申请单位填报的资格预审文件和资料进行评比和分析，确定出合格的申请单位短名单。将短名单报招标管理机构审查核准。

2) 待招标管理机构核准同意后，招标单位向所有合格的申请单位发出资格预审合格通知书。申请单位在收到资格预审合格通知书后，应以书面形式予以确认，在规定的时间领取招标文件、图纸及有关技术资料，并在投标截止日期递交有效的投标文件。

3) 资格预审审查的主要内容：投标单位组织与机构和企业概况；近 3 年完成工程的情况；目前正在履行的合同情况；资源方面，如财务、管理、技术、劳力、设备等方面的情况；其他资料(如各种奖励和处罚等)。

(8) 发放招标文件

1) 招标文件、图纸和有关技术资料发放给通过资格预审获得投标资格的投标单位。不进行资格预审的，发放给愿意参加投标的单位。投标单位收到招标文件、图纸和有关资料后，应认真核对，核对无误后应以书面形式予以确认。

2) 招标单位对招标文件所作的任何修改或补充，须报招标管理机构审查同意后，在投标截止时间之前，同时发给所有获得招标文件的投标单位，投标单位应以书面形式予以确认。

3) 修改或补充文件作为招标文件的组成部分，对投标单位起约束作用。

4) 投标单位收到招标文件后，若有疑问或不清的问题需澄清解释，应在收到招标文件后七日内以书面形式向招标单位提出，招标单位应以书面形式或投标预备会形式予以解答。

(9) 勘察现场

1) 招标单位组织投标单位进行勘察现场的目的在于了解工程场地和周围环境情况，以获取投标单位认为有必要的信息。为便于投标单位提出问题并得到解答，勘察现场一般安排在投标预备会的前 1～2 天。

2) 投标单位在勘查现场中如有疑问问题，应在投标预备会之前以书面形式向招标单位提出，但应给招标单位留有解答时间。

3）招标单位应向投标单位介绍有关现场的以下情况：施工现场是否达到招标文件规定的条件；施工现场的地理位置和地形、地貌；施工现场的地质、土质、地下水位水文等情况；施工现场气候条件，如气温、湿度、风力、年雨雪量等；现场环境，如交通、饮水、污水排放、生活用电、通讯等；工程在施工现场中的位置或布置；临时用地、临时设施搭建等。

（10）投标预备会

投标单位在领取招标文件、图纸及有关技术资料及勘察现场提出的疑问问题，招标单位可通过以下方式进行解答。

1）收到投标单位提出的疑问问题后，应以书面形式进行解答，并将解答同时送达所有获得招标文件的投标单位。

2）收到提出的疑问问题后，通过投标预备会进行解答，并以会议记录的形式同时送达所有获得招标文件的投标单位。

3）投标预备会的有关规定：

a．投标预备会的目的在于澄清招标文件中的疑问，解答投标单位对招标文件和勘察现场中所提出的疑问问题。投标预备会可安排在发出招标文件7日后28日以内举行。

b．投标预备会在招标管理机构监督下，由招标单位组织并主持召开，在预备会上对招标文件和现场情况作介绍或解释，并解答投标单位提出的疑问问题，包括书面提出的和口头提出的询问。

c．在投标预备会上还应对图纸进行交底和解释。

d．投标预备会结束后，由招标单位整理会议记录和解答内容，报招标管理机构核准同意后，尽快以书面形式将问题和解答同时发送到所有获得招标文件的投标单位。

e．所有参加投标预备会的投标单位应签到登记，以证明参加投标预备会。

f．不论招标单位以书面形式向投标单位发放的任何资料文件，还是投标单位以书面形式提出的问题，均应以书面形式予以确认。

4）为了使投标单位在编写投标书时，充分考虑招标单位对招标文件的修改或补充内容，以及投标预备会会议记录内容，招标单位可根据情况延长投标截止时间。

（11）投标文件的编制与递交

《招标投标法》规定，投标人应在招标文件要求提交投标文件的截止时间前，将投标文件送达投标地点。招标人收到投标文件后，应当签收保存，不得开启。投标人少于3个的，招标人应当依照本法重新招标。在招标文件要求提交投标文件的截止时间后送达的投标文件，招标人应当拒收。投标人在招标文件要求提交投标文件截止时间前，可以补充、修改或者撤回已提交的投标文件，并书面通知招标人。补充修改的内容为投标文件的组成部分。

建设部规定，在投标截止时间前，招标单位在接收投标文件中应注意核对投标文件是否按招标文件的规定进行密封和标志。在开标前，应妥善保管好投标文件、修改和撤回通知等投标资料；由招标单位管理的投标文件需经招标管理机构密封或送招标管理机构统一保管。

（12）工程标底价格的报审

标底编制完后应将必要的资料报送招标管理机构审定。

（13）开标

在投标截止日期后，按规定时间、地点，在投标单位法定代表人或授权代理人在场的情况下举行开标会议，按规定的议程进行开标。

(14) 评标

由招标代理、建设单位上级主管部门协商,按有关规定成立评标委员会,在招标管理机构的监督下,依据评标原则、评标方法,对投标单位报价、工期、质量、主要材料用量、施工方案或施工组织设计、以往业绩、社会信誉、优惠条件等方面进行综合评价,公正合理择优选择中标单位。

(15) 定标

中标单位选定后由招标管理机构核准,获准后招标单位发出"中标通知书"。

(16) 合同签订

建设单位与中标的单位在规定期限内签订工程承包合同。

第3节　工程施工项目投标

8.3.1　工程施工项目投标文件的内容与编制

1. 根据建设部《招标文件范本》规定,投标文件应完全按招标文件的各项要求来编制,一般应包括下列内容:

(1) 投标书;

(2) 投标书附录;

(3) 投标保证金;

(4) 法定代表人资格证明书;

(5) 授权委托书;

(6) 具有标价的工程量清单与报价表;

(7) 辅助资料表;

(8) 资格审查表(资格预审的不采用);

(9) 对招标文件中的合同协议条款内容的确认和响应;

(10) 按招标文件规定提交的其他资料。

2. 施工项目投标文件的编制应遵循如下规定

(1) 做好编制投标文件准备工作。投标单位领取招标文件、图纸和有关技术资料后,应仔细阅读"投标须知",投标须知是投标单位投标时应注意和遵守的事项。另外,还需认真阅读合同条件、规定格式、技术规范、工程量清单和图纸。如果投标单位的投标文件不符合招标文件的要求,责任由投标单位自负。实质上不响应招标文件要求的投标文件将被拒绝。

投标单位应根据图纸核对招标单位在招标文件中提供的工程量清单中的工程项目和工程量;如发现项目或数量有误时应在收到招标文件7日内以书面形式向招标单位提出。

组织投标班子,确定投标文件编制人员,为编制好投标文件和投标报价,应收集现行定额标准、取费标准及各类标准图集。收集掌握政策性调价文件,以及材料和设备价格情况。

(2) 投标文件编制中,投标单位应依据招标文件和工程技术规范要求,并根据施工现场情况编制施工方案或施工组织设计。

投标单位应根据招标文件要求编制投标文件和计算投标报价,投标报价应按招标文件中规定的各种因素和依据进行计算;应仔细核对,以保障投标报价的准确无误。

按招标文件要求投标单位提交投标保证金。

投标文件编制完成后应仔细整理、核对，按招标文件的规定进行密封和标志。并提供足够份数的投标文件的副本。

(3) 投标单位必须使用招标文件中提供的表格格式，但表格可以按同样格式扩展。

(4) 投标文件在“前附表”所列的投标有效期日内有效。

(5) 投标单位应提供不少于“前附表”规定数额的投标保证金，此投标保证金是投标文件的一个组成部分。对于未按要求提交投标保证金的投标，招标单位将视为不响应投标而予以拒绝。

未中标的投标单位的投标保证金将尽快退还(无息)。

如投标单位有下列情况，将被没收投标保证金：投标单位在投标有效期内撤回其投标文件；中标单位未能在规定期限内提交履约保证金或签署合同协议。

(6) 投标文件的份数和签署。投标单位按招标文件所提供的表格格式，编制一份投标文件“正本”和“前附表”所述份数的“副本”，并由投标单位法定代表人亲自签署并加盖法人单位公章和法定代表人印鉴。

8.3.2 工程施工项目投标程序

1. 投标程序

已经具备投标资格并愿意投标的投标人，可以按照图8.2投标工作程序图所列步骤进行投标。

2. 投标过程

投标过程是指从填写资格预审表开始，到将正式投标文件送交业主为止所进行的全部工作。这一阶段工作量很大，时间紧迫，一般需要完成下列各项工作：

(1) 资格预审

资格预审能否通过是承包商投标过程中的第一关。有关资格预审文件的要求、内容以及资格预审评定的内容在前面已有详细介绍。这里仅就投标人申报资格预审时注意的事项作一介绍。

1) 应注意平时对一般资格预审的有关资料的积累工作，并储存在计算机内，到针对某个项目填写资格预审调查表时，再将有关资料调出来，并加以补充完善。如果平时不积累资料，完全靠临时填写，则往往达不到业主要求而失去机会。

2) 加强填表时的分析，既要针对工程特点，下功夫填好重点部位，又要反映出本公司施工经验、施工水平和施工组织能力。这往往是业主考虑的重点。

3) 在投标决策阶段，研究并确定今后本公司发展的地区和项目时，注意收集信息，如果有合适的项目，及早动手做资格预审的申请准备。可以参照亚洲开发银行的评分办法给自己公司评分。这样可以及早发现问题。如果发现某个方面的缺陷(如资金、技术水平、经验年限等)不是本公司自己可以解决者，则应考虑寻找适宜的伙伴，组成联营体来参加资格预审。

4) 做好递交资格预审表后的跟踪工作，如果是国外工程可通过当地分公司或代理人，以便及时发现问题，补充资料。

(2) 投标前的调查与现场考察

这是投标前极其重要的一步准备工作，如果在前述的投标决策前期阶段对拟去的地区进行了较为深入的调查研究，则拿到招标文件后就只需进行有针对性的补充调查了。否则，

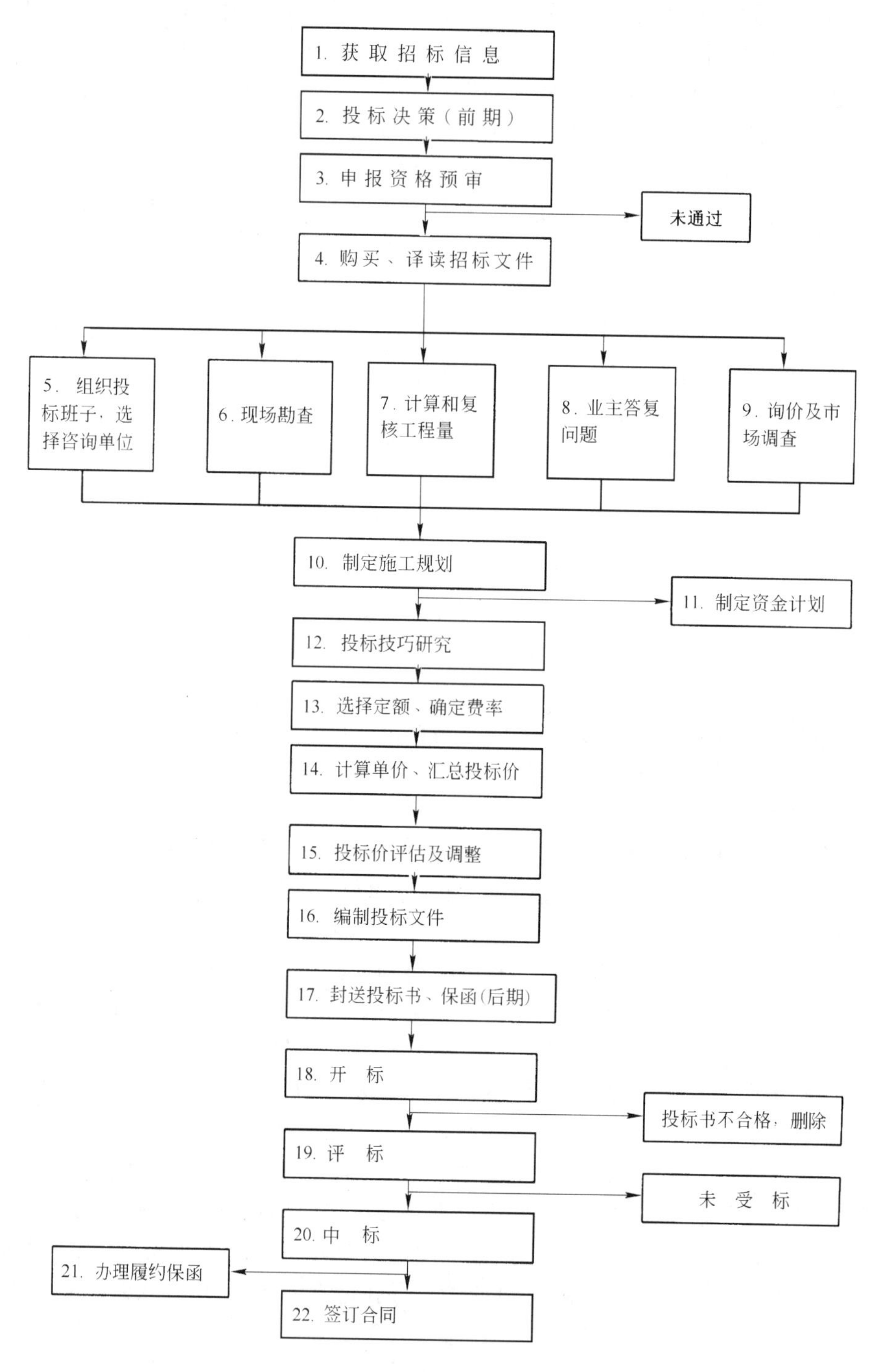

图 8.2　投标工作程序图

应进行全面的调查研究。如果去国外投标,拿到招标文件后再进行调研,则时间是很紧迫的。

现场考察主要指的是去工地现场进行考察,招标单位一般在招标文件中要注明现场考察的时间和地点，在文件发出后就应安排投标者进行现场考察的准备工作。

施工现场考察是投标者必须经过的投标程序。按照国际惯例，投标者提出的报价单一般被认为是在现场考察的基础上编制报价的，一旦报价单提出之后，投标者就无权因为现场考察不周，情况了解不细或因素考虑不全面而提出修改投标、调整报价或提出补偿等要求。

现场考察既是投标者的权利又是他的职责。因此，投标者在报价以前必须认真地进行施工现场考察，全面的、仔细地调查了解工地及其周围的政治、经济、地理等情况。

现场考察之前，应仔细的研究招标文件，特别是文件中的工作范围、专用条款，以及设计图纸和说明，然后拟定出调研提纲，确定重点要解决的问题，做到事先有准备，因有时业主只组织投标者进行一次工地现场考察。

现场考察费用均由投标者自费进行。

进行现场考察应从下述五方面调查了解：

1）工程的性质以及与其他工程之间的关系。

2）投标人投标的那一部分工程与其他承包商或分包商之间的关系。

3）工地地貌、地质、气候、交通、电力、水源等情况，有无障碍物等。

4）工地附近有无住宿条件，料场开采条件，其他加工条件，设备维修条件等。

5）工地附近治安情况。

(3) 分析招标文件、校核工程量、编制施工规划

1）分析招标文件。招标文件是招标的主要依据，因此应该仔细的分析研究。研究招标文件，重点应放在投标者须知、合同条件、设计图纸、工程范围以及工程量表上，最好有专人或小组研究技术规范和设计图纸，弄清其特殊要求。

2）校核工程量。对于招标文件中的工程量清单，投标者一定要进行校核，因为它直接影响投标报价及中标机会，例如当投标人大体上确定了工程总报价之后，对某些项目工程量可能增加的，可以提高单价；而对某些项目工程量估计会减少的，可以降低单价。

3）编制施工规划。该工作对于投标报价影响很大。

在投标过程中，必须编制全面的施工规划但其深度和广度都比不上施工组织设计。如果中标再编制施工组织设计。

施工规划的内容，一般包括施工方案、施工进度计划、施工机械、材料、设备和劳动力计划，以及临时生产、生活设施。制定施工规划的依据是设计图纸，执行的规范，经复核的工程量，招标文件规定的开工、竣工日期以及对市场材料、机械设备、劳动力价格的调查。编制的原则是在保证工期和工程质量的前提下，如何使成本最低，利润最大。

(4) 投标报价的计算

投标报价的计算包括定额分析、单价分析、计算该工程成本、确定利润方针，最后确定标价。这一部分内容将在第九章详细分析。

(5) 编制投标文件

编制投标文件也称填写投标书，或称编制报价书。

投标文件应完全按照招标文件的各项要求编制。一般不能带任何附加条件，否则将导致投标作废。

(6) 准备备忘录提要

招标文件中一般都有明确规定,不允许投标者对招标文件的各项要求进行随意取舍、修改或提出保留。但是在投标过程中,投标人对招标文件反复深入地进行研究后,往往会发现很多问题,这些问题大体可分为三类:

第一类是对投标人有利的,可以在投标时加以利用或在以后提出索赔要求的,这类问题投标者一般在投标时是不提的。

第二类是发现的错误明显对投标人不利的,如总价包干合同工程项目漏项或是工程量偏少的,这类问题投标人应及时向业主提出质疑,要求业主更正。

第三类问题是投标者企图通过修改某些招标文件和条款或是希望补充某些规定,以使自己在合同实施时能处于主动地位的问题。

上述问题在准备投标文件时应单独写成一份备忘录提要。但这份备忘录提要不能附在投标文件中提交,只能自己保存。第三类问题留待合同谈判时使用,也就是说,当该投标使招标人感兴趣,邀请投标人谈判时,再把这些问题根据当时情况,一个一个地拿出来谈判,并将谈判结果写入合同协议书的备忘录中。

(7) 递交投标文件

递送投标文件也称递标。是指投标人在规定的截止日期之前,将准备妥的所有投标文件密封地送到招标单位的行为。

对于招标单位,在收到投标人的投标文件后,应签收或通知投标人已收到其投标文件,并记录收到日期和时间;同时,在收到投标文件到开标之前,所有投标文件均不得启封,并应采取措施确保投标文件的安全。

第4节 国际工程项目招投标简介*

国际工程即指我国的施工企业参与投标竞争的国外工程项目,也包括在我国建设而需采用国际招标的工程项目。随着我国社会主义建设的迅猛发展和"WTO"的加入,建设工程项目日趋大型化、复杂化、全球化,更多地吸收世界银行、亚洲开发银行、外国政府、财团和基金会的贷款作为建设资金的来源之一,已经成为一种趋势。这些工程的招标和投标,必须符合世界银行有关规定或遵从国际惯例。

8.4.1 国际工程招投标程序

国际工程招投标的程序可以用下列图示表示(见图8.3)。

8.4.2 FIDIC招标程序

国际咨询工程师联合会(FIDIC)于1994年对1982年出版的《招标程序》作了进一步修订,出版了第二版。新版的《FIDIC招标程序》全面反映了国际上建设行业当今招投标的通行做法,提供了一个完整、系统的建设项目招标程序,具有实用性、灵活性。它能够帮助雇主和承包商了解国际上工程招标程序,从而为实际工作提出规范化的操作程序,以下主要列出资格预审的详细程序、推荐的招标程序、开标和评标程序。

1. 投标人资格预审推荐使用的程序,见图8.4 。
2. FIDIC所推荐的招标程序,见图8.5。
3. FIDIC所推荐的开标和评标程序,见图8.6。

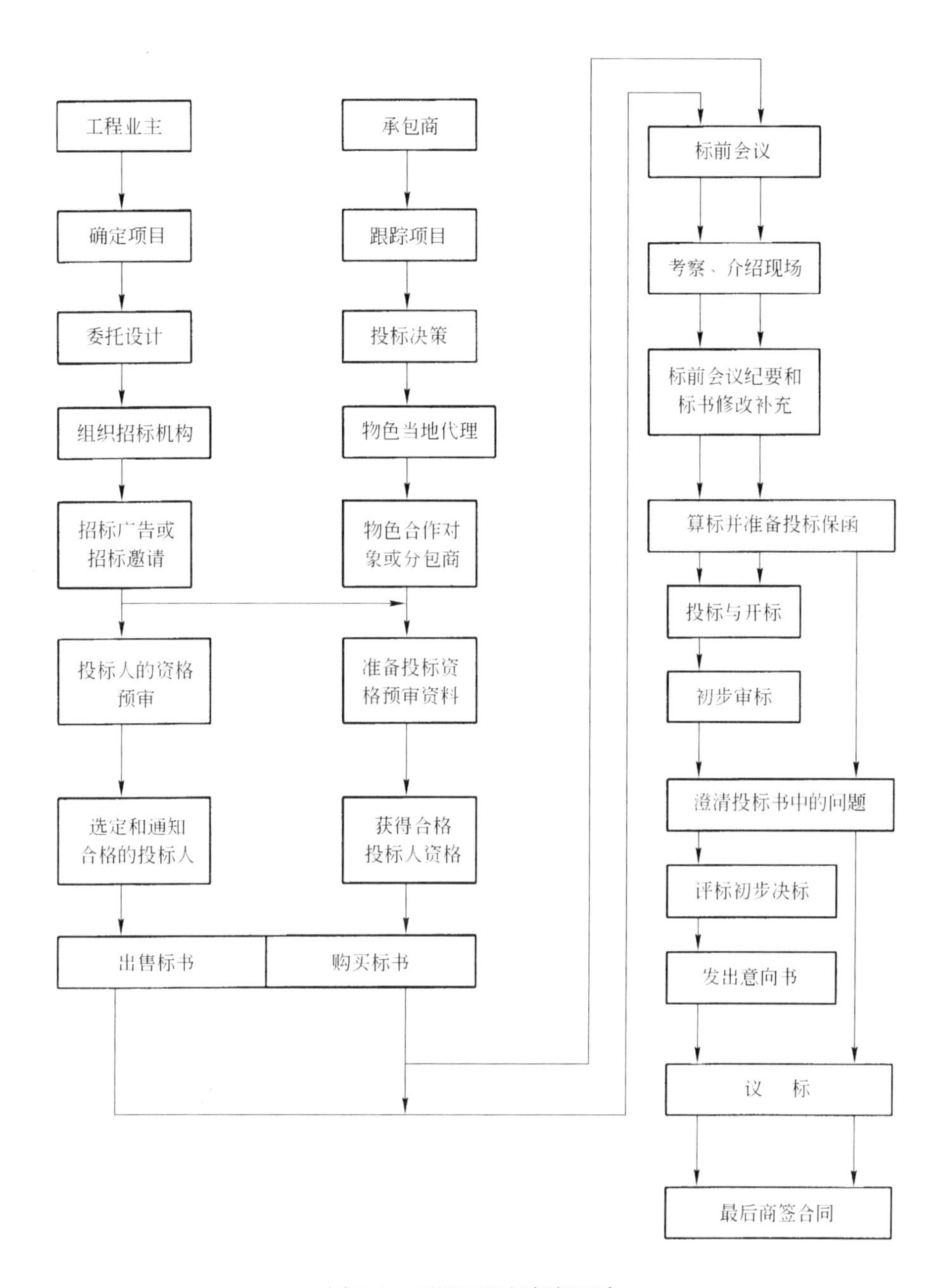

图 8.3　国际工程招投标程序

节	雇主\工程师	承包商
2.0 确定项目策略	项目策略的确定包括： 1. 采购方式 2. 招标模式 3. 时间表	
2.1 编制资格预审文件	编制资格预审文件 1. 邀请函 2. 资格预审程序介绍 3. 项目信息 资格预审申请	
2.2 资格预审邀请	在有关的报刊、大使馆发布资格预审广告，说明： 1. 雇主和工程师 2. 项目概况 （范围、位置、计划、资金来源） 3. 颁发招标文件和提交投标书的日期 1. 申请资格预审须知 2. 资格预审的最低要求 3. 承包商资格预审资料的提交时间	

图 8.4　FIDIC 为投标人资格预审使用的程序(一)

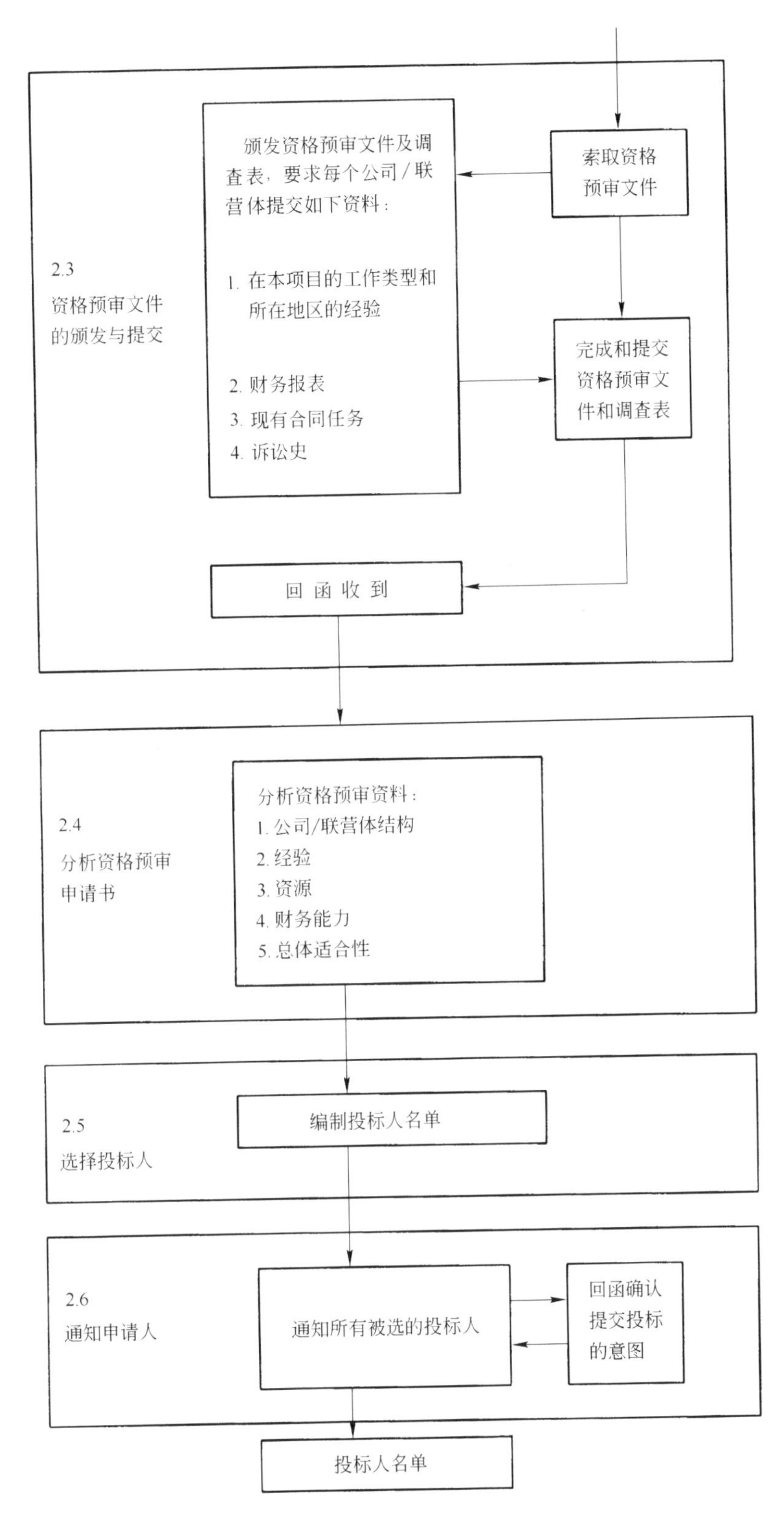

图 8.4　FIDIC 为投标人资格预审使用的程序(二)

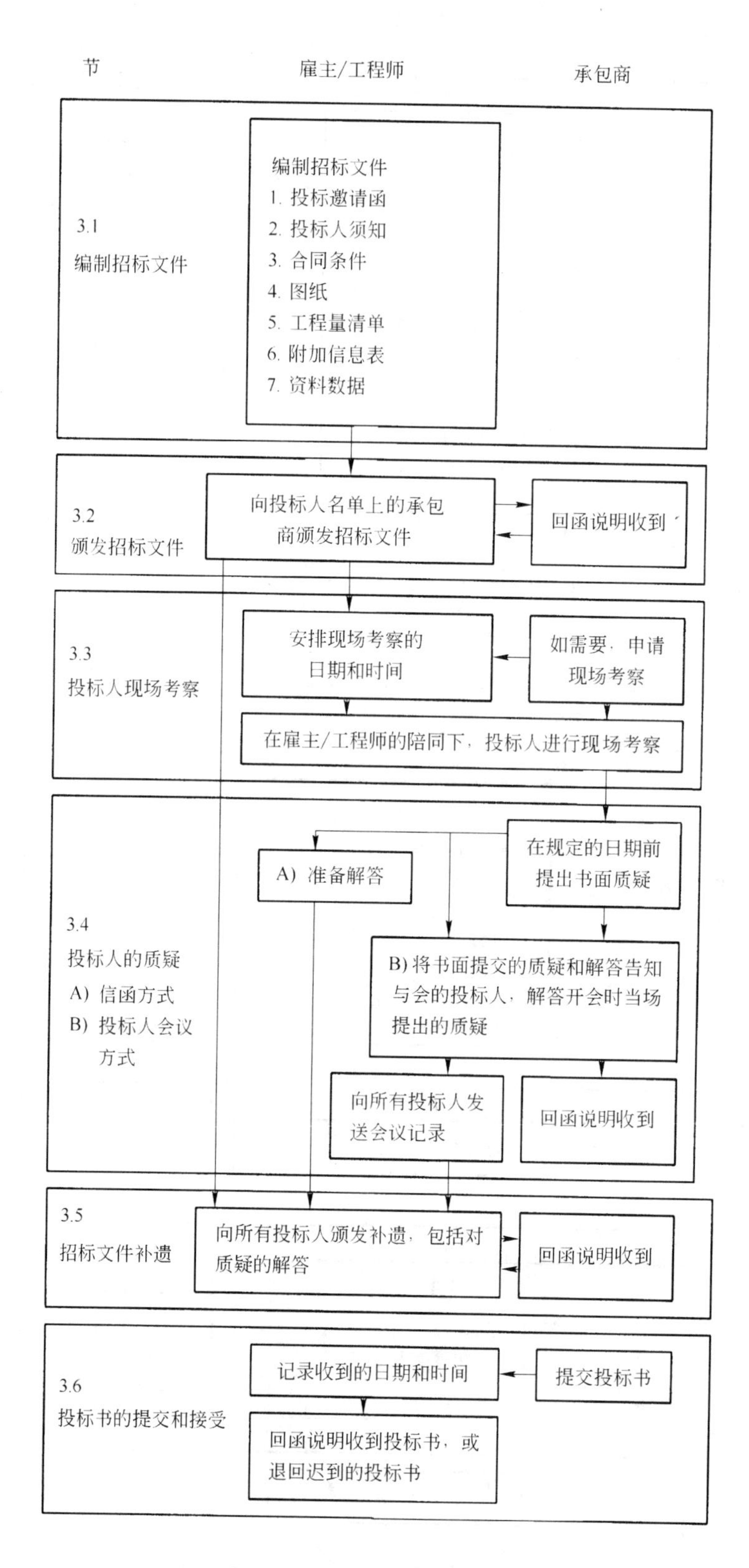

图 8.5　FIDIC 推荐的招标程序

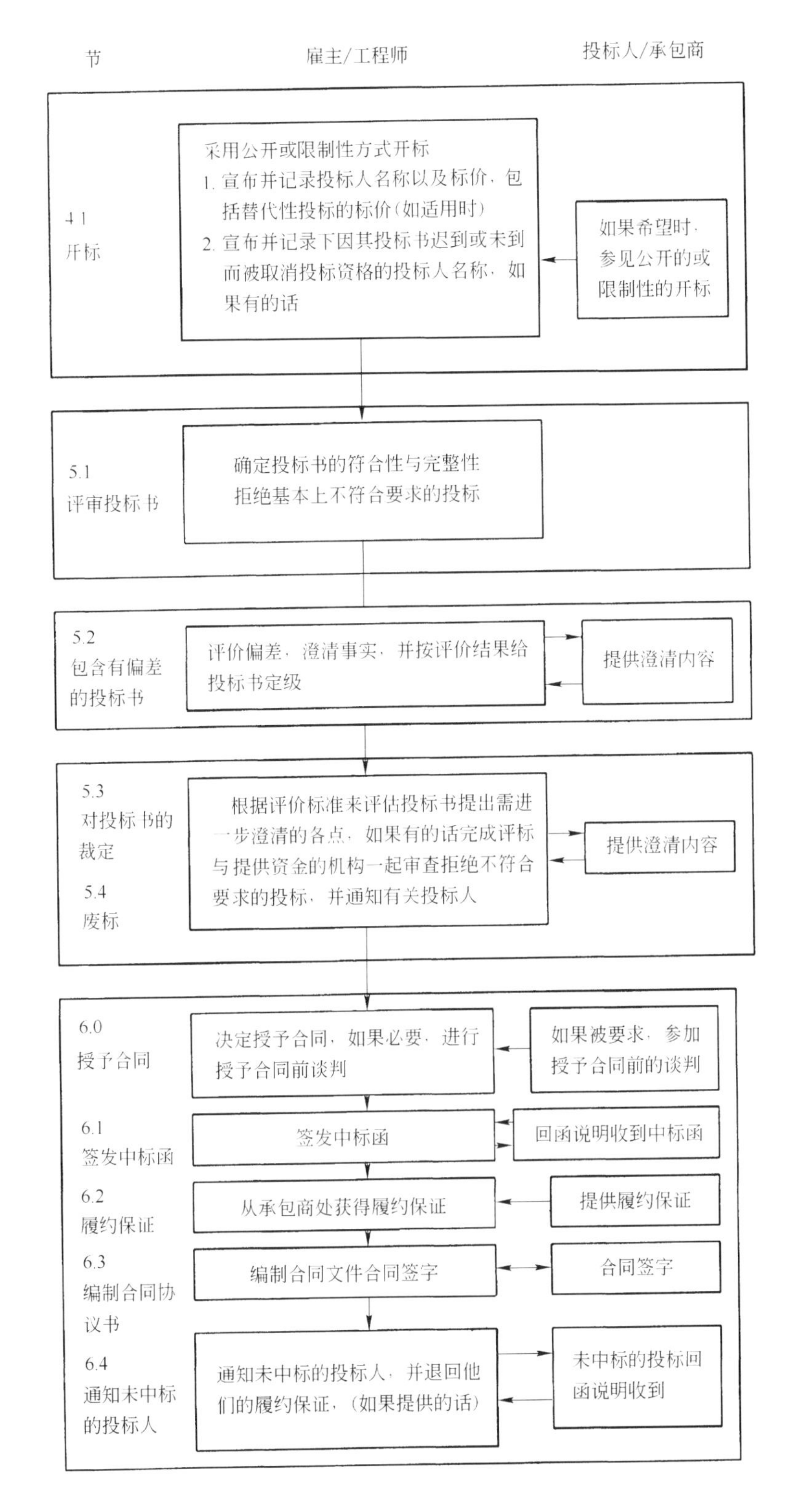

图 8.6　FIDIC 所推荐的开标和评标程序

第9章　投　标　报　价

第1节　工程项目投标报价概述

9.1.1　工程项目投标报价的概念

工程项目投标报价，即工程项目的投标价格，又称为工程项目的投标标价，是指投标单位为了中标而向招标单位报出的拟投标的工程项目的价格。它是工程项目投标工作中的一个十分重要的环节，也是投标单位能否中标的一个关键因素。投标报价的正确与否，对投标单位能否中标以及中标后的盈利情况，将起决定性的作用。

9.1.2　投标报价的组成

投标单位在针对某一工程项目的投标中，最关键的工作是计算标价。根据《招标文件范本》规定，关于投标价格，除非合同中另有规定，具有标价的工程量清单中所报的单价和合价，以及报价汇总表中的价格应包括施工设备、劳务、管理、材料、安装、维护、保险、利润、税金、政策性文件规定及合同所包含的所有风险、责任等各项应有费用。投标单位应按招标单位提供的工程量计算工程项目的单价和合价。工程量清单中的每一项均需计算填写单价和合价，投标单位没有填写出单价和合价的项目将不予支付，并认为此项费用已包括在工程量清单的其他单价和合价中。因此，国内工程投标报价费用的组成如下：

1．直接工程费

指在工程施工过程中直接用于工程实体上人工、材料、设备和施工机械使用费，其他直接费，以及为施工准备、组织施工生产和管理所需费用的总和。由直接费、其他直接费和现场经费组成。

2．间接费

指施工企业为组织施工和进行经营管理，以及间接为施工生产服务的各项费用。由企业管理费、财务费和其他费用组成。

3．利润和税金

指按照国家有关部门的规定，工程项目施工企业在承担施工任务时应计取的利润，以及按规定应计入工程造价的营业税，城市建设维护税及教育经费附加。

4．不可预见费

可由风险因素分析予以确定，一般在投标时可按工程总成本的3％～5％考虑。

第2节　投标报价的编制方法与报价技巧

9.2.1　标价的编制方法

1. 标价的计算依据

(1) 招标单位提供的招标文件;

(2) 招标单位提供的设计图纸及有关的技术说明书等;

(3) 国家及地区颁发的现行建筑、市政、安装工程预算定额及与之相配套执行的各种费用定额、规定等;

(4) 地方现行的材料预算价格、采购地点及供应方式等;

(5) 因招标文件及设计图纸等不明确经咨询后由招标单位书面答复的有关资料;

(6) 企业内部制定的有关取费、价格等的规定、标准;

(7) 其他与报价计算有关的各项政策、规定及调整系数等。

在标价的计算过程中,对于不可预见费用的计算必须慎重考虑,不要遗漏。

2. 标价的计算方法

计算标价之前,应充分熟悉招标文件和施工图纸,了解设计意图、工程全貌,同时还要了解并掌握工程现场情况,并对招标单位提供的工程量清单进行审核。工程量确定后,即可进行标价的计算。

(1) 按工料单价法计算标价

根据已审定的工程量,按定额的或市场的单价,逐项计算每个项目的合价,分别填入招标单位提供的工程量清单内,计算出全部工程直接费,再根据各项费率税率,依次计算出间接费、计划利润及税金,得出工程总造价。对整个计算过程要反复进行审核,保证据此报价的工程总造价的正确无误。

(2) 按综合单价法计算标价

所填入工程量清单中的单价,应包括人工费、材料费、机械费、其他直接费、间接费、利润、税金以及材料差价及风险金等全部费用。将全部单价汇总后,即得出工程总造价。

(3) 间接快速计算标价法

以上工程造价是采用直接法计算,即把构成工程造价的各项费用累加而得出工程造价。这种计算方法对造价的估算准确,但当图纸及各种资料不完备,或为了快速报价的需要,有时也采用间接法计算造价。主要有以下两种方法:

1) 按估算指标计算标价。根据施工项目的分项工程查阅估算指标中相同类型的工程,如果设计图纸与投标中的项目相符合即可直接套用。对于间接费、利润、税金等仍按前面介绍的方法确定。

2) 类似工程对比法计算标价。即利用类似工程预算或决算来估算投标工程的造价。这里应考虑投标工程与类似工程各方面的不同,离工程所在地的远近,地区工人工资标准的不同,材料预算价格的变化,分项工程具体做法的不同,间接费及其他费用的调整等。

3. 标价的计算步骤

计算标价开始时主要工作相当于编制施工图预算,所以其步骤和方法,基本与编制预算相同,但以前施工单位编制预算后,必须送交建设单位审核,审定后方可作为建设单位与施工单位结算工程费用的依据。而在投标中,计算投标标价不必送建设单位审核,而是以投标报价为标志,同各投标对手展开竞争,所以计算投标报价要为竞争获胜创造优势和条件,这就要求在计算中精打细算,千方百计地搞好经营,增收节支,降低工程成本,而且还要学会计算标价中的一些技术问题。

(1) 项目的划分

组成标价的所有费用并不为工程量报价表所全部罗列,计算前需进行项目划分:

1) 报价项目:指工程报价表上所开列的项目,填写时计算项目必须与招标文件上的序号一致,以便与招标单位评标时作比较。

2) 待摊项目:指必须编入标价而招标书中又未列出的项目,有间接费、其他费用、利润、意外费用及工程的次要项目等。在编制标价时应将上述费用认真计算,除工程中的次要项目可直接并入有关项目外,其余均按工程项目所占比例,分别摊入各项单价内。

(2) 待摊费用的分摊

如何分摊待摊费用,不仅是表现形式的不同,还直接关系到施工企业的切身经济利益,总的原则应该是"早摊为好,适可而止",把待摊的费用多分摊些在早期完成的工程项目里,就可以及早收回更多的工程款,但早期摊入太多,使早期的工程单价超过招标标底内定的最高限额,有可能导致失标,因此,费用分摊也是标价计算的关键因素之一,可采用早摊法、递减法、递增法、均摊法等不同方法,同时对其中一些费用摊销,还要对号入座,具体结合工程项目进行。

(3) 计算标价的步骤

1) 先将直接费、待摊费用全部算出;

2) 据直接费计算出各单项费用占整个工程项目的比例;

3) 将待摊费按上述比例(百分率),摊入各项目中;

4) 各项目合价除以工程数量,即得出综合单价;

5) 用逐项综合单价计算出总加后,再复核是否等于原来3项费用的总和。

标价的计算是:

$$\text{综合单价} = \text{工程单价} + \text{按比例摊入的待摊费用} \tag{9.1}$$

$$\begin{aligned}\text{标　　价} &= \Sigma(\text{各综合单价} \times \text{各项工程量}) \\ &= \text{直接费} + \text{待摊费}\end{aligned} \tag{9.2}$$

9.2.2 投标报价的技巧

报价技巧是指在投标报价中采用一定的手法或技巧使业主可以接受,而中标后又能获得更多的利润。常用的报价技巧主要有:

1. 根据招标项目的不同特点采用不同报价。投标报价时,即要考虑自身的优势和劣势,也要分析招标项目的特点。按照工程项目的不同特点、类别、施工条件等来选择报价策略。

(1) 遇到如下情况报价可高一些:施工条件差的工程;专业要求高的技术密集型工程,而本公司在这方面又有专长,声望也较高;总价低的小工程,以及自己不愿做、又不方便不投标的工程;特殊的工程,如港口码头、地下开挖工程等;工期要求急的工程;投标对手少的工程;支付条件不理想的工程。

(2) 遇到如下情况报价可低一些:施工条件好的工程;工作简单、工程量大而一般公司都可以做的工程；本公司急于打入某一市场、某一地区，或在该地区面临工程结束，机械设备等无工地转移时；本公司在附近有工程，而本项目又可利用该工程的设备、劳务，或有条件短期内突击完成的工程；投标对手多，竞争激烈的工程；非急需工程；支付条件好的工程。

2. 不平衡报价法。这一方法是指工程项目总报价基本确定后，通过调整内部各个项目的报价，以期既不提高总价、不影响中标，又能在结算时得到更理想的经济效益。一般可以考虑在以下几方面采用不平衡报价：

(1) 能够早日结帐收款的项目（如开办费、基础工程、土方开挖、桩基等）可适当降低。

(2) 预计今后工程量会增加的项目，单价适当提高，这样在最终结算时可多赚钱；将工程量可能减少的项目单价降低，工程结算时损失不大。

上述两种情况要统筹考虑，即对于工程量有错误的早期工程，如果实际工程量可能小于工程量表中的数量，则不能盲目抬高单价，要具体分析后再定。

(3) 设计图纸不明确，估计修改后工程量要增加的，可以提高单价；而工程内容解释不清楚的，则可适当降低一些单价，待澄清后可再要求提价。

(4) 暂定项目，又叫任意项目或选择项目，对这类项目要具体分析。因为这类项目要在开工后再由业主研究决定是否实施，以及由哪家承包商实施。如果工程不分标，该暂定项目也可能由其他承包商施工时，则不宜报高价，以免抬高总报价。

采用不平衡报价一定要建立在对工程量表中的工程量仔细核对分析的基础上，特别是对报低单价的项目，如工程量执行时增多将造成承包商的重大损失；不平衡报价过多或过于明显，可能会引起业主的反对，甚至导致废标。

3. 计日工单价的报价。如果是单纯报计日工单价，而且不计入总价中，可以报高些，以便在业主额外用工或使用施工机械时可多赢利。但如果计日工单价要计入总报价时，则需具体分析是否报高价，以免抬高总报价。总之，要分析业主在开工后可能使用的计日工数量，再来确定报价方针。

4. 可供选择项目的报价。业主可能要求按某一方案报价，而后再提供几种可供选择方案的比较报价，例如建筑材料，工程量表中要求按某种规格材料报价；另外，还要求投标人对其他可供选择的材料项目报价。投标时，对于将来有可能被选择使用的材料适当提高其报价；对于当地难以供货的某些规格材料，可将价格有意抬高的更多一些，以阻挠业主选用。但是，所谓"可供选择项目"并非由承包商任意选择，而是业主才有权进行选择。因此，我们虽然适当提高了可供选择项目的报价，并不意味着肯定可以取得较好的利润，只是提供了一种可能性；一旦业主今后选用，承包商即可得到额外加价的利益。

5. 暂定工程量的报价。暂定工程量有三种：一种是业主规定了暂定工程量的内容和暂定总价款，并规定所有投标人都必须在总报价中加入这笔固定金额，但由于分项工程量不很准确，允许将来按投标人所报单价和实际完成的工程量付款。另一种是业主列出了暂定工程量的项目和数量，但并没有限制这些工程量的估价总价款，要求投标人即列出单价，也应按暂定项目的数量计算总价，当将来结算付款时可按实际完成的工程量和所报单价支付。第三种是只有暂定工程的一笔固定总金额，将来这笔金额作什么用，由业主确定。第一种情况由于暂定总价款是固定的，对各投标人的总报价水平竞争力没有任何影响，因此，投标时应当对暂定工程量的单价适当提高。这样做，既不会因为今后工程量变化而吃亏，也不会削弱投标价的竞争力。第二种情况，投标人必须慎重考虑。如果单价定高了，同其他工程量计价一样，将会增大总报价，影响投标价的竞争力；如果单价定的低了，将来这类工程量增大，将会影响收益。一般来说，这类工程量可以采用正常价格。如果承包商估计今后工程量肯定会增大，则可适当提高单价，是将来可增加额外收益。第三种情况对投标竞争没有实际意义，按招标文件要求将规定的暂定款列入总报价即可 。

6. 多方案报价法。对于一些招标文件，如果发现工程范围不很明确，条款不清或很不公正，或技术规范要求过于苛刻时，则要在充分估计投标风险的基础上，按多方案报价法处理。即是按原招标文件报一个价，然后再提出，如某某条款作某些变动，报价可降低多少，由此可以报出一个较低的价。这样可以降低总价，吸引业主。

7. 增加建议方案。有时招标文件中规定，可以提一个建议方案，即是可以修改原设计方案，提出投标者的方案。投标者这时应抓住机会，组织一批有经验的设计和施工工程师，对原招标文件的设计和施工方案仔细研究，提出更为合理的方案以吸引业主，促成自己的方案中标。这种新建议方案可以降低总造价或是缩短工期，或使工程运用更为合理。但要注意对原招标方案一定也要报价。建议方案不要写得太具体，要保留方案的技术关键，防止业主将此方案交给其他承包商。同时要强调的是，建议方案一定要比较成熟，有很好的操作性。

8. 突然降价法。投标报价中各竞争对手往往通过多种渠道和手段来刺探对手的情况，因而在报价时可采取迷惑对手的方法。即先按一般情况报价或表现出自己对该工程兴趣不大，到快投标截止时，再突然降价，为最后中标打下基础。采用这种方法时，一定要在准备投标报价过程中考虑好降价的幅度，在邻近投标截止日期前，根据情报信息与分析判断，再作最后决策。如果中标，在签订合同时可采用不平衡报价的思想调整工程量表内的各项单价或价格，以期取得更高效益。

9. 分包商报价的采用。由于现代工程的综合性和复杂性，总承包商不可能将全部工程完全独家包揽，特别是有些专业性较强的工程内容须分包给其他专业工程公司施工，还有些招标项目，业主规定某些工程内容必须由他指定的几家承包商承担。因此，总承包商通常应在投标前先取得分包商的报价，并增加总承包商摊入的一定的管理费，而后作为自己投标总价的一个组成部分一并列入报价单中。应当注意，分包商在投标前可能同意接受总承包商压低其报价的要求，但等总承包商得标后，他们常以种种理由提高分包价格，这将使总承包商处于十分被动的地位。解决的办法是，总承包商在投标前照2、3家分包商作价，而后选择其中一家信誉较好、实力较强和报价合理的分包商签订协议，同意该分包商为本分包工程的唯一合作者，并将分包商的姓名列到投标文件中，但要求该分包商相应的提交投标保函。如果该分包商认为这家总承包商确实有可能得标，他也许愿意接受这一条件。这种把分包商的利益同投标人捆在一起的做法，不但可以防止分包商事后反悔和涨价，还可能迫使分包时报出较合理的价格，以便共同争取得标。

10. 无利润算标。缺乏竞争优势的承包商，在不得已的情况下，只好在算标中根本不考虑利润去夺标。这种方法一般是处于以下条件时采用：

(1) 有可能在得标后，将大部分工程分包给索价较低的一些分包商；

(2) 对于分期建设的项目，先以低价获得首期工程，而后赢得机会创造第二期工程中的竞争优势，并在以后的实施中赢得利润。

(3) 较长时期内，承包商没有在建的工程项目，如果再不得标，就难以维持生存。因此，虽本工程无利可图,只要能有一定的管理费维持公司的日常运转,就可设法度过暂时的困难,以图将来东山再起。

9.2.3 投标报价的宏观审核

投标承包工程,报价是投标的核心,报价正确与否直接关系到投标的成败。为了增强报价的准确性,提高中标率和经济效益,除重视投标策略、报价技巧,加强报价管理以外,还应善于认真总结经验教训,采取相应对策从宏观角度对承包工程总报价进行控制。可采用下列宏观指标和方法对报价进行审核:

1. 单位工程造价

房屋工程按平方米造价;铁路,公路按公里造价;铁路桥梁,隧洞按每延米造价;公路桥梁按桥面平方米造价等。按照各个国家和地区的情况,分别统计、搜集各种类型建筑的单位工程造价,在新项目投标报价时,将之作为参考,控制报价。这样做,即方便又适用,又有益于提高中标率和经济效益。

2. 全员劳动生产率

即全体人员每工日的生产价值,这是一项很重要的经济指标,用之对工程报价进行宏观控制是很有效的,尤其当一些综合性大项目难以用单位工程造价分析时,显得更为有用。但非同类工程,机械化水平悬殊的工程,不能绝对相比,要持分析态度。

3. 单位工程用工用料正常指标

例如,我国铁路隧道部门根据所积累的大量施工经验,统计分析出各类围岩隧道的每米隧道用工、用料指标;房建部门对房建工程每平方米建筑面积所需劳动力和各种材料的数量也都有一个合理的指数,可据此进行宏观控制。

4. 各分项工程价值的正常比例

这是控制报价准确度的重要指标之一。例如一栋楼房,是由基础、墙体、楼板、屋面、装饰、水电、各种专用设备等分项工程构成的,它们在工程价值中都有一个合理的大体比例。国外房建工程,主体结构工程(包括基础、框架和砖墙三个分项工程)的价值约占总价的55%;水电工程约占10%;其余分项工程的合计价值约占35%。

5. 各类费用的正常比例

任何一个工程的费用都是由人工费、材料设备费、施工机械费、间接费等各类费用组成的,它们之间都有一个合理的比例。国外工程一般是人工费占总价的15%~20%;材料设备费(包括运费)约占45%~65%;机械使用费约占10%~30%;间接费约占25%。

6. 预测成本比较控制法

将一个国家或地区的同类工程报价项目和中标项目的预测成本资料整理汇总贮存,作为下一轮投标报价的参考,可以此衡量新项目报价的得失情况。

7. 个体分析整体综合控制法

如修建一条铁路,这是包含线、桥、隧、站场、房屋、通讯信号等个体工程的综合工程项目;应首先对本工程进行逐个分析,而后进行综合研究和控制,最后才能认定工程的价格是否合理。

8. 综合定额估算法

本法是采用综合定额扩大系数估算工程的工料数量及工程造价的一种方法。是在掌握工程实施经验和资料的基础上的一种估算方法。一般来说比较接近实际,尤其是在采用其他宏观指标对工程报价难以核准的情况下,该法更显出它较细致可靠的优点。

综合应用上述指标和办法,做到既有纵向比较,还有系统的综合比较,再做一些与报价有关的考察、调研,就会改善新项目的投标报价工作,减少和避免报价失误 ,取得中标承包工程的好成绩。

9.2.4 投标报价与工程预算的关系

工程预算与投标报价的编制方法及费用构成基本一致,但二者也是有区别的。工程预算文件必须按照国家有关规定编制,尤其是各种费用的计算,必须按规定的费率进行,不得任意修改;而投标报价则可根据本企业实际情况进行计算,更能体现企业的实际水平。工程预算文件经设计单位或施工单位编完后,必须经建设单位或其主管部门、建设银行等审查批准后才能作为建设单位与施工单位结算工程价款的依据;而投标报价可以根据施工单位对工程的理解程度,在预算造价上浮动,无需预先送建设单位审核。

第3节 工程施工合同

9.3.1 工程施工合同的概念

工程施工合同即建筑安装工程承包合同,是发包人和承包人为完成商定的建筑安装工程,明确相互权利、义务关系的协议。在建设领域,习惯上将工程施工合同的当事人称为发包方和承包方,可以认为承包方与承包人、发包方与发包人具有相同的含义。依照施工合同,承包方应完成一定的建筑、安装工程任务,发包人应提供必要的施工条件并支付工程价款。施工合同是建设工程合同的一种,它与其他建设工程合同一样是一种双务合同,在订立时也应遵守自愿、公平、诚实信用等原则。

施工合同是建设合同的主要合同,是工程建设质量控制、进度控制、投资控制的主要依据。在市场经济条件下,建设市场主体之间相互的权利义务关系主要是通过合同确立的,因此,在建设领域加强对施工合同的管理具有十分重要的意义。国家立法机关、国务院、国家建设行政管理部门都十分重视施工合同的规范工作,1999 年 3 月 15 日九届全国人大第二次会议通过、1999 年 10 月 1 日生效实施的《中华人民共和国合同法》对建设工程合同作了专章规定。《中华人民共和国建筑法》、《中华人民共和国招标投标法》也有许多涉及建设工程施工合同的规定。这些法律是我国建设工程施工合同管理的依据。

施工合同的当事人是发包人和承包人,双方是平等的民事主体。承发包双方签订施工合同,必须具备相应资质条件和履行施工合同的能力。对合同范围内的工程实施建设时,发包人必须具备组织协调能力;承包人必须具备有关部门核定的资质等级并持有营业执照等证明文件。

发包人:可以是具备法人资格的国家机关、事业单位、国有企业、集体企业、私营企业、经济联合体和社会团体,也可以是依法登记的个人合伙、个体经营户或个人,即一切以协议、法院判决或其他合法完备手续取得甲方的资格,承认全部合同条件,能够而且愿意履行合同规定义务(主要是支付工程价款能力)的合同当事人。与发包人合并的单位、兼并发包人的单位,购买发包人合同和接收发包人出让的单位和人员(即发包人的合法继承人),均可成为发包人,履行合同规定的义务,享有合同规定的权利。发包人既可以是建设单位,也可以是取得建设项目总承包资格的项目总承包单位。

承包人:应是具备与工程相应资质和法人资格的、并被发包人接受的合同当事人及其合法继承人。承包人是施工单位。

在施工合同中,工程师受发包人委托或者委派对合同进行管理,在施工合同管理中具有重要的作用(虽然工程师不是合同的当事人)。施工合同中的工程师是指监理单位委派的总监理工程或发包人指定的履行合同的负责人,其具体身份和职责由双方在合同中约定。

9.3.2 工程施工合同的特点

1. 合同标的的特殊性

施工合同的标的是各类建筑产品,建筑产品是不动产,其基础部分与大地相连,不能移动。这就决定了每个施工合同的标的都是特殊的,相互间具有不可替代性。这还决定了施工生产的流动性。建筑物所在地就是施工生产场地,施工队伍、施工机械必须围绕建筑产品不断移动。另外,建筑产品类别庞杂,其外观、结构、使用目的、使用人都各不相同,这就要求每一个建筑产品都需单独设计和施工(即使可重复利用的标准设计或重复使用图纸,也应采取必要的修改设计才能施工),即建筑产品是单体性生产,这也决定了施工合同标的的特殊性。

2. 合同履行期限的长期性

建筑物的施工由于结构复杂、体积大、建筑材料类型多、工作量大,使得工期都较长(与一般的工业产品生产相比),而合同履行期限肯定要长于施工工期,因为工程建设的施工应当在合同鉴定后才开始,且须加上合同签订后到正式开工前的一个较长的施工准备时间和工程全部竣工验收后,办理竣工结算及保修期的时间,在工程的施工过程中,还可能因为不可抗力、工程变更、材料供应不及时等原因而导致工期顺延。所以这些情况,决定了施工合同的履行期限具有长期性。

3. 合同内容的多样性和复杂性

虽然施工合同的当事人只有两方,但其涉及的主体却有许多种 。与大多数合同相比较,施工合同的履行期限长、标的额大,涉及的法律关系则包括了劳动关系、保险关系、运输关系等具有多样性和复杂性,这就要求施工合同的内容尽量详尽。施工合同除了应当具备合同的一般内容外,还应对安全施工、专利技术使用、发现地下障碍物和文物、工程分包、不可抗力、工程设计变更、材料设备的供应、运输、验收等内容作出规定。在施工合同履行的过程中,除施工企业与发包人的合同关系外,还涉及与劳务人员的劳动关系、与保险公司的保险关系、与材料设备供应商的买卖关系、与运输企业的运输关系等。所有这些,都决定了施工合同的内容具有多样性和复杂性的特点。

4. 合同监督的严格性

由于施工合同的履行对国家经济的发展、公民的工作和生活都有重大的影响,因此,国家对施工合同的监督是十分严格的。具体体现在以下几个方面:

(1) 对合同主体监督的严格性:建设施工合同主体一般只能是法人,必须有国家批准的建设项目,落实投资计划,并且应当具备相应的协调能力;承包人则必须具备法人资格,而且应当具备相应的从事施工的资质。无营业执照或无承包资质的单位不能作为建设工程施工合同的主体,资质等级低的单位不能越级承包建设工程。

(2) 对合同订立监督的严格性:订立建设工程施工合同必须以国家批准的投资计划为前提,即使是国家投资以外的、以其他方式筹集的投资也要受到当年的贷款规模和批准限额的限制，纳入当年投资规模的平衡，并经过严格的审批程序。建设工程施工合同的订立还必须符合国家关于建设程序的规定。我国《合同法》对合同形式确立了以不定式为主的原则，即在一般情况下对合同形式采用书面形式还是口头形式没有限制。但是，考虑到建设工程的重要性和复杂性，在施工过程中经常会发生影响合同履行的纠纷，因此，《合同法》要求，建设工程施工合同应当采取书面形式。

(3) 对合同履行监督的严格性：在施工合同的履行过程中，除了合同当事人应当对合同进行严格的管理外，合同的主管机关（工商行政管理机构）、金融机构、建设行政主管机关等，都要对施工合同的履行进行严格的监督。

9.3.3 施工合同的内容

对于施工合同的内容，根据有关工程建设施工的法律、法规，结合我国工程建设施工的实际情况，并借鉴了国际上广泛使用的土木工程施工合同条件（特别是 FIDIC 土木工程施工合同条件），国家建设部、国家工商行政管理局于 1999 年 12 月 24 日印发了《建设工程施工合同示范文本》（以下简称《施工合同文本》）。《施工合同文本》是对国家建设部、国际工商行政管理局 1991 年 3 月 31 日发布的《建设工程施工合同示范文本》的修订，是各类公用建筑、民用住宅、工业厂房、交通设施及线路、管道的施工和设备安装的合同文本。下面简要介绍《建设工程施工合同示范文本》的内容。

1.《施工合同文本》的组成

《施工合同文本》由《协议书》、《通用条款》、《专用条款》三部分组成，并附有三个附件：附件一是《承包方承揽工程项目一览表》、附件二是《发包方供应材料设备一览表》、附件三是《房屋建筑工程质量保修书》。

《协议书》是《施工合同文本》中总刚性文件。虽然其文字量并不大，但它规定了合同当事人双方最主要的权利义务，规定了组成合同的文件及合同当事人对履行合同义务的承诺，并且合同当事人在这份文件上签字盖章，因此具有很高的法律效力。《协议书》的内容包括工程概况、工程承包范围、合同工期、质量标准、合同价款、组成合同的文件及双方的承诺等。

《通用条款》是根据《合同法》、《建筑法》等法律对承发包双方的权利义务作出的规定，除双方协商一致对其中的某些条款作了修改、补充或取消外，双方都必须履行。它是将建设工程合同中共性的一些内容抽象出来编写的一份完整的合同文件。《通用条款》具有很强的通用性，基本适用于各类建设工程。《通用条款》共有十一部分 47 条组成。这十一部分内容是：

(1) 词语定义及合同文件；

(2) 双方一般权利和义务；

(3) 施工组织设计和工期；

(4) 质量与检验；

(5) 安全施工；

(6) 合同价款与支付；

(7) 材料设备供应；

(8) 工程变更；

(9) 竣工验收与结算；

(10) 违约、索赔和争议；

(11) 其他。

考虑到建设工程的内容各不相同,工期、造价也随之变动,承包人、发包人各自的能力、施工现场的环境和条件也各不相同,《通用条款》不能完全适用于各具体工程,因此配之以《专用条款》对其作必要的修改和补充,使《通用条款》和《专用条款》成为双方统一意愿的体现。《专用条款》的条款号与《通用条款》相一致,但主要是空格,由当事人根据工程的具体情况予以明确或者对《通用条款》进行修改、补充。

《施工合同文本》的附件则是对施工合同当事人的权利义务的进一步明确,并且使得施工合同当事人的有关工作一目了然,便于执行和管理。

2. 施工合同文件的组成及解释顺序

组成建设工程施工合同的文件包括:

(1) 施工合同协议书;

(2) 中标通知书;

(3) 投标书及其附件;

(4) 施工合同专用条款;

(5) 施工合同通用条款;

(6) 标准、规范及有关技术文件;

(7) 图纸;

(8) 工程量清单;

(9) 工程报价单或预算书。

双方有关工程的洽商、变更等书面协议或文件视为协议书的组成部分。

上述合同文件应能够互相解释、互相说明。当合同文件中出现不一致时,上面的顺序就是合同的优先解释顺序。在不违反法律和行政法规的前提下,当事人可以通过协商变更施工合同的内容。这些变更的协议或文件效力高于其他合同文件,且签署在后的协议或文件效力高于签署在先的协议或文件。当合同文件出现含糊不清或者当事人有不同解释时,按照合同争议的解决方式处理。

9.3.4 施工合同的订立

1. 订立施工合同应具备的条件:

(1) 初步设计已经批准;

(2) 工程项目已列入年度建设计划;

(3) 有能够满足施工需要的设计文件和有关技术资料;

(4) 建设资金和主要建筑材料设备来源已经落实;

(5) 招投标工程,中标通知书已经下达。

2. 订立施工合同应当遵守的原则

(1) 遵守国家法律、行政法规和国家计划原则

订立施工合同,必须遵守国家法律、行政法规,也应遵守国家的建设计划和其他计划(如贷款计划等)。建设工程施工对经济发展、社会生活有多方面的影响,国家有许多强制性的管理规定,施工合同当事人都必须遵守。

(2) 平等、自愿、公平的原则

签订施工合同当事人双方,都具有平等的法律地位,任何一方都不得强迫对方接受不平

等的合同条件。当事人有权决定是否订立施工合同和施工合同的内容,合同内容应当是双方当事人真实意思的体现。合同的内容应当是公平的,不能损害一方的利益,对于显失公平的施工合同,当事人一方有权申请人民法院或者仲裁机构予以变更或者撤销。

(3) 诚实信用原则

诚实信用原则要求在订立施工合同时要诚实,不得有欺诈行为,合同当事人应当如实将自身和工程的情况介绍给对方。在履行合同时,施工合同当事人要守信用,严格履行合同。

3. 订立施工合同的程序

施工合同作为合同的一种,其订立也应经过要约和承诺两个阶段。其订立方式有两种:直接发包和招标发包。对于必须进行招标的建设项目,工程建设的施工都应通过招标投标确定施工企业。

中标通知书发出后,中标的施工企业应当与建设单位及时签订合同。依据《招标投标法》的规定,中标通知书发出 30 天内,中标单位应与建设单位依据招标文件、投标书等签订工程承发包合同(施工合同)。签订合同的承包人必须是中标的施工企业,投标书中已确定的合同条款在签订时不得更改,合同价应与中标价相一致。如果中标施工企业拒绝与建设单位签订合同,则建设单位将不再返还其投标保证金(如果是由银行等金融机构出具投标保函的,则投标保函的出具者应当承担相应的保证责任),建设行政主管部门或其授权机关还可给予一定的行政处罚。

9.3.5 工程施工合同争议的解决方式

合同当事人在履行施工合同时发生争议,可以和解或者要求合同管理及其他有关主管部门调解。和解或调解不成的,双方可以在专用条款内约定以下一种方式解决争议:

第一种解决方式:双方达成仲裁协议,向约定的仲裁委员会申请仲裁。

第二种解决方式:向有管辖权的人民法院起诉。

如果当事人选择仲裁的,应当在专用条款中明确以下内容:1. 请求仲裁的意思表示;2. 仲裁事项;3. 选定的仲裁委员会;在施工合同中直接约定仲裁,关键是指定仲裁委员会,因为仲裁没有法定管辖,而是依据当事人的约定确定由哪一个仲裁委员会仲裁。而请求仲裁的意思表示和仲裁事项则可在专用条款中以隐含的方式实现。当事人选择仲裁的,仲裁机构作出的裁决是终局的,具有法律效力,当事人必须执行。如果一方不执行的,另一方可向有管辖权的人民法院申请强制执行。

如果当事人选择诉讼的,则施工合同的纠纷一般应由工程所在地的人民法院管辖。当事人只能向有管辖权的人民法院起诉作为争议解决的最终方式。

第10章 施 工 索 赔*

第1节 施工索赔概述

10.1.1 索赔的概念、作用和原则

在市场经济条件下，建筑市场中工程施工索赔是一种正常的现象。施工索赔在国际建筑市场上是承包商保护自身正当权益、弥补工程损失、提高经济效益的重要手段。但在我国，由于建设工程施工索赔处于起步阶段，对施工索赔的认识不够全面、正确，在工程施工中，还存在业主忌讳索赔，承包商索赔意识不强，监理工程师不懂如何处理索赔的现象。因此，应当加强对索赔理论和方法的研究，认真对待和搞好施工索赔。

1. 索赔的概念

索赔是当事人在合同实施过程中，根据法律、合同规定及惯例，对并非由于自己的过错，而是由于合同对方应承担责任的情况造成损失后，向对方提出补偿要求的过程。在工程建设的各个阶段，都有可能发生索赔，但在施工阶段的索赔发生较多。

索赔具有广义和狭义两种解释：广义的索赔是指合同双方向对方提出的索赔，既包括承包商向业主的索赔，也包括业主向承包商的索赔；狭义的索赔仅指承包商向业主的索赔。因此，在工程索赔实践中，一般把承包方向发包方提出的赔偿或补偿要求称为索赔；而把发包方向承包方提出的赔偿或补偿要求，以及发包方对承包方所提出的索赔要求进行反驳称为反索赔。

对施工合同双方来说，索赔是维护双方合法利益的权利，它同合同条款中双方的合同责任一样，构成严密的合同制约关系。一般讲，索赔的概念中包含以下几个方面：

(1) 索赔的性质属于经济补偿行为，而不是惩罚。索赔的损失结果与被索赔人的行为并不一定存在法律上的因果关系。

(2) 索赔和反索赔是承发包双方之间经常发生的管理业务，是双方合作的方式，而不是对立。

(3) 索赔既可要求经济补偿，也可要求工期延长，或两者兼之。只要承包商认为自己在时间上、经济上的损失不是由于自己造成的，又不能从合同规定中获得支付的额外开支，就可向发包人提出索赔。

2. 工程施工索赔的作用

(1) 有助于保证建设工程施工合同的实施。建设工程施工合同一经签订，合同双方即产生权利义务关系，这种权益受法律保护，这种义务受法律制约。

(2) 有助于落实和调整合同双方经济责任关系。在施工合同履行过程中，由于未履行或不履行合同规定的义务而侵害对方的权利时，应根据对方的索赔要求，承担相应的经济责任。离开索赔，施工合同当事人双方的权利、义务关系难以平衡。

（3）有助于维护合同当事人正当权益。对于施工合同当事人双方来说，索赔是一种保护自己，维护自身正当权益，避免损失、增加利润的手段。在现代承包工程中，如果承包商不能进行有效的索赔，不精通索赔业务，往往使损失得不到合理、及时的补偿，不能进行正常的生产经营，甚至要倒闭。

（4）有助于促使工程造价管理更加合理。施工索赔的正常开展，把原来打入工程造价的一些不可预见费用，改为按实际发生的损失支付，有助于降低工程报价，使工程造价更合理。

（5）有助于提高工程质量。施工索赔的展开，有效防止了"豆腐渣"工程，避免了承包商因风险太大而被迫在工程中偷工减料的行为。

（6）有助于政府转变职能。施工索赔使双方依据合同和实际情况实事求是地协商工程造价和工期，从而使政府从繁琐的调整概算和协调双方关系等微观管理工作中解脱出来。

（7）有助于我国加入 WTO 后双方更快地熟悉国际惯例。熟练掌握索赔和处理索赔的方法与技巧，有助于对外开放和对外工程承包的开展。

当然，索赔除了上述正面作用外，也存在一些负面影响，如：有些承包商奉行"中标靠低价，赢家靠索赔"的经营策略，利用索赔为自己谋取不恰当的利益；有的承包商利用索赔事件高估，漫天要价。这些经营策略虽然会得逞一时，但从长远来看，会严重影响合同当事人双方的合作气氛，同时，将严重影响承包商的信誉，必将导致承包商自身竞争力削弱。因此，作为承包商要摒弃上述做法。

3. 索赔应遵循的原则

（1）客观性原则。承包商提出的任何索赔要求，首先必须是真实的。只要实际发生了索赔事件并且有证据证明它对承包商的工期和成本造成影响，才能索赔。因此，承包商必须认真、及时、全面地收集有关证据，实事求是地提出索赔要求。

（2）合法性原则。当事人的任何索赔要求，都应当限定在法律许可的范围内，合同作为承包工作中的最高法律，索赔要求必须符合合同的规定。没有法律上或合同上的依据不要盲目索赔。或者，承包商所提出的索赔要求至少不为法律所禁止。

（3）合理性原则。索赔要求应合情合理，一方面要采取科学合理的计算方法和计算基础，真实反映索赔事件造成的实际损失；另一方面，也要结合工程的实际情况，兼顾对方的利益，不要滥用索赔，多估冒算，漫天要价。

10.1.2 索赔的原因和分类

1. 索赔的原因

引起索赔的原因是多种多样的，通常包括以下几方面：

（1）业主的违约。业主违约常常表现为业主或其委托人未能按合同规定为承包商提供应由其提供的、使承包商得以施工的必要条件，或未能在规定的时间内付款。

（2）合同缺陷。合同缺陷常常表现为合同文件规定不严谨甚至矛盾、合同中的遗漏或错误，这不仅包括商务条款中的缺陷，也包括技术规范和图纸中的缺陷。

（3）施工条件变化。经常遇到的施工条件变化包括：不利的外界障碍和条件，如无法准确预见的地下水、地质断层等；发现化石、古迹等；发生不可抗力事件，如洪水、地震等自然灾害。

（4）工程变更。土木工程施工中，工程量的变化是不可避免的，施工时实际完成的工程量往往超过或小于工程量表中所列的预计工程量。在施工过程中，工程师发现设计、质量标准和施工顺序等问题时，往往会指令增加新的工作，改换建筑材料，暂停施工或加速施工等，这些变更指令必然引起新的施工费用，或需要延长工期，所有这些情况，都迫使承包商提出索赔要求，以弥补自己所不应承担的经济损失。

(5) 工程师指令。工程师指令通常表现为工程师指令承包商加速施工、进行某项工作、更换某些材料、采取某种措施或中途停工等。

(6) 国家政策及法律、法令变更。国家政策及法律、法令的变更，通常指直接影响到工程造价的某些政策及法律、法令的变更，比如限制进口、外汇管制或税收及其他收费标准的提高。

(7) 其他承包商干扰。其他承包商干扰通常指其他承包商未能按时、按序进行并完成某项工作，各承包商之间配合协调不好等而给本承包商的工作带来的干扰。

(8) 其他第三方面原因。其他第三方面的原因通常表现为因与工程有关的其他第三方的问题而引起的对本工程的不利影响，比如，业主在规定时间内依规定方式向银行寄出了要求向承包商支付款项的付款申请，但由于邮路延误，银行迟迟没有收到该付款申请，因而导致承包商没有在合同规定的期限内收到工程款。

2. 索赔的分类

(1) 按索赔的合同依据分类

1) 合同中明示的索赔。合同中明示的索赔，是指承包商提出的索赔要求，在该项工程项目的合同文件中有文字依据，承包商可以据此提出索赔要求，并取得经济补偿，这些在合同文件中有文字规定的合同条款，称为明示条款。

2) 合同中默示的索赔。合同中默示的索赔，是指承包商的该项索赔要求，虽然在工程项目的合同文件中没有专门的文字叙述，但可以根据该合同文件的某些条款的含义，推断出承包商有索赔权。这种索赔要求，同样有法律效力，有权得到相应的经济补偿，这种有经济补偿含义的条款，在合同管理中被称为“默示条款”或“隐含条款”。

(2) 按索赔有关当事人分类

1) 承包商同业主之间的索赔。这是施工过程中最普遍的索赔形式，最常见的是承包商向业主提出的工期索赔和费用索赔；有时，业主也向承包商提出经济赔偿的要求，即：“反索赔”。

2) 总承包商和分包商之间的索赔。总承包商和分包商，按照他们之间所签订的分包合同，都有向对方提出索赔的权利，以维护自己的利益，获得额外开支的经济补偿。分包商向总承包商提出的索赔要求，经过总承包商审核后，凡属于业主方面责任范围内的事项，均由总承包商汇总编制后向业主提出；凡属总承包商责任的事项，则由总承包商同分包商协商解决。

3) 总承包商同供货商之间的索赔。承包商在中标后，根据合同规定的机械设备和工期要求，向设备制造厂家或材料供应单位询价订货，签订供货合同。

供货合同一般规定供货商提供的设备的型号、数量、质量标准和供货时间等具体要求。如果供货人违反供货合同的规定，使承包商受到经济损失时，承包商有权向供货商提出索赔，反之亦然。

(3) 按索赔目的分类

1）工期索赔。由于非承包商的原因而导致施工进度延误，要求批准延长合同工期的索赔，称之为工期索赔。

2）费用索赔。费用索赔的目的是要求经济补偿，当施工的客观条件改变导致承包商增加开支，要求对超出计划成本的附加开支给予补偿，以挽回不应由他承担的经济损失。

（4）按索赔的业务性质分类

1）工程索赔。工程索赔是指涉及工程项目建设中施工条件或施工技术、施工范围等变化引起的索赔，一般发生频率高，索赔费用大。

2）商务索赔。商务索赔是指实施工程项目过程中的物资采购、运输、保管等方面活动引起的索赔事项。

（5）按索赔的处理方式分类

1）单项索赔。单项索赔是针对某一干扰事件提出的，索赔的处理是在合同实施过程中，干扰事件发生时，或发生后立即执行。它由合同管理人员处理，并在合同规定的索赔有效期内提出索赔意向书和索赔报告，它是索赔有效性的保证。

2）总索赔。总索赔又叫一揽子索赔或综合索赔，一般在工程竣工前，承包商将施工过程中未解决的单项索赔集中起来，提出一篇总索赔报告，合同双方在工程交付前后进行最终谈判，以一揽子方案解决索赔问题。

10.1.3 索赔的依据和程序

1．索赔的依据

（1）索赔的依据。承包商或业主提出索赔，必须出示具有一定说服力的索赔依据，这也是决定索赔是否成功的关键因素。索赔的一般依据有如下几方面：

1）构成合同的原始文件。构成合同的文件一般包括：合同协议书、中标函、投标书、合同条款（专用部分）、合同条款（通用部分）、规范、图纸，以及标价的工程量表等。

2）工程师的指令。工程师在施工过程中会根据具体情况随时发布一些书面或口头指令，承包商必须执行工程师的指令，同时也有权获得执行该指令而发生的额外费用。

3）往来函件。合同实施期间，参与项目各方会有大量往来函件，涉及的内容多、范围广，但最多的还是工程技术问题，这些函件是承包商与业主进行费用结算和向业主提出索赔所依据的基础资料。

4）会议记录。从签订施工合同开始，各方会定期或不定期的召开会议，商讨解决合同实施中的有关问题，工程师在每次会议后，应向各方送发会议纪要，会议纪要的内容涉及很多敏感性问题，各方均需核签。

5）施工现场记录。施工现场记录包括：施工日志、施工质量检查验收记录、施工设备记录、现场人员记录、进料记录、施工进度记录等，施工质量检查验收记录要有工程师或工程师授权的相应人员签字。

6）工程财务记录。在施工索赔中，承包商的财务记录非常重要，尤其是索赔按实际发生的费用计算时，更是如此。因此，承包商应记录工程进度款支付情况，各种进料单据，各种工程开支收据等。

7）现场气候记录。在施工过程中，如果遇到恶劣的气候条件，除提供施工现场的气候记录外，承包商还应向业主提供政府气象部门对恶劣气候的证明文件。

8）市场信息资料。主要收集国际、国内工程市场劳务、施工材料的价格变化资料、外汇汇率资料等。

9) 政策法令文件。工程项目所在国或承包商国家的政策法令变化，可能给承包商带来损失，应收集这方面的资料，作为索赔的依据。

(2) “FIDIC”红皮书合同条款中承包商可引用的索赔条款

1) “FIDIC”简介

“FIDIC”是国际咨询工程师联合会法文名称字头组成的缩写词。该联合会是被世界银行和其他会计金融组织认可的国际咨询服务机构。它代表不同国家和地区的咨询工程师集团在国际土木工程建设中的影响越来越大，代表了世界上大多数咨询工程师，FIDIC 已成为全世界最具有权威性的工程师组织。

随着我国加入 WTO 后，与国际工程承包市场接轨，将更加广泛地采用 FIDIC 合同条款进行工程管理。

“FIDIC”红皮书合同条款共计 72 条，内含 194 个条款，详细地规定了在合同履行过程中遇到诸如场地、材料、设备、开工、停工、延误、变更、索赔、风险、质量、支付、违约、争议、仲裁等各种问题时，合同双方的权利、义务以及工程师处理问题的职责和权限。适用于工业与民用建筑工程、道路桥梁市政工程、疏浚工程及土壤改善工程等施工管理。

2)承包商可引用的索赔条款。承包商可引用的索赔条款见表 10.1。

承包商可引用的索赔条款 **表 10.1**

序　号	条款主要内容	可调整的事项
1	合同论述含糊	T+C
2	施工图纸延期交付	T+C
3	不利的自然条件	T+C
4	因工程师数据差错、放线错误	C+P
5	工程师指令进行钻孔勘测	C+P
6	业主的风险及修复	C+P
7	发现化石、古迹等	T+C
8	为其他承包商提供服务	C+P
9	进行实验	T+C
10	指示剥露或凿开	C
11	暂停施工	T+C
12	业主未能提供现场	T+C
13	修补缺陷	C+P
14	调查缺陷	C
15	工程变更	C+P
16	变更项目估价	C+P
17	合同额增减超过 15%	±C
18	特殊风险引起的工程破坏	C+P

续表

序　　号	条款主要内容	可调整的事项
19	特殊风险引起的其他开支	C
20	终止合同	C+P
21	业主违约	T+C
22	费用增减	±C(按调价公式)
23	法律法规变化	±C
24	货币及汇率变化	C+P

注：T 表示承包商有权获得工期延长。

C 表示承包商有权获得的在施工现场内外正在发生或将要发生的全部开支，包括管理费和合理分摊的其他费用，但不包括任何利润补贴。

P 表示承包商有权获得利润补贴。

3）索赔条款规律性分析

在表 10.1 承包商可引用的 24 项条款内容中，有 8 项可索赔工期 T 和成本 C，有 6 项仅可索赔成本 C，有 10 项可索赔成本 C 和利润 P，由此可得出如下规律：

① 可索赔工期的条款，一定可同时索赔成本。

② 上述 24 项可引用的条款，均可据其索赔成本。

③ 可索赔利润的条款，一定可以同时索赔成本。

2. 索赔的程序

(1) 发出索赔意向通知。在索赔事件发生后，承包商应抓住索赔机会，迅速作出反应。承包商应在索赔事件发生后的 28 天内向工程师递交索赔意向通知，声明将对此事件提出索赔。该意向通知是承包商就具体的索赔事件向工程师和业主表示的索赔愿望和要求，如果超过这个期限，工程师和业主有权拒绝承包商的索赔要求。

当索赔事件发生，承包商就应该进行索赔处理工作，直到正式向工程师和业主提交索赔报告。这一阶段包括许多具体的复杂的工作，主要有以下几个方面：

1）事态调查。事态调查，即寻找索赔机会。通过对合同实施的跟踪、分析、诊断，发现了索赔机会，则应对它进行详细的调查和跟踪，以了解事件经过、前因后果，掌握事件详细情况。

2）损害事件原因分析。损害事件原因分析，即分析这些损害事件是由谁引起的，它的责任应由谁来承担，一般只有非承包商责任的损害事件才有可能提出索赔。

3）索赔根据。索赔根据，即索赔理由，主要指合同文件。必须按合同判明这些索赔事件是否违反合同，是否在合同规定的索赔范围之内。只有符合合同规定的索赔要求才有合法性、才能成立。

4）损失调查。损失调查，即为索赔事件的影响分析，它主要表现为工期的延长和费用的增加。如果索赔事件不造成损失，则无索赔可言。

5）收集证据。索赔事件发生，承包商就应抓紧收集证据，并在索赔事件持续期间一直保持有完整的当时记录。同样，这也是索赔要求有效的前提条件。

6）起草索赔报告。索赔报告是上述各项工作的结果和总括，它表达了承包商的索赔要求和支持这个要求的详细依据。它决定了承包商索赔的地位，是索赔要求能否获得有利和合理解决的关键。

7）索赔报告的递交

① 索赔报告的递交时间。索赔意向通知提交后的28天内，或工程师可能同意的其他合理时间内，承包商应递交正式的索赔报告，说明索赔款额和索赔的依据。

② 索赔报告的编写。承包商的索赔可分为工期索赔和费用索赔。一个完整的索赔报告应包括如下内容：

第一、总论部分。即概括地叙述索赔事项，包括事件发生的具体时间、地点、原因、产生持续影响的时间等。

第二、合同论述部分。即说明依据合同文件中的哪些条款提出该项索赔。

第三、索赔款项和工期延长的计算论证部分。

第四、证据部分。包括收据、发票、照片等。

(2) 索赔报告的编制及递交。

(3) 工程师审核索赔报告。

1）工程师审核承包商的索赔申请。

2）工程师审核承包商索赔申请的时间要求。

(4) 工程师与承包商协商补偿。工程师核查后初步确定应予以补偿的额度，往往与承包商的索赔报告中要求的额度不一致，甚至差额较大，其原因大多为对承担事件损害责任的界限划分不一致，索赔证据不充分，索赔计算的依据和方法分歧较大等。因此，双方应就索赔的处理进行协商，通过协商不能达成共识的话，承包商仅有权得到所提供的证据满足工程师认为索赔成立那部分的付款和工期延长。

(5) 工程师索赔处理决定。在经过认真分析研究，并与承包商、业主广泛讨论后，工程师应该向业主和承包商提出自己的《索赔处理决定》。工程师收到承包商送交的索赔报告和有关资料后，于28天内给予答复，或要求承包商进一步补充索赔理由和证据。工程师在28天内未予答复或未对承包商做出进一步要求，则视为该项索赔已经认可。

(6) 业主审查索赔处理。当工程师确定的索赔额超过其权限范围时，必须报请业主批准。

业主首先根据事件发生的原因、责任范围、合同条款审核承包商的索赔申请和工程师的处理报告，再依据工程建设的目的、投资控制、竣工投产日期要求以及针对承包商在施工中的缺陷或违反合同规定等的有关情况，决定是否批准工程师的处理意见，而不能超越合同条款的约定范围。

(7) 承包商是否接受最终索赔处理。承包商接受最终的索赔处理决定，索赔事件的处理即告结束，如果承包商不同意，就会导致合同争议。通过协商双方达到互谅互让的解决方案，是处理争议的最理想方式，如达不成谅解，承包商有权提交仲裁解决。

第2节 施工索赔计算

10.2.1 工期索赔值的计算

1. 工期索赔的原因。在施工过程中，由于各种因素的影响，使承包商不能在合同规定的工期内完成工程，造成工程工期的延误。造成工程延误的一般原因有以下几方面。

(1) 非承包商原因。由于下列非承包商原因造成的工程延误，承包商有权获得工期延长：

① 合同文件含义模糊或歧义；

② 工程师未在合同规定的时间内颁发图纸和指示；

③ 承包商遇到一个有经验的承包商无法合理预见到的障碍或条件；

④ 处理现场发掘出的具有地质或考古价值的遗迹和物品；

⑤ 工程师指示进行合同中未规定的检验；

⑥ 工程师指示暂时停工；

⑦ 业主未能按合同规定时间提供施工所需的现场和道路；

⑧ 业主违约；

⑨ 工程变更；

⑩ 异常恶劣的气候条件。

上述原因可归纳为3大类，即业主的原因、工程师的原因和不可抗力原因。

（2）承包商原因。承包商在施工过程中可能由于下列原因造成工程延误：

① 对施工条件估计不充分，制定的进度计划过于乐观。

② 施工组织不当。

③ 其他承包商自身的原因。

2. 工程延误的分类及处理措施。工程延误可分为如下3种情况：

（1）由于承包商原因造成工程延误。由于承包商原因造成的工程延误，承包商必须向业主支付误期损害赔偿费，这类工程延误称为不可原谅延误。在这种情况下，承包商无权获得工期延长。

【例10.1】 某公路工程，为了避免加班工作及(或)今后可能支付延误赔偿金的风险，承包商要求将路基的完工时间延长40天。承包商的理由如下：

① 特别严重的降雨；

② 现场劳务问题；

③ 意外事故(不可抗力)损坏机械设备；

④ 工程师最近发布的一个变更令，即在原工地现场之外的另一地方附加了一项工作量较大的额外工作；

⑤ 不可预见的恶劣土质条件，使得路基施工的开挖及回填工作量大大增加。

工程师认为上述①、④及⑤所引起的延误是可原谅延误，所以批准延长工期28天。对现场劳务问题，工程师认为是属于承包商自己的责任，由此引起的延误是不可原谅延误。对意外事故，由于事故发生后承包商没有立即通知工程师，使得工程师未能检查事故发生的实际情况，所以对与此有关的索赔不予考虑。

（2）由于非承包商原因造成工程延误。由于非承包商原因造成工程延误，承包商有权要求业主给予工期延长，这类工程延误称为可原谅延误。它是由业主、工程师或其他客观因素造成的，承包商有权获得工期延长，但是否能获得经济补偿要视具体情况而定。因此，可原谅的工程延误又划分为可补偿延误与不可补偿延误，前者延误的责任者是业主或工程师，而后者延误往往是由于客观因素造成的。

【例10.2】 某隧道工程，业主与银行所签订的贷款合同中规定：银行在收到借款人(业主)与承包商正式共同签署的书面合同以后，才允许借款人从贷款部中提取款项。由于合同成立(投标)之后，整理和编印供双方正式签署该合同之前已经开工，所以就产生了一段时间差。在该期间业主没有资金来源，无法按合同规定向承包商支付款项，由此造成承包商的施工延误是可原谅延误。

上述两种情况下的工期索赔可按表10.2所示的原则处理。

(3) 共同延误下工期索赔的有效期处理。承包商、工程师或业主，或某些客观因素均可造成工程延误，但在实际施工过程中，工期延误经常是由上述两种以上的原因共同作用产生的，称为共同延误。

在共同延误情况下，要具体发现哪一种情况延误是有效的，即承包商可以得到工期延长，或既可延长工期，又可得到经济补偿。在确定工程延误索赔的有效期时，可依据下述原则：

① 首先判别造成工程延误的哪一种原因是最先发生的，即确定"初始延误"者，它应对工程延误负责。在初始延误发生作用期间，其他并发的延误者不承担工程延误责任。

工期索赔处理原则 **表10.2**

索赔原因	是否可原谅	工程延误原因	责任者	处理原则	索赔结果
工程进度延误	可原谅延误	(1) 修改设计 (2) 施工条件变化 (3) 业主原因延误 (4) 工程师原因延误	业主/工程师	可给予工期延长；可补偿经济损失	工期+经济补偿
		(1) 异常恶劣气候 (2) 工人罢工 (3) 天灾	客观原因	可给予工期延长；不给予补偿经济损失	工期
	不可原谅延误	(1) 工效不高 (2) 施工组织不好 (3) 设备材料供应不及时	承包商	不延长工期；不补偿经济损失。向业主支付误期损害补偿费	索赔失效；无权索赔

② 如果初始延误者是业主，则在业主造成的延误期间内，承包商既可得到工期延长，也可得到经济补偿。

③ 如果初始延误者是客观因素，则在客观因素发生影响的时间段内，承包商可以得到工期延长，但很难得到经济补偿。

【例10.3】 某立交工程，某合同段发生了以下原因引起的停工：2001年6月30日至7月3日承包商的施工设备出了故障；工程师向承包商提供后续图纸比规定的时间晚了10天(7月1日至10日)；7月5日至18日之间工地下了特大雨。这里同时存在不可原谅延误、可原谅延误、可补偿延误和不可补偿延误。综合分析的结果是，只有7月4日1天是可补偿延误，另外14天(7月5日至18日)是不可补偿延误，其余4天(6月30日至7月3日)则是不可原谅延误。

【例10.4】 某大型污水处理厂工程建设，承包商声称由于工程师停工指令、停工等待资料以及许多不及时的变更指示(包括现场指示、信件、草图、口头指令、修改后的图纸、会议决定及某些工程施工所必须的资料的不及时发布等)的影响，工程工期延误了400多天。但业主对此持相反意见，认为延误是由于承包商自己施工速度慢、工艺差、材料供应不及时以及在进行计划安排时未考虑宗教节日等引起的。双方不能达成协议，提交仲裁。仲裁人认为延误主要是由于工程师的停工指令和不及时的变更指令引起的，但承包商自己也有部分责任。最后仲裁人裁定业主承担70%的责任，承包商承担30%的责任，所以业主应对承包商的相应额外费用给予70%的补偿。

10.2.2 费用索赔值的计算

1. 可索赔费用的组成。可索赔费用内容一般包括以下几个方面：

(1) 人工费。包括人员闲置费、加班工作费、额外工作所需人工费用、劳动效率降低和人工费的价格上涨等费用。但不能简单地用计日工费计算。

(2) 材料费。包括额外材料使用费、增加的材料运杂费、增加的材料采购及保管费用和材料价格上涨费用等。

(3) 施工机械使用费。包括机械闲置费、额外增加的机械使用费和机械作业效率降低费等。

(4) 现场管理费。包括承包商现场管理人员食宿设施费、交通设施费等。

(5) 企业管理费。包括办公费、通信费、差旅费和职工福利费等。

(6) 利润。包括合同变更利润、工程延期利润机会损失、合同解除利润和其他利润补偿等。

(7) 其他应予以补偿的费用。包括利息、分包费、保险费及各种担保费。

2. 费用索赔值的计算

(1) 分项索赔值的计算

1) 人工损失计算。人工费中的各项费率取值分别为：

劳动力损失费用索赔＝(实际使用工日－已完工程中计划人工工日－其他用工数－承包商责任或风险引起的劳动力损失)×合同人工单价　(8.1)

2) 材料费的计算。

① 额外材料使用费＝(实际用量－计划用量)×材料单价；　(8.2)

② 增加的材料运杂费、材料采购及保管费用按实际发生的费用与报价费用的差值计算；

③ 某种材料价格上涨费用＝(现行价格－基本价格)×材料用量。　(8.3)

“FIDIC”红皮书条款中规定，基本价格是指在递交投标书截止日期以前第28天该种材料的价格，现行价格是指在递交投标书截止日期前第28天后的任何日期通行的该种材料的价格；材料用量是指在现行价格有效期内所采购的该种材料的数量。

3) 施工机械使用费的计算。

机械费索赔＝停滞台班数×停滞台班费单价　(8.4)

4) 现场管理费的计算。现场管理费的索赔费用是指承包商完成额外工程，可进行索赔的工作和工期延长期间的现场管理费用，包括现场管理人员、办公、通信、交通等多项费用。其计算方法如下：

① 根据计算出的索赔直接费总额计算现场管理费索赔值，即：

增加的现场管理费＝(现场管理费总额÷工程直接费总额)×直接费索赔总额　(8.5)

② 根据工期延长值计算现场管理费索赔值，即：

每周现场管理费＝投标时计算出的现场管理费总额÷要求工期(周)　(8.6)

现场管理费索赔值＝每周现场管理费×工期延长周数　(8.7)

其中，要求工期是指合同中工程师最后批准的项目工期。

5) 企业管理费的计算。企业管理费的索赔计算类同于现场管理费的索赔计算，具体如下：

① 根据工期延长值计算企业管理费索赔值,即:

每周企业管理费=投标时计算出的企业管理费总额÷要求工期(周) (8.8)

企业管理费的索赔值=每周企业管理费×工期延长周数 (8.9)

其中,要求工期是指合同中工程师最后批准的项目工期。

② 根据计算出的索赔直接费总额计算企业管理费索赔值,该方法是按照投标报价书中的企业管理费占合同直接费的比例(如3%~9%)计算企业管理费索赔值,即:

企业管理费的索赔值=索赔直接费总额×合同中企业管理费比例 (8.10)

6) 利润。通常利润索赔是指由于工程变更、工程延期、中途终止合同等使承包商产生利润损失。利润索赔值的计算方法为:

利润索赔值=利润百分比×(索赔直接费+索赔现场管理+索赔企业管理费) (8.11)

7) 利息。利息索赔主要分为两种情况,一是指由于工程变更和工程延期,使承包商不能按原来计划收到合同款,造成资金占用,产生利息;二是延迟支付工程款利息。在计算利息索赔值时,可根据合同条款中规定的利率,或根据当时银行的贷款利率进行计算。

(2) 总费用法的计算。总费用方法是用承包商在施工过程中发生的总费用减去承包商的投标价格来计算项目的费用索赔值,该方法要求承包商必须出示足够的证据,证明其全部费用是合理的,否则,业主将不接受承包商提出的索赔款额。而承包商要想证明全部费用是合理开支,并非易事。因此,该方法不易过多采用,只有在无法按分项方法计算索赔费用时,才可使用。

(3) 承包商依据"FIDIC"红皮书合同条款向业主索赔利润的内容

① 因工程师提供的原始基准点、基准线和参考标高数据错误,导致承包商放线错误,对纠正该错误所进行的工作。

【例 10.5】 某路桥工程项目,先修桥,后修筑引道,桥梁工程完工后,测量时发现比预定路线标高低了1m。原因是工程师属下的工作人员给指定的一个临时水准点低了1m。但是,当时承包商并没有报临时水准点的正式资料经工程师批准,而经工程师书面提供的正式固定基准点都是对的。承包商对此事项提出索赔要求:将桥梁再修高1m的改正费用由业主承担。

工程师批复为:在桥梁工地附近确定临时基准点,应是承包商自己的责任,不应该依赖工程师属下的测量员所给的临时基准点,FIDIC第17.1条款规定:"由工程师用书面形式提供的测量资料是正确的"。因此,承包商必须自费改正测量方面的错误,将桥梁标高提高,不允许索赔。

② 工程师指示打钻孔、进行勘探开挖,而这些工作又不属于合同工作范围。

③ 修补由于业主风险造成的损失或损坏。

④ 根据工程师的书面要求,为其他承包商提供服务。

⑤ 在缺陷责任期内,修补由于非承包商原因造成的工程缺陷或其他毛病。

【例 10.6】 某环城高速公路工程项目中的一座桥梁,其上部结构为钢筋混凝土空心板梁,当承包商将板梁架好并经监理工程师验收合格签字后不久,由于天空下陨石雨,刚好有三大块陨石砸在板梁上,其中5片板梁被砸断或损坏。事情发生后,监理工程师下令,让承包商另换5片板梁以满足合同文件及工程技术规范要求。承包商据FIDIC第49.3款向业主提出索赔要求,监理工程师予以认可,并由业主支付这修复替换的5片板梁的工程费用和利润。

⑥ 实施变更工作。

【例 10.7】 某立交工程有一部分工程为人行天桥工程,施工中发现原设计图纸错误,工程师通知承包商暂停一部分工程,并下了工程变更令,待图纸修改后再继续施工。另外,还由于增加额外工程,工程师又下达了变更令。承包商对此两项延误除提出延长工期外,还据 FIDIC 合同条款第 51 条和 52 条提出了费用索赔。

承包商的计算:

a. 因图纸错误造成的停工与工程变更,使三台机械设备停工,损失共计 37 天。

汽车吊:450 元/台班×2 台班/日×37 个工作日=33300 元;

大型空压机:300 元/台班×2 台班/日×37 个工作日=22200 元;

其他辅助设备:100 元/台班×2 台班/日×37 个工作日=7400 元;

小计:62900 元;

现场管理费附加 15%:62900×15%=9435 元;

总部管理费附加 10%:62900×10%=6290 元;

利润 5%:(62900+9435+6290)×5%=3931.25 元;

合计:62900+9435+6290+3931.25 =82556.25 元。

b. 增加额外工程的变更,使工程的工期又延长一个半月,要求补偿现场管理费:

240000 元/月×1.5 月=360000 元

以上两项共计:承包人索赔损失款为 442556.25 元。

监理方的计算:

经过工程师和有关监理的计量人员审查和讨论分析,原则上同意承包商的两项索赔,但在计算方法上有分歧。

a. 因图纸错误造成工程变更和延误,有工程师指示变更和暂停部分工程施工的证明,承包商只计算了受到影响的机械设备停工损失,这是正确的。但不能按台班费计算,而只能按租赁或折旧率计算,核减为 52000 元。

b. 额外工程变更方面,经过监理方审查后认为,增加的工作量已按工程量清单的单价支付过,按投标书的计价方法,这个单价是包括了现场管理费和总部管理费的。因此,工程师不同意另外支付延期引起的补偿费用。

就额外工程增加所需的实际时间计算是需一个半月,这也是工程师已同意过的。但所增加的工程量与原合同工程量及其相应工期比较,原合同工程量应为 0.6 个月的时间。即按工程量清单中合同单价付款时,该 0.6 个月的管理费及利润均已计入在投标计算的合同单价中了,而 1.5 月-0.6 月=0.9 月的管理费和利润则是承包商应得到而受损失的费用。

监理方按下面方法计算补偿费:

每月现场管理费:190730 元(见标书计算);

现场管理费补偿:190730×0.9=171657 元;

总部管理费补偿 10%应为:171657×10%=17165.70 元;

利润 5%:(171657+7165.70)×5%=441.13 元;

合计:171657+7165.70+ 441.13=198263.83 元;

以上两项补偿总计为:52000+198263.83=250263.83 元。

⑦ 特殊风险对工程造成损害(包括永久工程、材料和工程设备),承包商对此进行的修复和重建工作。

⑧ 业主违约终止合同。

⑨ 货币及汇率变化产生的利润损失。

第3节 施工索赔管理

10.3.1 索赔的意识

在市场经济环境中,承包商要提高工程经济效益必须重视索赔问题,必须有索赔意识。索赔意识主要体现在如下三方面:

(1) 法律意识。索赔是法律赋予承包商的正当权利,是保护自己正当权益的手段。强化索赔意识,实质上强化了承包商的法律意识。这不仅可以加强承包商的自我保护意识,提高自我保护能力,而且还能提高承包商履约的自觉性,自觉地防止自己侵害他人利益。这样合同双方有一个好的合作气氛,有利于合同总目标的实现。

(2) 市场经济意识。在市场经济环境中,承包企业以追求经济效益为目标。索赔是在合同规定的范围内,合理合法地追求经济效益的手段。通过索赔可提高合同价格,增加收益。不讲索赔,放弃索赔机会,是不讲经济效益的表现。

(3) 工程管理意识。索赔工作涉及工程项目管理的各个方面。要取得索赔的成功,必须提高整个工程项目的管理水平,进一步健全和完善管理机制。在工程管理中,必须有专人负责索赔管理工作,将索赔管理贯穿于工程项目全过程、工程实施的各个环节和各个阶段。所以搞好索赔能带动施工企业管理和工程项目管理整体水平的提高。

承包商有索赔意识,才能重视索赔,敢于索赔,善于索赔。在现代工程中,索赔的作用不仅仅是争取经济上的补偿以弥补损失,而且还包括:

1) 防止损失发生。即通过有效的索赔管理避免干扰事件的发生,避免自己的违约行为。

2) 更加加深对合同的理解。因为对合同条款的解释通常都是通过合同案例进行的,而这些合同案例必然又都是索赔案例。

3) 有助于提高整个项目管理水平和企业素质。索赔管理是项目管理中高层次的管理工作,重视索赔管理会带动整个项目管理水平和企业素质的提高。

10.3.2 索赔管理的任务和原则

1. 索赔管理的任务

在承包工程项目管理中,索赔管理的任务是索赔和反索赔。索赔和反索赔是矛和盾的关系、进攻和防守的关系。有索赔,必有反索赔。在业主和承包商、总包和分包、联营成员之间都可能有索赔和反索赔。在工程项目管理中它们又有不同的任务。

(1) 索赔的任务

索赔的作用是对自己已经受到的损失进行追索,其任务有:

1) 预测索赔机会;

2) 在合同实施中寻找和发现索赔机会;

3) 处理索赔事件,解决索赔争执。在这个过程中有大量的、具体的、细致的索赔管理工

作和业务,包括:

① 向工程师和业主提出索赔意向;

② 进行事态调查、寻找索赔理由和证据、分析干扰事件的影响、计算索赔值、起草索赔报告;

③ 向业主提出索赔报告,通过谈判、调解或仲裁最终解决索赔争执,使自己的损失得到合理补偿。

(2) 反索赔的任务

反索赔着眼于损失的防止,它有两个方面的含义:

1) 反驳对方不合理的索赔要求。对对方(业主、总包和分包)已提出的索赔要求进行反驳,推卸自己对已产生的干扰事件的合同责任,否定和部分否定对方的索赔要求,使自己不受和少受损失。

2) 防止对方提出索赔。通过有效的合同管理,使自己完全按合同办事,处于不被索赔的地位,即着眼于避免损失和争执的发生。

在工程实施过程中,合同双方都在进行合同管理,都在寻找索赔机会。所以,如果承包商不能进行有效的索赔管理,不仅容易丧失索赔机会,使自己的损失得不到补偿,而且可能反被对方索赔,蒙受更大的损失,这样的经验教训是很多的。

【例 10.8】 在我国一项总造价数亿美元的工程项目中,某国 TL 公司以最低价击败众多竞争对手而中标。作为总包,他又将工程分包给中国的一些建筑公司。中标时,许多专家估计,由于报价低,该工程最多只能保本。而最终工程结束时,该公司取得 10%的工程报价的利润。它的主要手段有:

① 利用分包商的弱点。承担分包任务的中国公司缺乏国际工程经验。TL 公司利用这些弱点在分包合同上做文章,甚至违反国际惯例,加上许多不合理的、苛刻的、单方面的约束性条款。在向我分包公司下达任务或提出要求时,常常故意不出具书面文件,而我分包商却轻易接受并完成工程任务。但到结帐和追究责任时,我分包商因拿不出书面证据而失去索赔机会,受到损失。

② 竭力扩大索赔收益,并避免受罚。无论工程设计细微修改,物价上涨,或影响工程进度的任何事件,都是 TL 公司向我方业主提出费用索赔或工期索赔的理由。只要有机可乘,他们就大幅度加价索赔。仅 1989 年一年中,TL 公司就向我国业主提出索赔要求达 6000 万美元。而整个工程比原计划拖延了 17 个月,TL 公司灵活巧妙地运用各种手段,居然避免受罚。

反过来,TL 公司对分包商处处克扣,分包商如未能在分包合同规定工期内完成任务,TL 公司对他们实行重罚,毫不手软。

这听起来令人生气,但又没办法。这是双方管理水平的较量,不能靠道德来维持,不提高管理水平,这样的事总是难免的。

在国际承包工程中这种例子极多,没有不苛求的发包商,只有无能的承包商,对发包商来说,也很少有不刁滑的承包商,这完全靠管理,"道高一尺,魔高一丈"才能使自己立于不败之地。

2. 索赔管理的原则

要使索赔得到公正合理的解决,工程师在工作中必须遵循以下原则:

(1) 公正原则。包括以下几个方面:

1) 他必须从工程整体效益、工程总目标的角度出发作出判断或采取行动;

2) 按照法律规定(合同条款)行事;

3) 从实际出发,实事求是。

(2) 及时履行职责原则。在工程施工中,工程师必须及时地(或在合同规定的合理时间内)行使权力,做出决定,下达通知、指令,表示认可或满意等,

(3) 协商一致原则。工程师在处理和解决索赔问题时应及时与业主和承包商沟通,保持经常性的联系。

(4) 诚实信用原则。工程师有很大的工程管理权力,对工程的整体效益有关键性的作用,业主依赖他,将工程管理的任务交给他,承包商希望他公正行事。

【例 10.9】 案例发生在1996年。南方某工程,业主与施工单位签订施工合同中规定:工期每提前一天,施工单位可得业主方2万元奖励,反之受2万元处罚。索赔有效期为20天。在执行合同的过程中,由于业主的原因,本该4月10日交付的图纸,直到4月25日才交付。在此期间,施工单位的塔吊发生故障,维修了7天(4月13日~4月20日);8月21日~8月31日由业主定货的电梯未按计划到货,影响工期10天;9月3日~9月7日,台风造成连日暴雨;9月8日~9月12日停电5天。最终施工单位的竣工日期比合同规定竣工日期滞后31天,对此业主要求罚施工方62万元,施工单位对此有异议并于9月13日提出部分事件(如未按时交付图纸等)的索赔,监理工程师按照以合同为依据,公平合理的裁决:施工单位拖延工期24天,从工程款中扣除48万元的违约金。监理工程师的理由如下:

1) 4月10日~4月25日,图纸未按约定的期限交付,业主违约,但施工单位9月13日提出工期索赔,超过索赔有效期,索赔条件不成立。在此期间塔吊故障7天,责任在施工单位,业主并未提出索赔,因而影响合同工期不成立。

2) 8月21日~8月31日,电梯未按期到货,责任在业主方,但是根据施工单位的施工网络计划图,对电梯安装调试一项不在关键线路上,只对总工期影响2天,同意施工方2天工期索赔,工程顺延2天。

3) 9月3日~9月7日台风暴雨,按照我国的有关规定,结合国际惯例,属于有经验的承包商意料内的气象变化,因而索赔不成立。

4) 9月8日~9月12日停电5天,业主方在招标时,曾要求施工方自备柴油发电机,施工方也曾口头答应,但并未写入合同条款及双方协议书,施工单位索赔成立,工期顺延5天。

5) 施工单位的竣工日期比合同工期滞后31天,扣除工期顺延的7天,实际上,施工单位拖延工期24天,罚款48万元。

业主与施工单位对工程师的裁决仍存有异议,于是向工商行政管理部门提出仲裁,工商行政管理部门经过详细的调查取证后最后裁决:维护工程师的意见,认为工程师的裁决是公正的。而施工单位作为此次索赔的"受害者"也表示要以此为鉴,接受教训,今后加强内部合同管理,提高索赔意识,防止此类事件的发生。

10.3.3 索赔管理的发展趋势

在现实工作中,做好索赔管理工作不仅对承包商有利,对业主来讲也是很有好处的,因而我们说做好索赔管理工作具有极其现实的意义,是一件利国利民的好事。虽然开展索赔管理工作有许多的益处,但我们提倡的索赔是一种对双方都有利的合同行为,并且索赔是在

“以索促管”的战略策划下操作的，从招投标开始介入，在合同谈判、订合同、施工准备、施工阶段、保修阶段，随时随地以合同管理为主线，“用鹰一样的眼光”去发现索赔机会，挖掘和积累索赔的砝码，然后在谈判中，有选择地“牺牲”一些砝码，让业主产生“超值”的感受，达到“双赢”的效果。

目前，我国已加入了 WTO，建设工程管理工作也应与国际工程管理接轨，因而随着市场化的深入，市场活力不断提高，而市场的活力正来源于利润的存在，这个利润机制渗透到哪里，哪里就会充满活力。公平竞争，利益共享是市场发展的总趋势，所以索赔是市场发展到一定程度自然而然的产物，它反映了市场的进步。承包商如把握好“以索促管，利益共享”的双赢索赔战略，就顺应了市场发展的趋势，不但有助于自身的发展，也促进了工程项目施工的各个方面的提高，“豆腐渣”工程自然减少，因而对国家也是有利的。

参　考　文　献

1. 田永复编著《预算员手册》中国建筑工业出版社
2. 沈杰等编著《建筑工程定额与预算》(第三版) 东南大学出版社
3. 邢凤歧主编《公路工程投资估算与概、预算编制实例》人民交通出版社
4. 上海市市政工程管理站编《上海市市政工程预算定额》(2000 年版) 同济大学出版社
5. 上海市市政工程管理站编《上海市市政工程预算定额》交底培训讲义
6. 上海市建设工程定额总站编《上海市建设工程混凝土、砂浆强度等级配合比表》(2000 版)
7. 兴安软件公司编《造价之星使用手册》
8. 建设部标准定额研究所编《市政工程定额与预算》(1993 年版) 中国计划出版社
9. 刘坚编著《工程定额与工程造价析论》上海科学普及出版社
10. 叶义仁主编《建筑工程预算》(1995 年版) 上海科学普及出版社
11. 济南市城市建设管理局编《市政工程预算定额编制与应用》(1991 年版) 济南出版社
12. 黄如宝 吕茫茫主编《全国造价工程师执业资格考试复习题解》(第二版) 中国建筑工业出版社
13. 齐宝库 黄如宝主编《工程造价案例分析》(第二版) 中国城市出版社
14. 尹贻林主编《建设工程技术与计量》(土建工程部分)(第二版) 中国计划出版社
15. 袁方编著《桥梁工程估算及概预算编制实例》人民交通出版社
16. 全国造价工程师执业资格考试培训教材《工程造价的确定与控制》中国计划出版社
17. 沈杰 戴望炎 钱昆润编著《建筑工程定额与预算》东南大学出版社
18. 全国监理工程师培训教材《工程建设投资控制》、《工程建设质量控制》、《工程建设合同管理》知识产权出版社